蘇世民：我的經驗與教訓

# WHAT IT TAKES

Lessons in the Pursuit of Excellence

# 蘇世民
# 我的經驗與教訓

蘇世民　著

Stephen A. Schwarzman

趙燦　譯

香港中和出版有限公司
www.hkopenpage.com

成功來之不易，我的旅程也充滿艱難。本書分享了我所學到的最重要的見解，這些見解是關於如何實現卓越、產生影響，以及過一個有意義的人生。

　　對於任何希望增加個人影響力、自我提升，甚至建立一個有其獨特文化的卓越組織的讀者，書中有許多有用的經驗和教訓。

—— 蘇世民

# 推薦語

　　蘇世民是一位罕見的全球商業政治家，他有着能夠將他人聯繫在一起的獨特能力，建立了一個連接全球領袖和機構的強大網絡用以推動偉大的思想。他的商業活動和慈善行為對世界產生了深遠的影響。這本書講述了蘇世民在人生的不同階段獲得的人生經驗，從高管到學生，每個想要有所作為的人，這些經驗將會使他們有所受益。

**克勞斯・施瓦布** 世界經濟論壇創始人兼執行主席

　　沒有人能隨隨便便成功。蘇世民的「故事」尤其曲折與傳奇。
　　蘇世民的成功不是每個人都能複製，但他這本書坦誠講述的失敗教訓卻可以讓每個人受益。

**馬雲** 阿里巴巴集團聯合創始人

　　因為蘇世民的不斷努力，使得機會來臨時他都可以抓得住。他對教育的貢獻更是值得學習。

**李澤楷** 盈科拓展集團主席兼行政總裁

我和蘇世民共事多年，他有卓越的商業觸角和領導能力，還非常強於說書講故事。他用生動的敘事把 50 年來在華爾街的風雲際會化成一連串的軼事，讓讀者如沐春風地了解世界優秀的投資公司是如何建立起來的。

**梁錦松** 香港財政司原司長，現任南豐集團董事長及行政總裁、
新風天域集團董事長及聯合創始人，原黑石集團大中華區主席

　　美國華爾街創業致富的成功例子為數不少，但蘇世民與一般倚重「財技」的金融大亨很不一樣，他堅持自己的價值觀，待人忠誠有禮，敢於創新，數十年如一日，終於建成了全球最大、最成功的私募股權投資公司之一。蘇世民成為全球金融巨擘，但仍熱心公益，不忘回饋社會，所以備受多國領袖尊敬和信賴。蘇世民的傳奇故事，一點一滴帶出成功背後的努力和智慧，微言大義，乃必讀好書。

**陳德霖** 香港金融管理局前總裁

　　這本書的亮點是蘇世民從未忘記過他的起步無別於其他普通人。謙遜是他最強大的實力。謙遜容許他從錯誤中學習，而不是被錯誤壓倒。謙遜給了他追求卓越的決心，不讓驕傲蒙蔽他的判斷力。謙遜使他深信，成功的人應該歸功於自己、家人和支持他們的各方團體，以使他們致力回饋原來所屬的社區。甚於一切，《蘇世民：我的經驗與教訓》一書，展示了蘇世民渴望傳承給下一代企業家的遠願，不是技能之傳授，而是蘇世民所有眾知的成就背後的價值和意義。

**郭炳聯** 新鴻基地產主席兼董事總經理

過去三十年，商場上有一群天之驕子，他們正是金融投資工具的領航者，而蘇世民一直是站在其中的頂尖位置。要評價一個商人成功與否，不僅要看他賺錢多少，還要看他為人如何，以及他為後世貢獻了甚麼。我認識的蘇世民隨和不傲，還保留了一絲童真，頗為難得。他的多方捐贈，想必是為了啟迪後人。他的為人值得我們敬佩，他的書就更值得我們一讀。

**陳啟宗** 恒隆集團董事長

在競爭激烈、變動不居的金融市場上，投資的業績波動在短期內來看似乎撲朔迷離、無跡可循，但是從長期看，基本上是一個人的經驗與知識的折現，只不過不少投資者在取得一定的成績與聲望之後，就不太願意坦率面對自己投資的得失，這使得公眾往往不容易了解投資界的真實狀況。蘇世民在全球傑出的投資家中顯然是一個出色的「另類」，他一直保持着異常的直接與坦率，在書中敘述許多親身經歷時，他常常直率地點評自己的體會與經驗、教訓與反思乃至自嘲。這本書可以說是一名傑出投資家心靈成長的歷史、現實閱歷積累的歷史，也是他將自己的經驗與知識在投資中嘗試折現的歷史。

**巴曙松** 北京大學滙豐金融研究院執行院長、
香港交易所董事總經理兼首席中國經濟學家

對於任何對商業感興趣的人來說，這是一本非常寶貴的讀物和值得強烈推薦的書 —— 向最優秀的人學習！蘇世民慷慨地分享了他邁向成功與慈善事業的旅程和人生經驗。

**黃志祥** 信和集團主席

蘇世民先生是全球著名的投資家，也是中美關係的促進者。在捐建清華蘇世民書院的過程中，其目標之宏偉，其對細節之執着，曾讓我十分感歎。在這本書中，我再次領會到了蘇世民先生成功之品質和風格，相信這本匯集了作者豐富多彩的人生經歷和充滿人生智慧的經典之作會讓各類讀者受益。

**傅育寧** 華潤（集團）有限公司董事長

蘇世民先生是我見過的悟性最高的人之一，他精力旺盛，見地獨到，常在大家猶疑不決之時，給出清晰的最優路徑。我非常欽佩他，在中美之間穿梭往來，傳遞善意和提供建議。作為黑石的一員，他於我亦師亦友，給予我極大的幫助和啟發。我在這本書裡看到了非常親切的歷史，更看到了蘇世民先生的經驗和堅韌，這對每個意圖有所作為的人來說，都至關重要。

**張利平** 黑石大中華區主席

蘇世民是偉大的企業家，也是活躍的慈善家。在慈善事業中，他採取的變革性方案和思考範式令人歎服。蘇世民書院等創新的嘗試對教育界也產生了極大的影響。相信每個擁有遠大目標和理想的人都能從這本書中獲益。

**曹其峰** 著名企業家、社會活動家、慈善家

# 目　錄

## 第一部分

### 追　夢

## 第二部分

### 決　策

# 繁體中文版序

香港中和出版有限公司願意為中國內地以外的讀者出版《蘇世民：我的經驗與教訓》繁體中文版，我感到極其激動。1990 年，我和我的兩個孩子第一次遊覽了香港和中國內地，當時他們一個 13 歲，一個 10 歲。那次遊覽的原因，是出於對世界上其中一個最偉大文明的好奇心，以及親眼去看一看這個國家豐富傳統的渴望。我的孩子們 —— 現在都已年逾不惑 —— 至今仍然談論我們當時在香港和中國內地的旅行，回憶當時在中國內地的街道上幾乎沒有汽車，只有單車。自從第一次訪問之後，我到訪中國和大中華地區的次數已經多得快數不過來，光是過去 10 年就已經超過 50 次了。轉瞬之間，事物斗轉星移，着實令人讚歎不已。

我在 1985 年創立了黑石集團（Blackstone），而今已成為世界上最大的另類資產管理機構，領域包括私募股權、房地產、

對沖基金和信貸。我們為眾多世界頂級機構投資者及個人投資者管理及投資資金，包括主權財富基金、保險公司，以及代表數千萬退休人士的養老基金系統。我們的目標是為我們的投資人和我們工作於斯的社會創造長期價值，我們堅信增長和創新。在這一方面，我們與大中華地區最優秀的公司有共通之處。

從 1992 年起，黑石集團就活躍於香港和中國內地。我們目睹了中國從一個聚焦於國營企業的國家，演變為一個充滿活力的多元經濟體，超過半數的商業活動都由私人機構營運。2007 年，中國投資有限責任公司（中國最大的、也是唯一的主權財富管理公司）選擇了黑石作為他們的第一筆海外投資。這一預料之外的投資，使得中國與黑石之間形成了牢固的戰略關係，並且延續至今。我相信，這一關係也有助於拉近兩個大國之間合作的距離。

我一直對香港印象深刻，它既是聯結世界與中國內地的首要的國際金融中心，也是全球旅客的觀光目的地。毫無意外，香港長期以來都是黑石的重要市場。2007 年我們在香港開設了辦公室，此後向大中華地區的頂級投資者募集了巨大資金。今天，我們在香港的雇員超過一百人，涵蓋了房地產、私募股權及其他職能部門。透過黑石，我也得以結識香港和大中華地區眾多最具成就的商業領袖，並與他們保持聯繫。隨着時間推移，這些友誼幫助我更好地理解、欣賞這一區域的巨大成功及發展。

　　我堅信中國和西方之間的開放對話對世界的長遠願景極為重要。這是我在清華大學創立蘇世民學者項目的主要原因：鼓勵對話、友誼，鼓勵透過沉浸式的學術、文化和專業交流了解中國。蘇世民學者項目是一個獨特的項目，也獲得了巨大成功，已經名列最頂尖的兩三個全球獎學金項目之一。它也獲得了世界範圍內的學界、商界領袖以及政府組織的認可及推崇。2013 年，項目在人民大會堂舉行了啟動儀式，來自習近平主席和奧巴馬總統祝賀蘇世民學者項目成立的親筆信在現場被宣讀，於我而言，是莫大的榮耀。我為發展了這一聯結世界各國的紐帶而自豪，它為年輕領袖們提供了一個獨特的機會，以此來了解中國，發展與中國的牢固聯繫。

　　基於我在全球事務中的經驗以及我與中美兩國領袖的友誼，我確信合作關係符合我們兩個偉大國家之間的最大利益，兩國經濟合佔世界經濟總量的 40%。正因為如此，我個人致力於為促進中國和美國的建設性對話提供幫助，並在最近以中間人的身份，幫助實現一個有利於全球經濟長遠增長的雙贏解決方案。

　　在過去的 50 年中，在華爾街工作期間，在建立黑石並使之成為今天這個引領全球的金融機構期間，我結識了來自世界各地的很多人士，從他們身上，學到了很多。從成立之時起，黑石每年增長 50%，現在我們已經管理着超過 5500 億美元的資產。但是成功來之不易，我的旅程也充滿艱難。《蘇世民：我

的經驗與教訓》分享了我所學到的最重要的見解,這些見解是關於如何實現卓越、產生影響,以及過一個有意義的人生。這本書成為國際暢銷書,受到各地讀者的歡迎,包括企業家、學生、機構中各個階層的雇員,因為它對於如何創造一條成功之路提出了實用和實際的建議。對於任何希望增加個人影響力、自我提升,甚至建立一個有其獨特文化的卓越組織的讀者,書中有許多有用的經驗和教訓。

完成這本書用了將近三年時間,因為我想確保把所有對黑石、對我個人有價值的經驗教訓都包羅進去。我想把我獲得的知識和智慧傳遞下去,讓你能避免我犯過的錯誤,走得更遠、更輕鬆。

感謝你花時間閱讀這本書。我希望你認為這本書有趣、具啟發性並能給你帶來愉悅的閱讀體驗,也希望它能幫你在生活中獲得更大的成功。

# 前言
# 所有，並非天生

　　1987 年春，我飛往波士頓準備與麻省理工學院的捐贈基金團隊會面。當時，我正在努力為黑石的首隻投資基金募集資金，目標是 10 億美元。如果能募集成功，那麼我們將成為同類首期基金中最大的一隻，全球排名第三。這個目標宏大誘人，大多數人都覺得不可能實現。但我一直認為，實現大目標和小目標的難度相差無幾，唯一的區別在於：目標越大，其產生的影響力也越大。人的精力有限，既然每次只能聚焦一項對個人而言至關重要的事業，就應該選擇一個真正值得努力和專注的目標，奮力一搏，確保成功。

　　但是，在遭遇無數次拒絕之後，我開始恐慌了。

　　我和彼得‧彼得森 (Pete Peterson) 在 1985 年聯合創立了黑石集團。創始之初，我們心存高遠並精心制訂了公司的發展策

略。然而，業務的進展速度遠不及我們的預期。創立黑石之前，我們都是華爾街雷曼兄弟（Lehman Brothers）的頂尖人物，在這家知名投資銀行裡，彼得曾擔任 CEO，我則主管着全球最活躍的併購部門，而現在如果不能成功募集這筆資金，我們可能就會淪為眾人笑柄，我們的整個商業模式都將備受質疑。此時，我們以往的競爭對手希望我們一敗塗地，而我也擔心會如其所願。

在前一天對會面進行確認之後，我和彼得一同抵達位於馬薩諸塞大道的麻省理工學院，準備推介我們的計劃，拿到這筆投資。我們找到一扇裝着磨砂玻璃的門，上面寫着「麻省理工學院捐贈基金」。我們敲了敲門，裡面沒有回應。我們又敲了敲，第三次、第四次，還是沒有回應。我檢查了一下自己的日程，確認我們沒有記錯時間和地點。彼得站在我身後，滿臉不悅。當時，他已經 61 歲了，比我大 21 歲，在加入雷曼兄弟之前一直擔任尼克遜總統的商務部部長。

終於，一個路過的門衛看見我們後停了下來。我們告訴他，我們是來找捐贈基金工作人員的。

「哦，今天星期五。他們早就下班了。」他說。

「但我們約了下午 3 點會面。」我說。

「我看見他們走了。他們要到星期一早上才回來。」

我和彼得只能掃興離開，這時外面下起雨來。我們沒想到會下雨，沒帶雨傘和雨衣，所以只能站在麻省理工學院行政大

樓的出口處等着雨停。20 分鐘過去了，雨卻越下越大，沒有一點要停歇的樣子。

我覺得我必須得做點甚麼了。於是我讓彼得站在原地，自己跑到馬路上截車。雨水瞬間澆透了我的外套和襯衫，直接滲透到我的皮膚上。衣服像破布一樣貼在身上，雨水打到我的眼睛，又從我臉上順流直下。每次當我以為自己終於要截到車的時候，都會被人搶先一步。正在我感到絕望並且全身濕透的時候，我看到一輛正在等紅燈的計程車。當下，我快步跑了過去用力敲了敲後窗，舉着一張軟趴趴的 20 美元鈔票，希望能買通車上的乘客，讓我們一起拼車。那位乘客只是透過車窗玻璃看着我。他一定覺得我很奇怪，穿着濕透的西裝，舉着鈔票敲着計程車的窗戶。他拒絕了我的請求。後面兩輛計程車上的乘客也沒同意我的拼車請求。在我把報價提高到 30 美元後，終於有人同意讓我們拼車了。

這是我幾個星期以來唯一達成的一次交易。

我向彼得揮了揮手示意他上車，他慢慢向我走來。瞬間，他渾身變得濕漉漉的，頭髮緊緊貼在頭皮上，好像在洗淋浴。他離我越近，衣服越濕，步子越重，心裡越發不痛快。彼得習慣了有車等、有司機拿雨傘等候他上下車的日子。但在一年半之前，我們兩個決定一起創業。從他穿過積水向我走來時的表情，我能看出，他後悔了。

就在不久之前，我們兩個還可以打電話給美國商界或世界

各國政府的任何人，他們也會很樂意接我們電話。我們從來沒有想過創業會很輕鬆，但我們也從來沒有想像過會在週五晚上的洛根機場，頹廢地坐在自己的座位上暗自神傷：我們渾身濕透，付出巨大努力，卻沒有換來一分錢。

　　每個企業家都會有這樣的體會：有時現實與自己想像的生活和事業之間存在巨大差距，這一差距會壓得人喘不過氣，幾乎令人絕望。然而，一旦取得成功，人們只會看到成功的光環，如果失敗了，他們也只會看到失敗的黯淡，卻很少有人關注到那些可能徹底改變人生軌跡的轉折點。可正是在這些轉折點上，我們學到了事業和人生中最重要的經驗和教訓。

————————

　　2010 年，時任哈佛大學校長德魯・福斯特（Drew Faust）來紐約看我。我們聊了很多，但大部分時間都在談論大型組織的運營。2018 年從哈佛大學退休後，她找到了我們見面時她記的筆記，並寄給了我。筆記很長，她記下了很多事情，其中有一句話說得特別好：「優秀的高管是在後天磨煉中成長起來的，沒有人是天生的。他們吸收信息，研究既往經驗，從錯誤中吸取教訓，不斷進步。」

　　這的確是我的成長之路。

　　與德魯見面後不久，我又與美國財政部前部長、高盛

(Goldman Sachs) CEO 漢克·保爾森 (Hank Paulson) 聊了聊。他建議我翻翻自己以前的記事本，記錄下自己對建立和管理一個組織的想法，並將其整理成文字，萬一哪天想出版了，便能用到。他認為會有大批讀者對我的經驗和教訓感興趣。我接受了他的建議。

我經常與學生、高管、投資者、政治家和非營利組織的人士進行交流。他們問得最多的問題是我們是如何創立黑石的、現在又是怎樣進行企業管理的。一個組織從構思、成立到發展，以及打造組織文化、吸引優秀人才的過程讓他們十分感興趣。他們還想知道甚麼樣的人會接受這樣的挑戰，這個人必須具備甚麼樣的特質、價值觀和習慣。

我沒有想過要出一本回憶錄，事無巨細地記錄生命中的每一刻。我認為自己不夠資格。相反，我決定擷取一些重要的事件和片段，這些經歷讓我學到了關於世界和事業的重要功課。這本書記錄了我在人生和事業中的重要轉折點，正是由於這些轉折點，我才成為今天的自己，希望我從中學到的經驗教訓也能對諸位有用。

———————

我在費城郊區的中產階級家庭長大，吸收了 20 世紀 50 年代的美國價值觀：正直誠實、襟懷灑落、吃苦耐勞。我的父母

給我定額的零用錢，從來不會多給，所以我和弟弟們必須自己賺錢。我在自家的亞麻布商店打過工，逐家逐戶賣過糖果棒和燈泡，做過電話本速遞員，還推出過草坪修剪服務，並雇有兩名兼職員工——我的那對雙胞胎弟弟。草坪修剪服務收入的一半歸他們，一半歸我，他們負責幹活，我負責拓展客戶。直到最後員工罷工，這項業務持續了整整三年。

現如今，我的日程裡排滿了自己此前無法想像的會晤機會：與國家元首、最資深的企業高管、媒體人士、金融家、立法者、記者、大學校長以及傑出文化機構的領袖交流。

我如何走到了今天這一步？

我有良師益友。父母是我的第一任老師，他們培養了我誠實禮貌和自我成就的價值觀，也讓我知道了為人慷慨的重要性。在高中田徑教練傑克・阿姆斯特朗（Jack Armstrong）的幫助下，我對痛苦的忍耐程度大大提高，也理解了充分準備的價值和威力。對任何企業家來說，這些都是必不可少的功課。在跟高中最好的朋友博比・布萊恩特（Bobby Bryant）一起參加跑步訓練和比賽的時候，我明白了忠誠的內涵，了解了團隊合作的意義。

在大學裡，我努力學習，追求冒險，並發起了一些社區改善項目。我學會了傾聽他人，重視別人的慾望和需求，即使他們沒有說出口。我學會了在解決難題時堅韌不拔、無所畏懼。但是，我從來沒想過自己會從商。我從未選修過經濟類的課

程，直到現在也沒有專門學過。我的職業生涯始於華爾街的帝傑證券公司（DLJ），而我當時連甚麼是證券都不知道，數學水平也很一般。我的弟弟們一有機會就會大呼驚訝：「你，史蒂夫？做金融？」

雖然在基礎經濟學方面有所欠缺，但我能夠揚長避短——我擁有洞察模式、研究新型解決方案、打造新模型的能力，可以靠鍥而不捨的意志力把自己的想法變為現實。事實證明，金融是我了解世界、建立關係、應對重大挑戰和實現個人抱負的途徑。金融還造就了我將複雜問題簡單化的能力——要想解決複雜問題，只需專注於那兩三個決定性的影響因素就行了。

———————

創立黑石是我一生中最重要的個人挑戰。從我和彼得站在麻省理工學院行政大樓外的雨中以來，公司取得了巨大的發展。今天，黑石是全球最大的另類資產管理機構。傳統資產指的是現金、股票和債券，而「另類資產」含義寬泛，包括其他所有類型的資產。我們專注於組建、收購、完善和出售公司和房地產。黑石投資的公司擁有超過 50 萬名員工，這讓我們和相關投資組合公司成為美國乃至世界最大的雇主之一。我們找到最好的對沖基金經理，為他們提供投資資金。我們還向公司提供貸款，並對固定收益證券進行投資。

我們的客戶包括大型機構投資者、養老基金、政府投資基金、大學捐贈基金、保險公司和個人投資者。我們的職責是為我們的投資者、我們投資的公司和資產以及我們所在的社區創造長期價值。

黑石的非凡成就歸功於我們的文化。我們篤信精英管理、追求卓越、保持開放和堅守誠信，並竭力聘用擁有同樣信念的人。我們極為注重風險管理，追求永不虧損。我們堅信創新和成長——不斷提出問題，預測事件，審時度勢，主動進步和進行變革。金融界沒有專利權。今天還是一家利潤豐厚的優秀企業，明天就可能利潤大跌，歸於平庸。由於市場存在競爭和變故，如果依賴於單一業務，一個組織就可能無法生存。在黑石，我們打造了一支卓越的團隊。一旦選擇了要做的事情，我們便會齊心協力為達到世界一流水平而努力。有了這樣的基準，我們就能輕鬆衡量出自己的水平。

隨着黑石的業務領域和影響範圍不斷擴大，我在商界之外也獲得了更多機會。我從來沒有想過，會有一天憑藉自身作為企業家和交易達成者磨煉的經驗教訓，再加上我在整個行業、政府、教育和非營利組織建立的關係，在位於華盛頓哥倫比亞特區的約翰·甘迺迪表演藝術中心擔任主席，也沒想過我會在中國發起創立一個享有盛名的研究生獎學金項目——蘇世民學者項目。我有幸能把自己的商業原則運用於慈善事業，即經過深思熟慮，通過創造性方案來識別和解決複雜的挑戰。無論

是創造性地在耶魯大學校園裡建立一個學生和文化中心，還是在麻省理工學院捐贈資金創立一所新的學院致力於人工智能研究，抑或是向牛津大學捐款用以重新定義 21 世紀人文學科的研究，我現在從事的項目都聚焦於運用資源改變現有範式，並切實對人類社會產生影響（而不僅僅是影響企業盈虧情況）。我捐贈了超過 10 億美元來支持這些項目。未來，它們可以帶來巨大變革，其影響力將遠超財務價值，也會在我離開後長期存續下去。能投身其中，我深感榮幸。

我還花了大量時間接聽電話，或是與世界各地面臨重大挑戰、需要解決方案的高級政府官員會面。直到現在，每當聽說有世界領導人希望就國內或國際重要問題聽取我的建議或觀點時，我仍然會感到驚訝。當然，每次我都會盡全力提供幫助。

無論你是學生、企業家、經理、試圖改善所在組織現狀的團隊成員，或只是想尋找方法、充分發揮自己潛力的普通人，我都希望本書中的經驗教訓讓你有所獲益。

對我而言，生命中最大的收穫是創造出人意料、影響深遠的新事物。我一直在追求卓越。當人們問我如何成功時，我的答案基本都是一樣的：我看到一個獨一無二的機會，然後竭盡全力去抓住了它。

總之，永不言棄！

# 第一部分

## 追 夢

### REMOVE THE OBSTACLES

# WHAT IT TAKES

Lessons in the Pursuit of Excellence

# 1

## 小有作為

　　弗蘭克福德區是費城的中產階級社區，施瓦茨曼窗簾麻布店就坐落於這一社區高架火車軌道的下面，店裡出售帷幔、床上用品、毛巾和其他家居用品。因為產品優質、價格公道，我們的生意極為興隆，顧客如雲。我的父親頭腦聰明，頗有見識，為人忠誠友善，工作也很勤奮，但思想保守。在繼承了祖父的生意後，他僅僅滿足於按部就班地經營店舖，絲毫沒有擴張店舖、跨越自己舒適區的野心。

　　我 10 歲的時候開始在商店工作，工資是每小時 10 美分。很快我就要求祖父給我加薪，漲到每小時 25 美分，卻遭到拒絕。祖父問我：「你憑甚麼覺得自己每小時值 25 美分？」我知道自己其實不值這個價。當有顧客拿着窗戶尺寸來問窗簾需要多少布料時，我完全不知道怎樣計算，也不知道該怎樣跟她交

流，甚至連學着做的慾望也沒有。聖誕節期間，我負責在週五晚上和週六向老年女性顧客出售亞麻手帕。我需要花幾個小時打開一盒盒幾乎完全相同的手帕，供顧客挑選。他們會在這些價格不超過 1 美元的手帕上花上 5—10 分鐘以挑選自己喜愛的款式，而我還要把剩下的手帕全部收起來，我感覺這樣非常浪費時間。在店裡打工的 4 年裡，我從一個脾氣暴躁的孩子成長為一個爭強好勝的少年。這期間，尤其讓我不快的是這份工作影響了我的社交生活，我一直被困在商店裡，從來沒有參加過足球比賽和中學舞會，根本沒有機會成為自己理想世界的一員。

儘管我怎麼都學不會包裝禮品，但我看到了商店的成長潛力。「最偉大的一代」已從二戰戰場返回美國。我們處在一個和平富裕的年代。房屋建設熱火朝天，郊區不斷擴建，出生率持續飆升。這意味着美國將會增加更多的臥室、更多的浴室，以及更多的床單需求。我們為甚麼非要在費城守着一家商店？當美國人想買亞麻布時，他們應該首先想到施瓦茨曼窗簾麻布店。我想像着我們的店舖像現在的 3B 家居（Bed Bath & Beyond）一樣，從東海岸開到西海岸。為了這個願景，我可以心甘情願地疊手帕。但是，我父親堅決不同意。

「那好，」我說，「我們可以只在賓夕凡尼亞州擴張。」

「不行，」他說，「我不想。」

「那只在費城擴張？這樣不難吧。」

「我沒甚麼興趣。」

「你怎麼會沒興趣呢？」我說，「已經有那麼多人都來逛我們的店，我們能變成西爾斯百貨（Sears，當時西爾斯生意興隆，店舖遍地開花）那樣。你為甚麼會不想擴張呢？」

「有人會偷收銀台的錢。」

「爸爸，不會有人偷收銀台的錢的。西爾斯在全國都有門店，他們肯定已經想到防止偷錢的辦法了。你為甚麼不想擴張？我們能發展得很大。」

「史蒂夫，」他說，「我已經很幸福了。我們有一所漂亮的房子，有兩輛車，我也有足夠的錢供你和弟弟們上大學。我還需要甚麼呢？」

「這個跟需求沒關係，這是一種追求。」

「我不想要，也不需要，擴張不會讓我開心。」

我搖了搖頭：「我真不懂，這可是十拿九穩的事！」

今天，我懂了。一個人可以學着做管理者，甚至可以學着當領導者，卻無法通過學習成為企業家。

我的母親阿利納是個閒不住的人，她敢想敢做，跟我的父親完美互補。她一路見證了我們的家庭走向成功。有一次，她決定學習航海（我猜她想讓我們像甘迺迪一家那樣，從海恩尼斯港出發，微鹹的海風吹着頭髮，就此開始浪漫的航行）。於是，她買來一艘20英尺的帆船，學會了駕駛，還帶着我們參加了比賽——媽媽掌舵，爸爸聽令。她贏得了許多獎杯。我和我的那對雙胞胎弟弟一直非常欽佩她的競爭意識和好勝心。如果

換個年代，我的母親一定會成為一家大公司的 CEO。

　　在我小的時候，我們一家住在牛津圓環廣場的一幢半獨立磚木房子裡。這個費城社區裡居住的幾乎全是猶太人。我玩耍的操場上經常會有碎玻璃瓶，操場周圍都是抽煙的小孩。我最要好的朋友住在街對面，他的父親被黑手黨殺死了。母親不喜歡我跟小混混一起玩，他們喜歡穿黑色皮夾克，大都在卡斯托大道的保齡球館裡打發時間。她希望我們上更好的學校。於是，在我上中學後不久，她就決定全家搬到更富裕的郊區。

　　在亨廷頓谷，猶太人很少見，約佔總人口的 1%，大多數居民是白人，信奉聖公會或天主教，滿足於自己的社會地位。那裡的一切都令人感到無比輕鬆。沒有人試圖傷害或威脅我。我學習成績出色，還帶領學校的田徑隊取得了州冠軍。

　　在 20 世紀 60 年代，美國彷彿是全球經濟和社會中心。隨着美國加強對越南問題的參與，從民權到性，再到對戰爭的態度，一切都在發生變化。我們這代人能整天在電視上看到總統，這是前所未有的。國家的領導人不再是神話人物，我們這樣的小人物也能接觸到他們。

　　高二的時候，就連我就讀的阿賓頓高中也成了這一變化的一部分。根據賓夕凡尼亞州法律，我們每天早上都要在學校聽《聖經》經文，唸禱告詞。我並不介意，但埃勒里·申普一家覺得不妥。他們是一位論派（Unitarianism），認為學校對基督教義的重視侵犯了憲法第一修正案和第十四修正案賦予他們的權

利。申普的案件被提交至美國最高法院，法院以八票贊成、一票反對的結果裁定賓夕凡尼亞州的祈禱法規違憲。這一案件使得阿賓頓高中成為全美大辯論的中心，許多基督徒認為這起案件開啟了基督教在公立學校終結的變局。

———————

高三結束時（美國高中學制一般為 4 年制），我當選學生會主席。在職期間，我首次體驗了成為「創新者」意味着甚麼。

雖然父親否決了我把施瓦茨曼麻布店變成第一個 3B 家居連鎖店的想法，但現在有些事我可以自己做主了。高三的暑假，我們全家開車去加州旅行。母親開車，我坐在後排，微風輕撫臉頰，我在腦海中盤算着自己能利用新職位做點甚麼。我不願成為一長串學生領袖中默默無聞的一個。我想做點兒別人沒做過甚至沒想過的事。我想設計這樣一個願景：它非常振奮人心，以至整個學校都願意團結起來去共同實現。我們一家從東海岸開到西海岸，又從西海岸開回來。一路上，我不停地把自己的這一奇特想法寫在明信片上，每次停車，我就把明信片寄給學生會的幹事。他們在家裡待着，接二連三地收到我寄出的明信片。而我正在搜腸刮肚地想要策劃一個絕妙的創意。

途中，我終於靈光乍現：費城是迪克·克拉克主持的青少年電視節目 *American Bandstand* 的所在地。同時，費城的廣播

電台也做得非常好，WDAS 就是頂尖的非洲裔美國廣播電台。我是一個音樂愛好者，從詹姆斯・布朗（James Brown）到摩城（Motown），到 20 世紀 50 年代出色的嘟喔普（doo-wop）樂隊組合，再到披頭士和滾石，他們令我癡迷。在學校，浴室、樓梯間等所有混聲效果好的場所都成了學生搖滾樂隊聽歌的地方，走廊裡也總是迴蕩着他們練習這些歌曲的聲音。他們最喜歡的一首歌是小安東尼和帝國樂隊（Little Anthony and the Imperials）的《枕上淚》。這首歌特別符合中學生的心境——枕上有淚，心中有痛。

我心想：如果能請小安東尼和帝國樂隊來我們學校的體育館表演，那該多棒啊！確實，他們遠在布魯克林，是當時美國最受歡迎的樂隊之一，可我們沒有錢。但是誰說一定不行呢？這樣的演出將是獨一無二的，每個人都會喜歡。一定有辦法搞定，而我的任務就是找到這個辦法。

50 年過去了，當時的細節已經變得模糊。但我記得，那時我打了很多個電話，動用了很多同學家人的關係。最後，小安東尼和帝國樂隊來到了阿賓頓高中。時至今日，我耳邊還經常響起那時的音樂聲，樂隊在舞台上的表演也依然歷歷在目，每個人都心花怒放，開心極了。所以，我堅信，如果你足夠渴望一件事物，即使沒有條件，也總會找到方法達成所願。只要你努力，只要你堅持，就會變不可能為可能，就會功到自然成。

但僅僅有慾望是不夠的。追求高難度目標，有時難免會事

與願違、不得其所。這是志存高遠的代價之一。

傑克·阿姆斯特朗是我在阿賓頓高中的田徑教練，他中等身高，中等體型，灰白的頭髮別在耳後，總是穿着同一件栗色運動衫和防風夾克，脖子上掛着同一塊秒錶。每天，他都以積極開朗的態度投入工作，從不大喊大叫，也不會亂發脾氣，只是會稍微提高或壓低自己的聲音，通過最微妙的音調變化來表達自己的觀點：「看看他們剛才多努力。你們還假裝自己在訓練！」我沒有一天訓練完不吐的——因為拚盡了全力，所以感到非常噁心。

有時，他會讓短跑運動員跑一英里，我們不喜歡跑這麼長的距離，也會把自己的想法告訴他。但我們都知道，教練是個要求非常高的天才，他不會輕易改變自己的主意。我們也很想讓他高興，因此只能按他的要求做。即使在冬天，他也不會放鬆對我們的要求。他讓我們繞着學校停車場跑了一圈又一圈。停車場坐落在小山上，寒風呼嘯，天冷路滑，我們都低着頭跑，唯恐不慎滑倒。他靠在牆上，裹着外套，戴着帽子和手套，微笑着拍手激勵我們。我們的學校沒有專門的設施，但我們堅持在惡劣的條件下訓練，我們的競爭對手卻在冬天甚麼都沒做。春天來了，我們準備就緒，逢賽必贏。

無論是指導未來的奧運選手，還是訓練從替補席上場的男孩，阿姆斯特朗教練都一視同仁，他傳達給我們的信息簡單而一致，即「全力以赴地跑」，達到他訓練計劃設定的要求。他

既不恐嚇威脅，也不盲目表揚，而是讓我們自覺發現內心的目標。在他的整個職業生涯中，他的田徑隊只輸過 4 次，總體勝負比為 186：4。

1963 年，在獲得了賓夕凡尼亞州一英里接力賽冠軍後，我們受邀去紐約參加一場特別的接力賽活動，地點是位於 168 街的軍械庫。在去往紐約的巴士上，我像往常一樣坐在自己最好的朋友博比·布萊恩特身邊。他是非洲裔美國人，身高 6 英尺，還是學校的大明星。他熱情善良，穿過學校食堂都要花費很長時間，因為他得不時停下來跟每個桌子上的人說笑。他學習很吃力，但在田徑場上表現極好。他的家境一直不太好，所以我用自己打工賺的錢給他買了一雙 Adidas 釘鞋。這不僅因為我們是朋友，還因為如果博比穿上一雙炫酷的釘鞋跑步，我們都會覺得很有面子。

參加決賽的有 6 支隊伍。我一直跑第一棒，交接棒的時候也從來都是第一名。發令槍響後，我一馬當先。但在經過第一個彎道後，我感覺自己的右腿肌腱撕裂了。突如其來的疼痛讓我難以忍受。我可以選擇停下來，對我的身體而言，這是明智的做法，但是我選擇繼續堅持，並盡力跟緊，以爭取我們獲勝的機會。

我偏移到賽道中間，逼迫我身後的選手繞過我向前跑。我咬緊牙關，強忍疼痛，堅持跑完剩下的距離，但也只能眼睜睜地看着競爭對手超過我向前狂奔。當我把接力棒交給第二棒選

手時，我們距離第一名已經有 20 碼遠。我一瘸一拐地跑到內場，開始俯身嘔吐。我已經竭盡全力，但我們不可能縮小差距了。我曾想像過獲勝，並為之瘋狂努力。整個冬天都在跑圈訓練，艱難又孤獨。而現在，我確信我們要輸了。

但當我雙手扶膝站在那裡的時候，我聽到人群開始騷動，呼喊聲在磚牆內迴蕩。跑第二棒的隊友開始縮短距離，第三棒選手把差距拉得更小。看台上的觀眾脫下了鞋，開始敲打賽場旁邊的金屬圍板。第三棒以後，我們跟第一名之間的距離縮短到 12 碼，但這一差距仍然相當大。布魯克林男子中學最厲害的跑步選手，也是這個城市最厲害的跑步選手，正在等着接棒。奧力．亨特身高 6 英尺 3 英寸，剃了光頭，肩寬腰細，雙腿極長，是適合跑步的完美身材，他比賽從來沒輸過。而我們跑最後一棒的選手是博比。

我看着博比在軍械庫平坦的木製地板上起跑，他目光如炬，死死地盯着亨特的後背。一步接着一步，他逐漸向亨特接近。我比其他任何人都更了解博比，但就連我也不知道他哪來的志氣和力量。就在到達終點線之前的一剎那，他猛地向前一衝，取得了最終的勝利！他做到了！觀眾都瘋狂了！這怎麼可能！這是一次常人所不能及的努力。比賽結束後，他到內場來找我，用他粗壯的胳膊環抱住我。「我是為了你，史蒂夫。我不能讓你失望。」我們一起訓練，一起比賽，讓彼此變得更優秀。

　　高三的時候，我了解到哈佛是美國最知名的常春藤聯盟大學。我覺得以自己的成績，可以被哈佛錄取。結果哈佛並不這麼認為。他們把我列入候補名單。阿姆斯特朗教練建議我去普林斯頓大學，參加田徑隊，甚至做了相關安排。我表現得像一個脾氣暴躁的少年，我說不去，因為我覺得普林斯頓大學只是因為我體育好才錄取我。耶魯大學也錄取了我，但我就認準了哈佛，這是我給自己設計的未來的一部分。為此，我決定打電話給哈佛大學招生負責人，說服他招收我。我找到了他的名字和招生部門的主機號，帶了一大堆 25 美分硬幣到學校打付費電話。我不想讓父母聽到我打電話，因為我覺得這是需要我自己完成的事情。我把硬幣一枚接着一枚塞進電話，全身微微發抖，內心充滿恐慌。

　　「您好，我是賓夕凡尼亞州阿賓頓高中的史蒂芬·施瓦茨曼[①]。我已被耶魯大學錄取，但我在貴校的候補名單上，我真的很想上哈佛。」

　　「你是怎麼找到我的？」院長問道，「我從不與學生或家長交談。」

　　「我打電話說找您，他們轉了您的分機。」

　　「我很抱歉，今年我們不會從候補名單上招生。新生班已經滿額了。」

---

① 作者的英文名直譯為史蒂芬·施瓦茨曼，中文譯名為蘇世民，而文中有多處提到的史蒂夫則為作者的昵稱。——編者注

「這真的是一個錯誤，」我説，「我會非常成功，您會很高興代表哈佛錄取了我。」

「我相信你會成功，但耶魯是一個不錯的地方，你會喜歡這 個大學，也會在那裡擁有一段很棒的經歷。」

「我相信我會，」我還在堅持，「但我打電話的原因是我想上哈佛。」

「我理解，但我幫不了你。」

掛了電話後，我幾乎要站不住了。我高估了自己自我推銷的能力。我不得不接受對方的拒絕，去了自己的第二選擇：耶魯。

在我作為學生會主席的最後一次演講中，我提出了一個關於教育的理念，這也是我一生始終信奉的一個理念：

> 我相信教育是一門學科。這門學科的目標是學習如何思考。一旦掌握了這一點，就可以將其應用於學習投身一項事業、學習欣賞藝術、學習閱讀書籍。教育賦予我們能力，讓我們欣賞上帝之手寫就的千回百折的劇情 —— 生活本身。在我們離開教室後，教育仍在繼續。與朋友聯繫、參加俱樂部，這些都能增加我們的知識儲備。事實上，學習伴隨我們的終生。我和我的幹事們只是希望在座的各位能夠正確認識教育的目的，並在你們的餘生中遵循教育的基本原則，不斷質疑，持續思考。

那年夏天，我在一個夏令營擔任顧問。在開車接我回家的路上，父親告訴我，我即將進入一個他一無所知的世界。不管是在耶魯的人，還是上過耶魯的人，他一個都不認識。在這個新的世界裡，他能給予我的唯一幫助就是愛我，讓我知道我總有家可歸。除此之外，我只能依靠自己。

————————

在耶魯大學一年級，我和兩個室友共用兩間臥室和一間書房。幸運的是，我自己住一間臥室。一個室友來自巴爾的摩市的一家私立學校。他在客廳牆上釘了一面納粹旗幟，在玻璃櫃裡存放了第三帝國的納粹獎章和其他小物件。每天晚上，我們都會伴隨着一張叫作《希特拉行軍》的專輯入眠。我的另一個室友整個第一學期幾乎沒換過內衣。於我而言，大學可謂是真正的調整。

耶魯大學的大食堂是一棟磚砌建築，高聳在校園中間。大食堂建於 1901 年，旨在紀念耶魯大學建校二百週年。這裡像是一個幾百人就餐的火車站。餐桌上的盤子、餐具和托盤叮叮噹噹，椅子挪動吱吱作響。第一天走進大食堂的那一刻，我停下腳步四處張望，感覺非常不對勁。這個食堂的氛圍跟阿賓頓高中的餐廳氛圍完全不同。過了一會，我才恍然大悟：原來這裡沒有女生。在阿賓頓高中，我認識每一個人。而在 1965 年

秋天的耶魯大學，有 10000 名學生，其中 4000 名本科生，我卻不認識任何人。與兩個不正常的室友為伴，沒有一個女孩，沒有一張熟悉的面孔，內心的孤獨難以名狀，所有的人和事都讓我感到不快和惶恐。

雖然我跟阿姆斯特朗教練說，我不想去普林斯頓繼續賽跑，但具有諷刺意味的是，我是因為短跑成績才上的耶魯大學。我擁有賓夕凡尼亞州 100 碼短跑紀錄，在阿賓頓高中 440 碼和 880 碼接力隊裡跑第一棒，獲得了州冠軍，全美排名第四。我的學習成績和 SAT（學術能力評估測試）成績雖然都很好，但我被錄取的真正原因還是賽跑成績。

耶魯當時的教練是鮑勃·吉根加克（Bob Giegengack），他非常有名，前一年曾執教美國奧運代表隊。我們這些新來的跑步選手在去參加訓練的時候，每個人會領取一張卡片，上面有詳盡的個人日常訓練計劃，然後單獨進行跑步練習。然而，沒有阿姆斯特朗那樣的教練激發我跑步的潛力，沒有親密的隊友跟我一起說笑嬉鬧，也沒有讓我拚命地跑到嘔吐的動力，我覺得自己將來最好的成績也不過是拿到常春藤聯盟短跑冠軍。而且，要拿到這樣一個冠軍，就必須跟一個平淡無奇的教練和一個不關心我的團隊一起訓練，這讓我心有不甘。於是，我一反常態地放棄了田徑訓練。當然，我還不確定自己想追求甚麼，雖然田徑曾經塑造了我，但現在似乎已經不再是我達成理想的途徑和方式了。

　　學習方面，我也沒做好充分的準備。我選的專業不太尋常，叫作「文化和行為」，這個學術領域誕生於 20 世紀 60 年代，結合了心理學、社會學、生物學和人類學。之所以選這個專業，是因為它聽起來很有趣，是對人類的全面研究，有助於我理解人們的目標和動機。但我在基礎知識上的學習仍有很長的路要走。班上只有 8 個人，卻有 4 個教授。我的許多同學來自美國最好的預科學校。他們不僅彼此認識，也了解這門學科。我的第一篇英文論文關於赫爾曼・梅爾維爾（Herman Melville）的《抄寫員巴特比》（*Bartleby, the Scrivener*），得了 68 分。第二篇論文得了 66 分。我跟不上課了。我的導師阿利斯泰爾・伍德（Alistair Wood）把我叫到他的閣樓辦公室。他是個年輕人，但穿得像個老教授：花呢毛衣，普萊詩便裝外套，肘部有補丁貼布，淺底深色方格圖案，再加一條綠色針織領帶。

　　「施瓦茨曼先生，我想跟你談談你論文的事。」

　　「真的沒甚麼好說的。」我說。

　　「為甚麼？」

　　「我沒甚麼見解，表達也不好。」

　　「天哪，你真不傻。你比我總結的還好。所以我必須先教你如何寫作，然後再教你如何思考。因為兩者不能同時學習，我會給你接下來幾篇文章的題目，我們先專注於寫作技巧，然後我們再專注於思考方式。」

　　他看到我的潛力，並且着手系統地為我配置我需要的東西。

我永遠不會忘記他的耐心和善良。我開始相信，教學不僅僅是分享知識。為人師，就必須消除他人學習的障礙。就我而言，障礙是我所接受的教育與同班同學之間的差距。就在那一年，我入選院長嘉許名單，從一名差等生一躍成為班裡的尖子生。

――――――

大一結束了，我需要一次冒險，做一些與典型的暑期零工不同的事情。在全是男生的耶魯校園待了一年，我想在海上過夏天，在充滿異國情調的港口停留。這也許是我所需的有效的理療方式。開始的時候，我試着在紐約的碼頭找到一份工作，但是當時的碼頭工人聯盟被黑幫控制，不會接受一個沒甚麼關係的大學生。他們建議我去布魯克林的斯堪的納維亞海員聯盟。他們提醒我說，錢肯定不多，但至少可能會找到活兒。我到工會大廳的時候，他們快要下班了。一面牆上貼滿了 3 英尺 × 5 英尺的卡片，上面是招聘信息，卻沒有一份適合我的工作。但前台接待員說如果我加入工會，就可以給我一個地方睡覺，看看明天有甚麼機會。我接受了他的提議。晚上睡覺的時候，一個身材魁梧的斯堪的納維亞水手試圖爬到我的身上。我嚇壞了，落荒而逃，在馬路上睡了一夜。太陽出來之後，我去了街對面的一個浸信會教堂參加晨禱，等着工會大廳再次開門。

公告牌的信息已經更新了，我發現有一張卡片上寫着「目

的地未知」。我問前台這是甚麼意思。他告訴我，目的地完全取決於運送的貨物。船航行到韋拉扎諾海峽大橋後，就能知道是去哪了。如果左轉，就是去加拿大，右轉就是去加勒比海或拉丁美洲，直行則是去歐洲。這邊唯一的工作是引擎室擦洗工，是挪威油輪上最低等的工種。我接受了這個工作，負責擦洗機房油污，保持機房清潔。船航行到韋拉扎諾海峽大橋，我們右轉，前往千里達及多巴哥共和國。

油輪上的食物只有熏魚、難吃的芝士和凌尼茲啤酒。引擎室溫度很高，一杯啤酒下肚，可以直接看到汗水從皮膚裡滲出來。我把西格蒙德・弗洛伊德的書裝在木箱裡帶上了船，不工作的時候，我就讀書，他所有的書我都讀了。挪威船員跟我沒甚麼共同語言，但在危急時刻，他們會站在我這邊。在千里達的一家酒吧裡，我搭訕錯了對象，結果招來一頓拳打腳踢，弄得酒吧桌椅紛飛，像舊西部的沙龍混戰，在這關鍵的時候，船員們團結起來制止了這場混戰，我得以僥倖逃脫。

我們向北航行到羅得島州的普羅維登斯，航行結束後，我乘巴士返回布魯克林，又找了一份工作。這次的船條件好多了，是丹麥的柯爾斯滕・斯科貨輪，白色船體裝飾着藍色線條，看上去非常氣派。我的工作是二廚，每天凌晨 4 點起床，烤麵包，做早餐。我非常喜歡這份工作。我們左轉駛往加拿大，裝載酒和木材，然後前往哥倫比亞運送香蕉。每當貨輪停靠港口，就需要用大網來裝載和卸載貨物。那時候還沒有集裝箱，

整個過程要持續三四天，於是我有充足的時間去附近轉轉。在聖瑪爾塔，我在一個沙灘酒吧度過了一個終生難忘的晚上。當夜幕低垂，沙灘上點起了聖誕燈，不知不覺，我喝得酩酊大醉，人事不省，斷片失憶。這是我人生中唯一一次——是第一次，也是最後一次。後來，有人開車送我到碼頭，把我扔在了那裡。當兩天後醒來時，我已經在船上，全身淤青。我一定是被搶劫了，還被狠狠揍了一頓。是船員們找到了我，把我弄到船上，輪流照顧我，直到我醒來。當我恢復意識時，我們已經出海，我幾乎連路都走不了。貨輪繼續前往卡塔赫納，穿過巴拿馬運河到布埃納文圖拉①。後來，我不得不重返耶魯。

　　在海上待了三個月，再次回到單調的紐黑文，我感到非常不適應，滿腦子都是弗洛伊德、港口、沙灘、酒吧，還有沿途接觸的女孩。整個夏天，在同學忙着打網球、在辦公室工作時，我則在引擎室汗如雨下，在哥倫比亞的酒吧與人大打出手。我的暑期經歷十分刺激又極具挑戰性，並且每次都能倖免於難、死裡逃生。相比之下，紐黑文的生活越發顯得單調乏味，令人倍感壓抑、苦悶。在《耶魯每日新聞》(*Yale Daily News*) 的頭版，我看到一則廣告，說如果感到沮喪，那麼建議去大學健康系看精神科醫生。我決定試一試。精神科醫生的裝扮中規中矩，拿着煙斗，打着煲呔。我跟醫生訴說了我的那個夏天，那些航線、

---

① 布埃納文圖拉，哥倫比亞最大的港口，也是該國太平洋沿岸最主要的城市。——譯者注

那些女孩、那些港口，還訴說了我有多麼不想再回學校。

「你當然不想回來，」他說，「為甚麼想回來呢？你不需要治療，這只是戒斷症狀。堅持一下，把心收一收，過幾個月就沒事了。」

事實證明，他說的對，時間是最好的解藥，漸漸地，我的心歸於平靜，我準備以自己獨特的方式度過在耶魯的時光。

───────

後來，我轉到了達文波特學院，這是耶魯的一個住宿學院，前總統喬治·W. 布殊畢業於此，比我高一屆。學院的餐廳比大食堂小得多，所以在午餐或晚餐後，我不是直接回自己的房間或去圖書館學習，而是倒一杯咖啡，在餐廳裡跟其他學生一起坐下聊天。

為了賺取生活費，我獲得了耶魯文具的特許經營權，走遍了整個大學的每一個樓梯，向學生推銷帶有個性化信頭的書寫紙。我用賺到的錢給自己買了一個立體聲音響──我喜歡聽音樂。

我還把目光投向了「高級社團」，這是一些秘密俱樂部，其成員有校園裡最傑出的學生、體育隊的隊長、學生出版物的編輯、無伴奏合唱團威芬普夫斯的團長。這些俱樂部的名字都很神秘，像骷髏會、卷軸和鑰匙協會、狼首會、書蛇會等。入選

成員要發誓永不向他人提及社團，也不討論俱樂部內部發生的事情。其中，骷髏會是最獨特的。在大四前，我還有兩年的時間能引起會員的注意。

耶魯風景最好的地方就是布蘭福德學院。我常常坐在院子的長凳上，一邊聽着哈克尼斯塔的鐘琴聲，一邊思考，組織些甚麼活動，才能讓整個本科生團體熱血沸騰呢？哪些活動是別出心裁、吸人眼球的呢？我最不尋常的成就就是在入學體檢時創下了大學的跳高紀錄——42 英寸。但是我知道自己還能做得更多。我和小安東尼在阿賓頓的經歷教會了我重要的一課，而我一生都在重複這一課：做大事和做小事的難度是一樣的。兩者都會消耗你的時間和精力，所以如果決心做事，就要做大事，要確保你的夢想值得追求，未來的收穫可以配得上你的努力。

我體會到，耶魯本科生最迫切的需求就是女性的陪伴。耶魯校園新哥德式建築群裡，有成千上萬的男人都渴望看到女生的身影，更是急切盼望她們的陪伴。這個問題明顯需要解決，但沒有人在嘗試。我決定改變這一切。

16 歲的時候，我的父母帶我去看了魯道夫雷里耶夫（Rudolf Nureyev）和瑪歌·芳婷（Margot Fonteyn）的芭蕾舞表演。他們優雅的舞姿深深地吸引了我。少年時代，我的肩膀嚴重脫臼，在床上躺了 1 個月。為了打發時間，我每天聽 10 個小時的古典音樂唱片，從額我略聖歌開始，以柴可夫斯基偉大的芭蕾舞曲結束。在耶魯讀書時，我們的院長是塔夫脫總統的孫

子霍勒斯‧塔夫特（Horace Taft），他的妻子瑪麗‧簡‧班克羅夫特（Mary Jane Bancroft）發現了我對芭蕾舞的興趣。她和我分享書籍，教了我很多東西。我問自己，如果我把自己對芭蕾舞的興趣和社會活動志向結合起來，請一群芭蕾舞演員來給耶魯的男人表演，會怎麼樣？這樣，我一定會引人注目！

　　我需要一個組織，所以我創立了達文波特芭蕾舞學會。然後我開始給七姐妹女子學院 [①] 舞蹈系的負責人打電話，邀請他們的舞蹈演員在達文波特芭蕾舞學會的舞蹈節上演出。其中五個學院同意了。最後，我聯繫了一位傑出的報紙舞蹈評論家沃爾特‧特里，說服他從紐約過來對我們的舞蹈節進行點評。從無到有，我把舞者、評論家和觀眾組織在一起。事實證明，我對耶魯男人的預判是正確的：演出吸引了大量觀眾，我開始在校園小有名氣。

　　既然我們能從其他大學請來最好的舞者，為甚麼不嘗試邀請專業人士呢？當時，全世界最厲害的芭蕾舞團是紐約芭蕾舞團，由喬治‧巴蘭欽（George Balanchine） [②] 擔任藝術總監。我坐火車到紐約，在劇院後門晃來晃去，趁保安不注意，鑽進後台

---

① 女子學院：19 世紀，美國女性高等教育剛剛起步，女子學院如雨後春筍般湧出。其中最為著名的有七所，它們分別是蒙特霍利約克（1837）、瓦薩（1861）、韋爾斯利（1870）、史密斯（1871）、布賴恩莫爾（1885）、巴納德（1889）和拉德克利夫（1894）。這七所享譽盛名的百年常青藤學校在當時被人們並稱為七姐妹女子學院。——譯者注

② 喬治‧巴蘭欽，美國芭蕾之父，被西方評論界讚譽為「20 世紀最富有創造活力的芭蕾編導家」之一。——譯者注

的辦公室，四處詢問，最後找到了經理。

「你在後台搞甚麼鬼？」他問道。「我來自耶魯大學芭蕾舞學會，我們想邀請紐約芭蕾舞團來到紐黑文演出。」我已經想好了怎麼向他推銷這個方案，「學生們沒有錢，但他們喜歡芭蕾舞，他們是你們未來的觀眾和贊助人。」我一直介紹這個活動能給他帶來甚麼好處。精誠所至，金石為開，經理終於退讓了。

「這樣，」他說，「我們不能把整個團都帶過去。只帶一個小團，沒關係吧？」我告訴他，絕對沒問題。於是，紐約芭蕾舞團來到紐黑文演出了。這又是個轟動校園的大熱門事件。既然與紐約芭蕾舞團建立了關係，我再次提高了賭注，跟經理商量：「我們只是上千個喜歡芭蕾舞的窮學生。你為甚麼不讓我們免費看演出呢？我們買不起門票。」

「這個做不到，」他告訴我，「我們靠的就是賣票。但是我們會做彩排，所以如果你想讓盡可能多的同學來看《胡桃夾子》的彩排，我們可以安排。」於是，舞團安排了彩排，我安排了觀眾，向所有的女子學院發出了邀請。彩排的時候，整個劇場坐滿了耶魯的男同學和女子學院的女同學。彩排結束時，我已經成為學生芭蕾舞主辦人，像耶魯大學的索爾·胡洛克（Sol Hurok）①。從此，我名聲大噪，我就是那個把不可能變為可能的人。

---

① 索爾·胡洛克，20世紀美國音樂舞台上最傳奇的藝術經理人之一。——譯者注

————————

　　大約在同一時間，我了解到，耶魯大學一直試圖增加對內陸城市學生的招生數量，這一想法對學校的發展非常有幫助。但和其他常春藤盟校一樣，這項工作進展得並不順利。這是因為耶魯大學招生部門的人手不足，所以無法走遍美國去尋找合適的候選人。如果不能前往離紐黑文較遠的城市、城鎮和農村地區，他們就無法廣泛宣傳耶魯大學教育的內容和益處，許多潛在的候選人也就不能對耶魯大學有一個全面正確的了解，進而認為自己肯定不適應這個學校，更負擔不起所需費用。最終，他們就不會有申請耶魯的意願，這實在是件憾事。於是我想了另外一種辦法，並與耶魯大學招生院院長溝通。我的辦法是派出一小批學生，讓他們邀請候選人來參觀耶魯大學，費用由學校承擔──不是招生院去找候選人，而是請他們來到學校參觀。在他們參觀學校期間，我們可以向他們介紹耶魯慷慨的助學金項目，讓他們了解到任何人都不會因為缺錢而被學校拒收。

　　院長非常認可我的想法。我們決定從我的家鄉費城開始。這是一個試點項目，也是名校對此類項目的首次嘗試。第一次去南費城高中時，我遇到了一個出生在開羅的男孩，他因為猶太人身份被迫離開埃及。他一開始搬到法國，然後去了意大利，最後在 5 年前搬到了美國。他標準化考試的分數很高，會

講阿拉伯語、法語、意大利語和英語，可以閱讀希伯來文。而這位優秀的候選人生活在內陸城市，並且從未聽說過耶魯。

我擔心當這些學生（主要是來自歐洲的第二代移民或非裔美國人）訪問耶魯時，他們可能會對耶魯校園裡那些自以為是的有錢精英白人團體感到反感，所以我們對參觀當天的日程進行了設計，讓他們盡可能接觸到實用的信息。首批來校參觀的80名學生將根據興趣分成小組，兩三人一組，每組搭配一名本科生。他們會參觀實驗室或使用大學廣播室，然後去招生辦公室，討論教育費用支付問題。

我們接觸的一些高中擔心我們此舉只是為了裝點門面。我們向這些學校表示：要進入耶魯並非易事，學生必須通過競爭拿到入學名額，但最重要的是，要讓他們知道，自己不僅可以申請其他學校，也可以申請耶魯，耶魯的大門始終向他們敞開。後來，那個來自開羅的男孩最終被耶魯錄取，並順利入學。在我畢業後很久，這個招生方式一直延續下來，並長盛不衰。

———————

在大學最後一年，我決定與「禁止女性在宿舍過夜」這條有着268年歷史的校規做鬥爭，以解決耶魯大學男性面臨的最大問題。我當時正在跟當地大學的一個女孩約會，所以對我而言，這件事既是個人訴求，也是社會訴求。

傳統的解決方式就是約請大學的行政管理人員一起開會，以此推動改變現狀。但我知道這樣做會發生甚麼。行政管理人員會西裝革履地坐在那裡，告訴我女性會讓人分心，會讓年輕人無心學習，會改變大學宿舍的氣氛。他會列舉一長串像我這樣的年輕人無法理解的原因。他會一直保持微笑，但最終還是一切照舊，因為這條規定已經有近 270 年的歷史。所以，我需要另闢蹊徑，從學生入手。我列出了校方可能提出的反對意見，把意見做成了一份長長的問卷：你認為改變禁宿規定會影響你的學習嗎？周圍女性增加是否會讓你分心？等等。

我組織了 11 名學生，在飯點的時候站在 11 個學院餐廳的外面，把調查問卷分發給所有的本科生。我們的回覆率接近 100%。然後我去找了我的朋友里德·亨特（Reed Hundt），時任《耶魯每日新聞》副主編（在克林頓總統就任期間，他是聯邦通信委員會的負責人）。「里德，我這裡有一份廢除禁宿規定的調查。」我告訴他，「這是條爆炸性新聞。」

3 天後，禁宿規定成為歷史，而我也登上了學校報紙的頭版——「施瓦茨曼倡議：民意調查投票廢除禁宿規定」。校方不想陷入爭執，所以把責任推給了我和民意。這是我首次體驗到媒體的力量。後來，骷體會選擇我入會，當年 6 月，我受命負責組織畢業典禮，屆時，我將成為耶魯大學畢業典禮的代言人。

我從第一次孤獨無助地在大食堂吃飯，一路走到現在，這真是一段值得回憶的充滿戲劇色彩的旅程。

# 2

## 一切都是相連的

畢業前不久，在一次面試中，面試官問我想成為甚麼樣的人。我的答案與眾不同。「我想成為一個像電話交換機一樣的人，」我告訴面試官，「從無數的電話線路中收集信息，對信息進行分類，然後將它們傳送給世界。」

他吃驚地看着我，好像我是個瘋子。但我當時的態度認真且確定，大四畢業前的一次難忘的會面更是堅定了我的這一想法。在一直尋求下一步的方向又毫無頭緒的時候，我給埃夫里爾‧哈里曼（Averell Harriman）寫了一封信，徵詢建議。他是耶魯 1913 年屆畢業生，骷髏會會員，也是美國外交的「智者」之一，曾擔任紐約州州長。

他回信邀請我下午 3 點去他家見面，但後來的見面又變成了共進午餐。我趕緊跑出去採購了自己的第一套西裝，那是

J. Press 的灰色西裝，上面有白色細條紋。哈里曼的房子位於東 81 街 16 號，距離紐約大都會博物館半個街區。身穿白色夾克、戴着黑色領帶的男僕打開門，把我帶到一間掛有印象派畫作的起居室。在這裡，我能聽到隔壁的房間的紐約市前市長羅伯特·瓦格納（Robert Wagner）說話的聲音。最後，輪到我了。哈里曼坐在扶手椅上，他將近 80 歲了，但還是起身迎接我，讓我坐在他的右手邊，因為他的左耳聽力不好。在壁爐架上是被刺殺的總統約翰·F. 甘迺迪的兄弟羅伯特·甘迺迪（Robert Kennedy）的半身像，羅伯特是哈里曼的朋友，之前一年也被暗殺了。我們討論了幾分鐘我進入政界的可能性，哈里曼問：「年輕人，你本身富裕嗎？」

「不，先生。我不富裕。」

「好吧，」他說，「財富會對你的生活產生重大影響。如果你對政治感興趣，那麼我建議你先竭盡所能去賺錢。如果你決定要參與政治，那麼金錢會確保你的獨立性。如果我的父親不是聯合太平洋鐵路的愛德華·亨利·哈里曼（E. H. Harriman），如果我不夠富裕，我就不能確保我的政治獨立性，那麼今天你也不會坐在這裡徵求我的意見。」

他跟我講了自己的人生歷程，他的人生就是一系列不間斷的冒險。他在格羅頓的寄宿學校上學，然後在耶魯上大學。大學期間，他將自己繼承的財富用於飲酒和打馬球。畢業後，他建立了自己的事業。依靠父親的支持和關係，他在 1917 年俄

國十月革命後前往俄國，帶領一批美國企業在那裡進行投資。他認識了列寧、托洛茨基和史太林。在布爾什維克沒收了美國企業在俄的大部分資產之後，他回到美國，提出了模仿瑞士聖莫里茨，在愛達荷州修建滑雪度假村的想法，他稱之為太陽谷。在第二次世界大戰期間，他父親的朋友富蘭克林·羅斯福總統任命他為美國駐蘇聯大使，他又回到莫斯科。1955 年，他成為紐約州州長，後來又回到國務院任職，當時的總統是甘迺迪，他們兩家是朋友。1969 年初，我們第一次見面時，他在巴黎和平會議中擔任美國的首席談判代表，致力於推動結束越南戰爭。在我們聊天期間，哈里曼的電話不斷響起，在巴黎的談判代表想請他提供意見和建議。

我聽得如癡如醉，忘記了時間。哈里曼說：「我們一起吃午飯吧。你介意用托盤吃東西嗎？」在那之前，我從來沒有走進過像他家這樣精緻的房子，但是用托盤吃東西，我還是有經驗的。

從他家離開以後，我跑去公共電話亭給爸媽打電話。我告訴他們，我去找哈里曼了，他給了我一些人生建議。他告訴我，我可以做任何我想到的事情。他說，在人生的某些階段，我們必須弄清楚自己是誰。越早認清自我越好，只有這樣，我們才能找到適合自己的機會，而不是活在他人創造的夢幻中。但如果我要把自己有價值的理想變為現實，成為一個有信息大量流入的如電話交換機一般的人，那麼我需要去賺錢。

　　我提前一小時到達華爾街參加面試——這是我在華爾街的第一次面試，所以不想遲到。我坐在喬弗納咖啡館裡，抿着唯一一杯我買得起的咖啡，每隔幾分鐘就看一下手錶。上午 9 點，我來到位於百老匯 140 號的帝傑證券總部，上了第 36 層樓。我在接待處坐了下來，看到身材高挑的年輕女子戴着黑色的頭帶，穿着昂貴的鞋子，年紀比我稍大的年輕男子則穿着襯衫，打着領帶，他們精神抖擻、意氣風發地來回奔忙，整個辦公室充滿生機和戰鬥力。

　　半個小時後，一位助手帶我進入帝傑證券聯合創始人比爾·唐納森 (Bill Donaldson，帝傑證券 DLJ 中的 D) 的辦公室。看到坐在搖椅上的是一位如此年輕的男子，我感到非常驚訝，當時甘迺迪總統引領了坐搖椅的時尚。我們的會面是比爾的耶魯同學拉里·諾布爾 (Larry Nobel) 安排的，他當時在耶魯大學招生辦公室工作。我跟拉里是在一次耶魯第 15 屆同學會上遇到的。當時他剛成家，帶着家人一起參加聚會。出於禮貌，我給他的兒子買了一套《大象巴巴》(Babar the Elephant) 繪本。我當時和拉里不太熟，但正是由於我的這個慷慨之舉，我們兩個成了朋友，我也獲得了這次面試機會。

　　「告訴我，」比爾説，「你為甚麼想在帝傑工作？」

　　「坦率地説，我不太了解帝傑是做甚麼的，」我説，「但你

似乎招聘了很多出色的年輕人。所以我想做他們正在做的事。」

比爾微笑着說：「這個理由不錯。」

我們簡單聊了一會，他說：「你要不要參觀一下公司，跟我的合夥人聊一聊？」我接受了他的建議。在當天參觀結束後，回到比爾的辦公室時，我告訴他其他合夥人似乎對我不感興趣。「聽着，」他笑着說，「這兩天我會打電話給你。」他如約打來電話，給我提供了工作機會，起薪是每年 10000 美元。

「太棒了，」我說，「但是有一個問題。」

「甚麼問題？」

「我需要 10500 美元。」

「不好意思，」他說，「你甚麼意思？」

「我需要 10500 美元，因為我聽說另一個從耶魯大學畢業的人起薪是 10000 美元，我想成為我們班裡收入最高的人。」

「我不在乎你的想法，」比爾說，「我根本就不該付這麼多錢給你。就 10000 美元！」

「那我不接受這份工作。」

「你不接受這份工作？」

「不接受。我需要 10500 美元。這對你來說不是甚麼大不了的事，但對我來說非常重要。」

唐納森大笑起來：「你一定是在開玩笑。」

「不是，」我說，「我不是在開玩笑。」

「讓我考慮一下。」兩天後他回電話：「好的，就這樣定了，

10500 美元。」就這樣，我進了證券業。

————————

　　公司給我配了一個秘書，我的辦公室窗外是豪華的住宅區。來公司上班的第一天，有人在我的辦公桌上放了一份鞋類和服裝零售企業格涅斯科（Genesco）的年報。我的任務是進行年報分析。這是我人生中第一次看到這種報告。我打開報告，看到了格涅斯科的資產負債表和損益表。資產負債表的腳注裡談到優先股和可轉換優先股、次級債和可轉換次級債、優先債和銀行債。如果是在今天讀到這份年報，我一眼就能看出這家公司的財務狀況一片混亂。但當時，我好像在讀一份外語報告。沒有互聯網，也沒有人能幫我翻譯，我茫然無知。時至今日，當談到格涅斯科這個名字時，我時常還會脊背發涼，額頭冒汗，唯恐這時有人走進辦公室，向我發問，戳穿我騙子的身份。在這個圈子裡，每一筆交易的金額都很大，卻沒人來為新人提供培訓。他們覺得我們都是聰明人，可以無師自通。我覺得這種做法太離譜了。

　　我的下一個任務是調查一個新上市的德式香腸連鎖餐廳朱姆客（Zum Zums），餐廳的運營主體是一家在紐約擁有一些高端餐廳的餐廳聯合公司。朱姆客在紐約的主打菜品是德國蒜腸。這是我造訪的第一家公司，我來到公司總部，開始向 CEO

和其他公司高管提問。他們似乎不太友好，我獲得的信息也很少。我乘地鐵回到辦公室，因為我業務生疏，我的秘書也通常無事可做，那天她正等着我回去，要告訴我一個消息：「詹雷特先生要立刻見你。」迪克・詹雷特（Dick Jenrette）是金融界最迷人、最聰明的人之一，也是我日後的密友和知己。但在那天的下午，他是帝傑證券的總裁，我幾乎不認識他。

「你對餐廳聯合公司的人做了甚麼？」他說，「他們對我們十分惱火。」

「他們為甚麼會惱火？」我嚇了一跳。

「他們説你在搜集內幕消息。」

「我只是問了一些問題，我需要知道這些問題的答案，才能預測這家公司未來的發展走勢。他們有幾家店，每家店的利潤是多少，開銷是多少，諸如此類的問題，這樣我才能做分析。」

「史蒂夫，他們不能告訴你這樣的信息。」

「那我靠甚麼來進行預判？為甚麼這些信息不能給我？」

「因為美國證券交易委員會規定了信息披露的範圍，你問的都是內幕消息。如果他們告訴了你，他們就得告訴所有人。以後不要再這樣了。」

我不懂，但大家又都懶得給我解釋這條規則。

在朱姆客碰了釘子之後，我開始研究全國學生營銷公司，這家公司的業務是向大學生出售各種各樣的產品。他們銷售的一種人壽保險產品，我見過的二十幾歲的人都不會想買，他們

還有針對大學生宿舍的雪櫃租賃業務。我剛從大學畢業，知道學生如何使用家電——他們隨心所欲，毫不愛惜。公司的記賬方式是把雪櫃的使用壽命定為六年。我認識的每個本科生兩年內就能把雪櫃用報廢。去這家公司拜訪時，我遇到的第一位高管竟然不知道隔壁辦公室的人叫甚麼，他似乎是局外人，一副置身事外、漠不關心的樣子。我不需要任何內幕消息，就能判斷這家公司即將破產。我如實撰寫並提交了分析意見，但我當時並不知道帝傑證券正在為這個公司安排定向增發。

幾年後，一如我的預測，全國學生營銷公司倒閉了。帝傑證券遭到起訴，原因在於明知公司經營狀況不佳，依然承銷定增項目。在庭審時，我不得不面對滿屋律師對我的分析意見的質詢。我被帝傑證券描述成為一個對業務一竅不通的白癡，以致我的分析意見未被採納。而原告將我刻畫為天才專家，極早就看到了帝傑證券其他高薪專業人士忽視的問題。結果，原告贏得了這場訴訟。

在帝傑證券工作的時候，我搬了很多次家，租的都是沒有電梯、經常有蟑螂出沒的公寓房。有段時間，我住在第 49 街和第 50 街之間的第二大道中城窗簾公司的樓上。那個路段略有坡度，所以我整晚都能聽到卡車轉波的聲音。我大都回家做

晚飯，用一個鍋在電爐上煮番茄醬意粉。我沒有廚房，浴室在走廊的盡頭。一天晚上，我約了一個女孩。我去接她一起吃晚餐，她穿着一件貂皮大衣。她點餐的時候，我一直盯着菜單，裝作若無其事的樣子，暗暗希望她沒有意識到我只能付得起她一個人的開胃菜和甜點。之後剩的錢也只是剛好夠打車送她回家。在與她告別後，我步行了 50 個街區才回到家，一路都在想自己的生活甚麼時候才能發生天翻地覆的變化。

其他在帝傑證券工作的同齡人都是紐約名流的子女，我一個都不熟悉。這一點也一直沒有改變，因為我住在陋室空堂，在一家證券公司做着最底層的工作，根本沒有與他們交往的機會。我深信，在帝傑工作的他們如果不是教養良好，一定已經讓我去掃地了。但是有一點，在這裡我至少可以偶爾瞥見紐約的繁華。我在帝傑的同事勞拉·伊士曼（Laura Eastman）比我大幾歲，出於同情心，她幾次邀請我去她家的公寓吃晚餐，在她家地下室裡打壁球，她住在第 79 街和中央公園之間。勞拉的妹妹琳達不久之後嫁給了保羅·麥卡特尼（Paul McCartney）[1]，而她的父親李·伊士曼也成了保羅的律師。他們家是我去過的第一個公園大道公寓，我以前從未見過這樣的公寓。公寓的裝飾由美國當時的頂級裝飾師比利·鮑德溫（Billy Baldwin）負責。公寓入口處有一個小圖書館，牆上貼着米色麻布，掛着威廉·德·庫寧

---

[1] 保羅·麥卡特尼，英國歌手、詞曲作者、音樂製作人，20 世紀的音樂標誌性人物，開闢了英國搖滾的黃金時代。——譯者注

(Willem de Kooning)① 的畫作。我跟勞拉聊起這些畫，她告訴我，這個藝術家在她父親在東漢普頓的海濱別墅附近生活和工作。德·庫寧經常找她父親進行一些法律諮詢，沒有報酬，算是以畫代酬。德·庫寧需要很多法律建議，所以伊士曼家現在有很多他的畫作。而在我們阿賓頓的施瓦茨曼家裡從沒有過這樣的事情發生。在家庭聚餐期間，勞拉的父親給我留下了極好的印象。他極富表現力，與人交往真誠熱情，充滿了正能量和洞察力。他的紐約生活正是渴望成功的我夢寐以求的。

越南戰爭打斷了我的努力。此前，我選擇直接報名參加陸軍預備隊，而不是等待徵兵選拔的結果，因為選拔的結果幾乎是百分之百派上戰場。而預備隊會進行 6 個月的現役培訓，然後在地方部隊再培訓 5 年以上，每月 16 個小時。加入帝傑證券 6 個月後，我接到培訓通知。比爾·唐納森人還不錯，約請我進行了離職談話。我很坦率地告訴他，我在帝傑證券的經歷不盡如人意。我幾乎沒有發揮甚麼作用，沒有人花心思培訓我，我一直在東奔西跑，卻又碌碌無為。與耶魯不同，我還沒有找到甚麼成事的途徑。

「你到底為甚麼要聘用我？」我問道。我們坐在小小的員工餐廳，對着塑膠托盤吃飯。「你浪費了錢，我也一無所成。」

「我有預感。」

---

① 威廉·德·庫寧，美國抽象表現主義的藝術家，出生在荷蘭鹿特丹，被譽為抽象表現主義的靈魂人物之一。——譯者注

「真的？甚麼樣的預感？」

「有一天，你會成為我公司的負責人。」

我坐在那裡，非常震驚：「甚麼？」

「是的，」他說，「我對這些事情有第六感。」

我離開了帝傑證券，去參加預備隊，但比爾‧唐納森所謂的預感一直在我腦海裡縈繞，我覺得華爾街是不是瘋了?!

———————

1970年1月，路易斯安那州的波爾克堡成為即將參加越戰美軍的主要作戰訓練中心。營房裡潮濕陰冷，在軍事演習期間，我們不得不睡在地上，凍得要命。我們連的受訓士兵均來自西弗吉尼亞州和肯塔基州的小城鎮，有些幾乎不識字，大多數都是應徵入伍，準備奔赴戰場參加戰鬥。在經歷了耶魯求學和帝傑工作後，這裡的人和環境對我來說是翻天覆地的改變。訓練我們的中士在越南戰場是一個「溝渠鼠」[①]。他的專長是在南越和北越的隧道裡安置炸藥，他所有的裝備只有一個手電筒和一把點四五口徑的手槍，在戰場上根本無法預判黑暗的轉角處有沒有敵人、前方有甚麼樣的陷阱。他是我見過的最勇敢的人。他現在是一名教官，因為頭部有一塊金屬板，所以不能再

———————

① 溝渠鼠，即在戰爭中執行地下搜索和摧毀任務的士兵。——譯者注

參戰了。他對戰爭充滿了蔑視。

「打仗真是亂搞，」他告訴我們，「沒有任何價值和意義。花時間搶奪一座山頭，搶下了，5 天後放棄了，又被敵人重新佔領。這是我這輩子幹過的最蠢的事。我們不知道誰是好人，誰是壞人。誰也不會越南話。他們白天是朋友，晚上就想殺了我們。我們的軍官大多是白癡。」他甚至告訴我們，如果為了避免無謂的死亡，必須得殺死一名軍官，我們就應該考慮把他殺掉。

他是一個善良勇敢的人，生活卻因政府最高層的決策而改變了。他的憤怒和沮喪給我們的經歷蒙上陰影。我很快意識到，越戰不僅僅是政治家、外交官和將軍的戰略遊戲，也不僅僅是學生激進分子的意識形態玩具，它對成千上萬美國人的個人生活產生了重要影響。在我後來的人生中，每當有機會影響具有全國甚至全球重要性的決策時，我都會慎之又慎，謹記自己的行為會對承擔後果的個體產生甚麼樣的影響。

我已經沒有了高中時期的體格，但還保留着奮發努力的作風。我喜歡早上五點全副武裝地長跑，因為這可以讓自己變得更強壯。我也喜歡學習如何使用武器，但我不喜歡部隊一些不近人情的做法。一天早上，我們整裝列隊，在傾盆大雨中站了一個半小時，等着吃早飯。我們的中士忘記了我們站在外面，也沒有一個人敢破壞隊形去找他，結果誰也沒能吃上早飯。即使在能吃上早飯的日子，食物也經常匱乏。我們這是在路易斯

安那州，不是在越南，應該有足夠的食物，為甚麼會沒有呢？

於是，我決定進行一番調查。

我們剛到達波爾克堡時，一位上校告訴我們，如果我們發現任何問題，就要向他彙報。我決定聽從他的提議，向他彙報我的疑慮。我走進上校的辦公室，全身都是訓練時的灰塵。他的書記員問我有甚麼事。我把自己的名字和士兵編號報給了他。「滾一邊去。」書記員說。我拒絕離開。他叫來了一名中尉。我說我只想和上校談談。

「你以為自己是誰？」中尉說，「這裡是軍隊。讓你做甚麼你就做甚麼，滾回連裡。」一個連長過來了，我們進行了同樣的對話。我感覺自己的連長會隨時破門而入，抓着我的脖子，把我扔到沼澤地。但因為我的堅持，我最終還是坐在了上校面前。他人很瘦，短髮偏分，頭髮花白。

我描述了我們的飲食情況，告訴他我們早餐、午餐和晚餐都吃了甚麼，他看起來非常震驚。他掏出一張紙，上面詳細記錄了我們連的能力得分情況。我們連是整個旅中最差的一個。他告訴我回到連裡後，今天的事一個字都不要說。兩天後，我們連所有的軍官都被撤職了。原來他們一直在偷賣我們的食物。上校把我叫過去，感謝我打破了軍隊的組織架構障礙，向他彙報了我的觀點。這就是他向所有新受訓人員發表講話的初衷，但沒有人敢找他。

預備役的經歷加深了我對等級制度的懷疑，也堅定了我在

發現問題時挑戰權威的信心。大家在波爾克堡不同的命運也讓我意識到運氣的重要性。無論你多麼成功、聰明或勇敢，都有可能身陷困境。人們常常認為自己是唯一的現實，但每個個體都有自己的現實。見得越多，就越有可能理解他人的處境。

我從軍隊中學到的另一條人生經驗是，我們的服役人員所做出的承諾和犧牲必須毫無例外地得到尊重。多年後，這種信念促使我在 2016 年參與了海軍海豹突擊隊基金會工作。當時我帶領黑石集團籌集資金，用以幫助和撫慰在執行任務過程中喪生的海豹突擊隊隊員的家屬。我把拜訪每個商業團體當成個人使命，我想確保他們能夠充分理解回饋那些保障了我們日常自由的人是多麼重要。最後，黑石集團的每一位美國員工都參與了捐款，海軍海豹突擊隊基金會籌集了創紀錄的 930 萬美元。

---

我在 7 月離開路易斯安那州，8 月底，我坐在了波士頓的一間教室裡。在離開耶魯之前，我提交了研究生申請。我的首選是法學院，最好是哈佛大學、耶魯大學或史丹福大學的法學院。但唯一接受我這一申請的是賓夕凡尼亞大學的法學院，而我還沒有準備好回到費城。我幾乎是事後才想起要申請哈佛商學院。當時，商學院還不是優秀學生的首選。人們認為商學院培養的是大公司中層管理人員，而不是企業家或知識分子。

1970年，獲得MBA（工商管理碩士）學位意味着將就職於軍事工業巨頭陶氏化學（Dow，凝固汽油彈的製造商）或孟山都公司（Monsanto，橙劑的製造商），這兩家公司生產的化學製品都曾被用於殺害或傷害越南人民。但是當哈佛商學院給了我入學通知時，我還是決定接受。我想，也許這就是埃夫里爾·哈里曼推薦的財富之路。

我初到哈佛跟剛去耶魯的感覺是一樣的：內心孤獨，無人交往，而且感覺到處都是出色的人物。我去哈佛的同年，比爾·克林頓和希拉里·克林頓都去了耶魯大學法學院就讀。未來的國家領袖在模擬法庭上進行着高智商的辯論，而不是在研究生產小部件的公司。

我的第一堂課是管理經濟學。課程核心是繪製決策樹，這個邏輯鏈可以把概率應用於不同的行動方案，並根據自己的預測結果計算出最佳結果。與步兵訓練的見聞和經歷相比，決策樹的概念顯得無比抽象。我們的第一個案例研究對象是一家尋找沉沒寶藏的公司。擺在我們面前的問題是，分析埋在海底大帆船中的黃金的預期價值，判斷淘金的成本支出。我們的教授傑伊·萊特（Jay Light）只比我們大一點，是第一年教書。剛開始上課時，我舉起手來，傑伊示意我：「施瓦茨曼先生，你想做開頭陳述嗎？」

「實際上，」我說，「我有一個問題。」

「好的，甚麼問題？」

「我讀了這個案例，」我說，「但感覺這是無稽之談。如果以後所有的課都是這種內容，那對我這樣的人來說基本沒有甚麼實際作用。」

傑伊盯着我：「告訴我，施瓦茨曼先生，為甚麼這麼說呢？」

「因為這個關於預期價值的案例有個前提，就是尋找黃金的潛水次數是沒有限制的。我這輩子不能進行無數次潛水。如果我下水，就必須百分之百地找到黃金，否則企業就會讓我搞垮。你說的這種情況適用於那種不用限制潛水次數的大公司。但大多數公司不是埃克森，它們的資源有限。至於我個人，我完全沒有甚麼資源。」

「噢⋯⋯」傑伊說，「我從來沒有思考過這個問題。讓我再想一想，然後我們再繼續。」①

幾個星期後，我得出結論，哈佛商學院雖然開設了不同的課程，但教授的理念其實只有一個，那就是：企業的一切要素都相互關聯。如果企業要取得成功，那麼每一個部門既需要獨立運轉，又需要與其他部門順利協作。一個企業就是一個封閉的綜合系統，而經理就是組織者。以汽車製造商為例，他們需

---

① 傑伊・萊特不得不繼續忍受我的挑戰。雖然我盡自己最大的努力要破壞他的職業生涯，但他後來還是成為哈佛商學院的院長，並且一直是黑石董事會的長期成員。無論我對他的沉沒寶箱案例研究持甚麼看法，我都很幸運，能夠在此後的人生中一直得到他的建議。

要進行良好的市場調研，了解目標客戶需求和市場潛力；需要出色的設計、管理和製造，生產出優質的產品；需要制訂有效的方案，進行員工招募和培訓；需要良好的營銷方案，激發消費者對產品的需求慾望；還需要可以達成交易的優秀銷售人員。如果系統中的任何一個環節出現問題，又無法快速修復，企業就可能會面臨虧損和破產的風險。我已經熟知這一課了。下一步是甚麼呢？明天還有 3 個案例，重複同樣的道理。在那之後呢？又是 3 個案例，繼續不厭其煩地闡述這一理念。

到 12 月假期時，我已經準備好退學了。我百無聊賴，波士頓又天寒地凍。學院教學主要由仍在探索自己的教學風格的年輕助理教授完成，乏善可陳，了無新意。我為甚麼要在這裡浪費時間和生命？我準備重返職場了。

曾在帝傑聘請我的比爾·唐納森離開了公司，去華盛頓擔任副國務卿。迪克·詹雷特接替他擔任公司總裁。我之前最後一次見到迪克，還是在他因為我不經心地在餐廳聯合公司詢問內幕消息而教訓我的時候。但是他曾經在哈佛商學院就讀，所以我決定徵詢他的建議。

「親愛的迪克，」我寫道，「我討厭這裡。我已經理解了他們教授的理念，現在正考慮輟學。也許我可以回到帝傑或去其他地方。請告訴我你的想法。」

令我驚訝的是，迪克不吝時間手寫了 6 頁紙的回覆，他的建議改變了我的人生。他在回信中說道：「親愛的史蒂夫，我知

道你在想甚麼。我曾經也在第一年的 12 月準備從哈佛商學院退學。我發現商學院無法滿足我對智力活動的追求，我打算轉到經濟學系攻讀博士學位。但最後我還是留了下來。這是我一生中最好的決定，而這正是你應該做的。不要離開，留下來。」

我接受了他的建議，時至今日，我仍然不勝感激。每當年輕人寫信或打電話向我尋求建議時，我都會回想起迪克周到體貼的回覆。像傑伊・萊特一樣，迪克・詹雷特後來也成為黑石董事會的長期成員。在決定留在哈佛商學院後，我開始刻苦學習自己在帝傑沒有學到的知識，從公司財務的基礎知識到會計、運營和管理。我以優異的成績完成了第一年的學習，並被教師團隊選為世紀俱樂部的成員，而該俱樂部是由 1972 年每個學院的前三名學生組成的。接着，我又被俱樂部的其他成員選為主席，像在高中和耶魯那樣，我開始為每個人提供更好的獨一無二的體驗。我發起一個項目，邀請只比我們大幾歲的成功的年輕人，與俱樂部成員座談。我的前兩位嘉賓，一位是約翰・克里（John Kerry），他是反對戰爭的越戰老兵，後來成為參議員、國務卿和民主黨總統候選人；另一位是邁克爾・蒂爾森・托馬斯（Michael Tilson Thomas），他當時是波士頓交響樂團的助理指揮，後來成為倫敦和三藩市交響樂團音樂總監。在哈佛的第二年，我還遇到了艾倫・菲利普斯（Ellen Philips），並和她結了婚，當時她在哈佛商學院擔任課程助理。

我還決定推動改善哈佛商學院的管理現狀。由於我成功地

改變了耶魯的禁宿規則，並有解決波爾克堡食物混亂問題的經驗，我信心滿滿地邀約了哈佛商學院院長拉里．福雷克（Larry Fouraker）見面，想就改善學校狀況提出建議。福雷克並非院長這一職位的最佳人選，他普普通通，沒甚麼過人之處，是一個做事機械的行政管理人員，大部分時間並不在學校，而是在企業的董事會就職。儘管學院依然名聲在外，但其實已經出現了嚴重衰落的跡象。我花了 5 個月時間才與福雷克約上。我開門見山：

「學院的老師無法教學，學生無法學習，課程陳舊過時，行政部門又效率低下。」我舉例說明了每個問題，也提出了解決方案。

「施瓦茨曼先生，」他回應說，「你一直都這麼我行我素嗎？」

我告訴他，我是初中學生會主席、高中學生會主席，主持了耶魯大學的畢業典禮，現任哈佛商學院世紀俱樂部的主席。所以，不是，我和「我行我素」這個詞沒有任何關係，但院長可能存在這個問題。耶魯大學的規模是哈佛商學院的許多倍，業務繁忙程度可想而知，耶魯校長金曼．布魯斯特（Kingman Brewster）卻會特意安排時間，一定在 4 天之內會見預約的人，福雷克卻讓我等了足足 5 個月。我告訴他，哈佛商學院為甚麼會走下坡路，對我來說原因是顯而易見的。「我告訴了你問題的所在，甚至向你提供了解決方案，你卻沒有任何興趣。」我

說，「我真的很遺憾，竟然過來試圖幫助你。」

「我覺得談話可以到此結束了。」福雷克說。

我並不是覺得自己比院長更聰明，而是我通過學生生活的視角，多了一個看問題的角度。儘管哈佛商學院存在缺點，但我還是關心着母校的發展。在自己的工作實踐中，艾倫也對教學和學生的素質形成了類似的悲觀看法，我對院長的建議也吸收了艾倫的意見。我唯一的失誤就是過高地估計了自己的經驗和對方的謙虛程度，認為他可能會重視我的坦誠和直率，而他把我的提醒和建議視為冒犯甚至侮辱，不想跟我交流。

於是，我向自己保證，如果我經營一個組織，一定會盡可能降低人們與我見面的難度，我會一直實事求是，無論情況多麼困難，只要你能夠保持誠實、理性，能夠解釋自己的想法，就沒有理由感到不自在。再聰明的人也無法單獨解決所有問題，但是一群聰明的人如果能夠彼此坦誠地溝通，就會戰無不勝。這是我從拉里・福雷克那裡得到的唯一收穫。

在哈佛商學院的求學經歷使我確信，雖然我在帝傑出師不利，但可能我還是適合做金融的。在我們研究的案例中，我能夠發現模式、感知問題，也能提出潛在的解決方案，而不會迷失在數據中。課外活動加深了我對自己的認識 —— 我喜歡和他人一起努力應對困難，甚至是完成不可能的挑戰。儘管我在帝傑的開局很差，儘管我的數學技能平平（當時和現在都還是平均水平），但隨着畢業的臨近，我決定在華爾街再試一次。

　　當時，投資銀行的主營業務有兩個。第一個是銷售和交易，就是買賣債券、股票、期權、國庫券、金融期貨、商業票據和存款證等證券。第二個是為企業提供金融替代方案、資本結構或兼併和收購方面的建議。這些業務吸引了不同類型的人。20世紀70年代早期，在計算機徹底改變市場運作方式之前，交易大廳充滿了情緒不穩定的交易員，既瘋狂又嘈雜。諮詢工作往往更考驗腦力，需要長期談判和耐心以建立客戶關係，必須努力讓主要公司的高級管理人員相信我所說的話，根據我的建議採取行動。我必須進行創新，說服客戶接受我的諮詢建議，達成交易，與同行競爭。這似乎正是我的強項。

　　我申請了6家公司。當參觀他們的辦公室時，我回想起自己在耶魯學習的文化和行為課程，突然又想到哈佛商學院最重要的課程高級論文應該選的題目——《銀行辦公室氛圍所反映的企業文化》。庫恩勒伯公司（Kuhn, Loeb）的歷史氛圍厚重。在正門內側，懸掛了一幅創始人雅各布・希夫（Jacob Schiff）的巨幅肖像，還有公司歷史上每一位合夥人的小幅肖像。合夥人坐在獨立辦公室裡，與辦公區的同事和外面的活動隔離開來。公司氣氛凝重，顯得故步自封，將來可能難以適應和生存。

　　摩根士丹利（Morgan Stanley）和帝傑在同一棟樓裡，但它在大樓的頂部，辦公室光線明亮。合作夥伴區域的金色地毯和古董捲蓋式辦公桌提醒人們不忘過去，除此之外，公司的氛圍是現代化的，可以隨時改變。然後是位於威廉街1號的雷曼兄

弟，這是一座巨大而華麗的石頭建築，像一座意大利宮殿，頂部是羅馬式塔樓。每層樓都被分成了一小部分辦公室。在我看來，它像一座封建時期的城堡，充滿了陰謀詭計，完全不透明。在那裡工作的任何人都必須互相拚殺才能成功。我想，雷曼兄弟會做得很好，直到內鬥將其摧垮。

我的畢業論文寫得容易、輕鬆，裡面既沒有數據，也沒有調研。我的教授卻認為論文很有創意，給了我很好的成績。

然而，我的求職面試就沒有這麼順利了。第一波士頓銀行在 1972 年沒有一個猶太員工，顯然我不會成為第一個。高盛說他們喜歡我，但擔心我個性太強，也沒有給我錄用通知。

摩根士丹利當時是世界上最負盛名的投資銀行，它為最重要的公司提供服務，是名副其實的大行。摩根士丹利有一位猶太人——合夥人劉易斯·伯納德 (Lewis Bernard)。除了他之外，全都是盎格魯-撒克遜新教徒。他們邀請我回來進行第二輪面試，並給我指派了一位嚮導，也就是一位年長的員工，帶我參觀公司，去見合夥人。我的嚮導談到了精確度在起草招股說明書中的重要性。對摩根士丹利的文化來說，精確度顯然非常重要，但它並不能令我興趣盎然。

最後，我被邀請會見公司總裁羅伯特·鮑德溫 (Robert Baldwin)。鮑勃此前一直擔任海軍部長，他的辦公桌後面矗立着海軍旗幟和美國國旗。摩根士丹利那年僅招聘 7 名員工，鮑勃給了我成為其中一員的機會。這是一個巨大的榮譽，但有

一個重要的附加條件：我必須改變我的個性。摩根士丹利的等級文化老套古板，在這裡，我不能彰顯自以為是、狂熱激進的自我。鮑勃認為我有在這裡工作的才能，只是需要一個適應的過程。

我對他的邀約表示感謝，但表示自己不能接受。我希望在符合自己個性的地方工作。他應該收回邀約，把機會提供給更合適的人。但鮑勃拒絕了。他說，如果摩根士丹利給你一個邀約，邀約就是你的了，應該由你自行處理。他的公司會永遠信守諾言。這件事情令我對他肅然起敬。在接下來的 10 年中，鮑勃改變了摩根士丹利的文化，擺脫許多古老的傳統，使其更為現代化。但是，因為要尊重自己所繼承的文化，他必須遵循一些條條框框和前提條件。他知道我很難馴化，但也預感到我可能會幫助公司朝着他想要的方向前進。

對我而言，雷曼兄弟更有吸引力。這個公司招錄的並不全是 MBA，而是聚集了很多有意思的人 —— 前中央情報局的特工、退伍軍人、前石油行業從業人員、家人、朋友和各種各樣的人。每層辦公室的設計都不同，30 個合夥人和 30 個經理之間沒有任何隔閡。這裡看起來是一個風起雲湧、令人興奮的地方。

面試當天，參加面試的人坐在合作夥伴餐廳的桌子旁，合夥人坐在後面。公司董事長弗雷德里克·埃爾曼（Frederick Ehrman）繫着一條帶有大銀扣的牛仔腰帶，這非常不符合華爾

街的穿衣風格。他告訴我們，我們會成對接受面試：兩位候選人為一組，與另外一組候選人進行 45 分鐘的討論，全天如此。我當時覺得，這種分組策略可能會以災難性後果而告終，因為兩位候選人會互相競爭，爭取比對方表現更好。如果我在這 9 次面試中都展現競爭意識最強的自我，一天下來，地面上會「鮮血四濺」。所以我認為最好的方法是與我的搭檔——一個與我同齡的女士——保持風度和友好。事實證明我的決策是對的：公司拒絕了在面試過程中激烈競爭的人，那些相互合作的人則收到了錄用通知。

我正確的決策還有一個更長遠的好處，我的同事貝蒂·艾維拉德（Betty Eveillard）在投行從業已久，有着相當成功的職業生涯，我們經常在工作場合遇到對方。在那個危險的面試日過去數十年後，我們一起在弗里克收藏館的董事會任職，這是一個位於曼哈頓上東區的藝術博物館，她後來成了主席。人生早先遇到的人、交到的朋友，總會在後來的人生中以另外的方式再次出現。

在帝傑，我獨自一人在華爾街的迷霧中摸索。而在我剛開始在雷曼兄弟工作的時候，公司就指派了一位合夥人史蒂夫·杜布魯（Steve DuBrul）指導我。他也畢業於哈佛商學院，曾在中央情報局工作。史蒂夫這個企業金融家長得像電影明星：高挑，苗條，英俊，黑髮側分。他是前任主席羅伯特·雷曼（Robert Lehman）的門徒。他帶我去吃飯，給我介紹公司的運作方式。

但就在我接受雷曼兄弟的工作一週後，史蒂夫往我的住所打來電話：「我不希望你因此有任何的苦惱，但我要從雷曼兄弟離職了。我加入了 Lazard。」

「等等，」我說，「你是和我一起吃飯的人。現在你要走了？這怎麼會不影響我呢？」

「這與雷曼兄弟的價值沒有任何關係，在這裡你一定會如魚得水，聲名顯赫。但我以前的職業生涯都是在雷曼兄弟度過的。現在是我繼續前進的時候了。我想親自告訴你，讓你明白這只是一個個人決定，跟公司沒有關係。你應該對自己在雷曼兄弟工作感到開心。」

「如果你要去 Lazard，」我說，「那麼也許我應該和你一起去。」

「你不應該忠誠於我，而應忠誠於公司。但如果你願意的話，我可以幫你安排面試。」我接受了他的提議，飛往紐約，與 Lazard 頗有名氣的兼併和企業融資顧問菲利克斯・羅哈廷（Felix Rohatyn）會面。羅哈廷身材矮小，穿着皺巴巴的西裝，卻是金融界叱咤風雲的人物。二戰之初，還是小孩子的他與母親一起逃離歐洲，來到紐約。他大學畢業後就加入了 Lazard，成為紐約最傑出的投資銀行家。他最偉大的舉動是在 1975 年拯救紐約市於破產的邊緣。我們在他的辦公室聊了一個小時左右。最後，他說：「史蒂夫，你是一個有趣的人。如果你想在 Lazard 工作，我現在就能為你提供工作機會，但我建議你不要

接受它。」

「為甚麼？」

「因為在 Lazard，有兩種類型的人：像我這樣的主人和像你這樣的奴隸。我覺得做奴隸你肯定會不快樂，但你現在還不夠格做主人。你應該去雷曼兄弟工作，讓他們訓練你，然後你再以主人的身份來到 Lazard 。」

我飛回波士頓，艾倫問我事情進展如何。「羅哈廷給了我一份工作機會，然後告訴我不要接受它。Lazard 真是個匪夷所思的公司。」

就這樣，我去了雷曼兄弟接受訓練，駐紮華爾街，接受來自世界各地的信息，成了一個如電話交換機一般的人。

# 3

# 我的成功面試規則

任何企業家都需要具備諸多關鍵技能，其中最重要的技能也許就是可以高屋建瓴、客觀公正地對人才進行評估。從早年在華爾街參加面試開始，我就一直在思考如何做好面試官。

在金融這個行業，能力出色、雄心勃勃的人比比皆是，他們希望成就大業、雁過留聲。然而只有能力是遠遠不夠的。在對黑石候選人進行面試時，我會分析這個人是否符合我們的文化。至少，這個人得通過機場測試：如果我們乘坐的航班延誤，我是否願意跟這個人一起在機場等候？

在面試了上千人以後，我已經形成了自己的面試風格。我會捕捉一系列語言和非語言的線索，我會嘗試與候選人深入交流，然後觀察他們的反應。我沒有甚麼固定的套路，但在每次面試的時候，我的目標都是調動我的洞察力直入候選人的大

腦，以評判他們的思維模式，了解他們真實的自我，判斷他們是否適合黑石。

我準備面試的方式跟大多數人一樣，就是先研究候選人的簡歷。我會看他們的簡歷前後是否一致，也會特別留意任何異常或突出的信息。因為我讀簡歷讀得特別仔細，所以有時在談到某一個細節性問題時，連候選人都會感到非常驚訝甚至緊張。但是當我提出一個他們熟悉的話題或興趣時，他們大多都會如釋重負。

一般情況下，我都是把候選人和我共同感興趣的話題作為交流的切入點。但這個切入點因人而異，只有當我跟候選人面對面時，我才能確定如何開始對話。我都是憑直覺選擇交流的內容。

有時我會直接問到候選人簡歷中的一條不同尋常的信息。有時候，候選人還沒開口，我就可以從他們的肢體語言中洞悉他們的心理和情緒：快樂還是悲傷，警覺還是疲倦，興奮還是緊張。我會設法讓候選人擺脫面試的氛圍，進入自然的交流狀態，這樣的轉變做得越好，我對他們思考、反應和適應能力的評估難度就會越低。

有時候，我會問候選人跟公司員工見面的感受：他們享受這次會面嗎？我們的員工符合他們的期待嗎？黑石和他們曾經就職或求職的其他機構有甚麼不同？

還有的時候，我可能在面試前剛完成一件大事，我會告訴

候選人事情的前因後果，看看他們如何反應。大多數候選人都想不到我會這麼快就跟他們分享自己的世界，這時他們的反應就很能說明問題。他們是會退卻迴避，還是會找到方法積極參與？意想不到的情況會讓他們感到緊張或膽怯嗎？如果這是一個他們一無所知的話題或體驗，那麼他們是否能夠找到共同點、享受對話呢？

另外，我會就一些奇聞逸事或有報道價值的事件提出問題。如果他們熟悉這個話題，我就會觀察他們如何開展討論。他們有自己的觀點嗎？他們的評估是否符合邏輯？他們是否擅長分析？如果他們不知道我在說甚麼，那麼他們是否會主動承認、找到繼續溝通的方法，還是會試圖掩飾自己的不知情？

事實上，這些都是為了評估他們應對不確定性問題的能力。金融圈，尤其是投資界，是一個變化萬千的世界，從業人員必須迅速適應新的信息、人員和情況。如果候選人不能在一場對話中表現出與人共鳴、深度交流、隨機應變和轉換話題的能力，那麼這個人在黑石也應該不會表現很好。

黑石的員工各具特色，但他們有一些共同的特點：滿懷信心，求知慾強，為人禮貌，可以適應新情況，在壓力下也能保持情緒穩定，追求零缺陷，不遺餘力地致力於誠信行事，在我們選擇的所有事業中，全力以赴地追求卓越。而且，他們也都與人為善，做事周到，為人體貼，處世體面。我不會雇用任何心術不正、居心叵測的人，無論他的才能如何。黑石永遠不能

出現內部政治鬥爭，這一點對我來說非常重要。所以如果你天生愛爭權奪勢，喜歡勾心鬥角，那麼對不起，黑石不歡迎你。

以下是我的成功面試規則：

1. 要準時。準時是你對面試重視程度和準備程度的首要指標。

2. 要真實。面試是一個相互評估的過程，有點像閃電約會——每個人都在尋找合適的人選。要從容不迫、落落大方，對方會喜歡真實的你。如果你展現真實的自我，順利通過面試，得到工作機會，結果自然很棒。但如果面試不成功，那麼這個組織可能也不適合你，倒不如了解真相、繼續前進。

3. 做好準備。研究要面試的公司，熟知公司的重要人物和事件。面試官總是喜歡討論自己身邊發生的事。此外，這也可以使你更好地描述公司吸引你的地方和理由，讓面試官知道你對公司的熱情和嚮往，並了解你入職的動機，以此判斷你是否符合組織的文化要求。

4. 要坦率。不要害怕談論自己的想法。不要只想著給面試官留下深刻印象，而要更多地關注如何進行開放坦誠的交流，直言不諱地發表自己的見解。

5. 要自信。以平等的姿態參加面試，而不是作為請求者。在大多數情況下，雇主都是在尋找能夠把控局面的

人。當然，前提是這些人並不剛愎自用。

6. 保持好奇心。最好的面試是互動型面試——候選人提出問題，徵求意見，詢問面試官在公司工作時最喜歡哪一點。要找到方法與面試官進行積極交流，並確保雙方始終你來我往，有問有答。面試官也喜歡聊天，喜歡分享自己的知識和心得。

7. 不要討論引起分歧的政治問題，除非面試官首先發問。在這種情況下，要直截了當地描述你的信念和理由，但不要爭論。

8. 可以談到你在申請機構中認識的人，但前提是你喜歡並尊重這個人。你的面試官會以此來考察你對於人的判斷。

# 4

## 實踐是學習的最佳路徑

我在雷曼兄弟接受的第一個任務是由赫爾曼‧卡恩
(Herman Kahn) 安排的。他是一位脾氣暴躁的老牌合夥人,我
以前見過他,但我們兩個並不熟悉。他希望我針對一家航空公
司座椅製造商準備一份「公允意見」分析。當公司想要對交易
中要支付的價格進行客觀評估時,其會要求銀行提供公允意
見。在這筆交易中,3 年前在飛機座椅市場達到頂峰的時候,
這家製造商已經被高價出售。而自那時起,飛機的銷量開始下
降,公司的價值暴跌。卡恩讓我弄清楚 1969 年支付的價格是
否合理。

這個分析並不簡單。今天,我們可以使用計算機和相關數
據庫進行研究和計算。但那時候,我需要在雷曼兄弟的地下檔
案室花上幾天的時間,翻閱此前發行的《華爾街日報》和《紐約

時報》。每天我都會在地下檔案室待 10 個小時，弄得滿身都是油墨味，然後再回辦公室用計算尺進行計算。這項工作煩瑣複雜，令人不勝其煩，但對學習金融分析的相關技能來說，這是必不可少的環節。

我寫了一篇長達 68 頁的報告，介紹公司歷史及其價值的不斷演變過程。我的分析不僅以股價的走勢為基礎，還綜合了公司前景、市場趨勢和我認為相關的其他一切因素。我還附上了附錄和腳注，以便做進一步闡述。我帶着這份得意之作來到合夥人辦公室所在的樓層找赫爾曼・卡恩。他沒在，於是我把報告放在了他辦公桌的中間，這樣他回來第一眼就能看到。我回到自己辦公室等着。幾個小時後，我接到了電話。

「是史蒂芬・施瓦茨曼嗎？」赫爾曼・卡恩聽力不太好，說話嗓門很大，鼻音很重，聽上去很嚴肅。

「是我。」

「施瓦茨曼！我是赫爾曼・卡恩！我收到了你的備忘錄！第 56 頁有一個排印錯誤！」然後他用力地把電話掛斷了。

我翻到第 56 頁，能找到的唯一錯誤是一個逗號的位置放錯了。老天，我想，這又不是哈佛商學院，這些人有點吹毛求疵了。看來，我做事也必須要嚴謹認真，最好是循規蹈矩。關於這個項目，赫爾曼・卡恩再也沒有跟我聯繫過。

————————

幾個月後，我們一群人，包括交易團隊以及公司的其他人，被召集到董事會會議室。當時，雷曼兄弟是學生貸款營銷協會 IPO（首次公開募股）的主承銷商，而該協會正是沙利美（Sallie Mae）的前身。作為主承銷商，我們應該募集 1 億美元，但到當時為止，我們只募集了 1000 萬美元。雷曼兄弟的首席交易員和二號人物劉易斯·格盧克斯曼（Lewis Glucksman）想知道原因何在。我是團隊中資歷最淺的成員，是一名初級經理，只負責幾個數據。劉易斯怒氣沖沖地環顧四周，最終盯上了我。

「你以為自己是誰？」他尖叫道，「你為甚麼不坐直？」

我感到自己的臉變得通紅。周圍的人都把目光移開了。在會議結束回到辦公室之後，我仍然渾身發抖，手足無措。後來，同事們一個接一個地過來安慰我，說我沒有做錯甚麼事情。這個會議帶來了兩個結果。第一，直到今天，我都會在重要會議中坐得筆直。第二，我吸引了劉易斯·格盧克斯曼的注意力。他一定是在事後四處詢問了我的情況，聽到了其他人對我的肯定意見，因為此後不久，他就打電話讓我搞定這個失敗的 IPO。我從來沒有籌集過資金，也壓根兒不知道該怎麼做，但我知道不能閉門造車，於是便去尋求幫助。

我的高級經理是史蒂夫·芬斯特（Steve Fenster），他後來

成為我在雷曼兄弟最親密的朋友。在進入金融領域之前，他曾
是羅伯特·麥克納馬拉（Robert McNamara）的「優等生」（這是
一群在 20 世紀 60 年代被國防部招聘、推進現代化改革的年輕
人）之一。他善於探索，有引發人思考的才智，還有一種難得
的天賦 —— 他可以從一堆事實中找到別人看不到的形勢。我們
幾乎每天晚上都在一起討論，他向我解釋了 IPO 和併購的運轉
原理 —— 貸款結構、債務工具、兼併收購以及金融公司的機制。

　　史蒂夫是公司的怪人之一。他每天都穿着深色西裝和翼尖
鞋，打着條紋領帶，只有在度假時才會穿休閒鞋。有一次，他
要從度假的地方直接去見客戶，結果發現自己打包帶來的兩隻
翼尖鞋都是左腳的。他不能接受穿着休閒鞋參加商務會議，於
是穿了兩隻左腳的鞋。客戶也都注意到了，但史蒂夫實在太出
色了，出於對他的尊重，大家並不介意這一點。

　　「這個不難，」他談到我的最新任務，試圖讓我平靜下來，
「你只需要建立一個模型，説明為甚麼這是一個好投資。一切
問題都是差價的問題。」這家公司的主營業務是提供貸款，贏
利模式是貸款收取的費用高於為了提供貸款而借資需要支出的
費用。我所要做的只是計算公司的貸款規模，這樣就可以確認
公司的贏利潛力。「然後你去拜訪金融機構，向他們闡釋他們
為甚麼要購買公司的股票。」我必須確定可能感興趣的投資者
和機構，然後制訂一個可以説服他們投資學生貸款營銷協會的
方案，讓協會股票成為他們投資組合的一部分。

　　由於這是一家向學生發放貸款的公司，我認為可以從大學開始進行推銷。哈佛擁有規模最大的大學捐贈基金，所以我以一個應屆畢業生的身份，給哈佛大學的財務主管喬治·帕特南（George Putnam）打了電話。帕特南在 20 世紀 30 年代末創立了一家大型共同基金公司帕特南投資公司，本人擔任公司主席。對一個第一年上班、拿着不起眼的路演材料、到處求投資的銀行小經理來說，與帕特南見面就好像求見新英格蘭的眾神之一。

　　我打開了自己的項目建議書，準備開始發揮。「施瓦茨曼先生，」帕特南打斷了我，「你可以把建議書合上嗎？」我緊張地合上了建議書。「施瓦茨曼先生，你有沒有聽說過 UJA（聯合猶太求助會）？」我從來沒想過喬治·帕特南的嘴裡能說出這三個字母。

　　「是的，我聽說過 UJA。」

　　「你有沒有聽說過『名片呼叫』？」名片呼叫是 UJA 籌款晚宴的常見做法。主席會喊出所有潛在捐贈者的名字，宣佈他們去年的捐款金額，而每個人都會注意聽他們今年的捐款金額。這種方式可以營造一種期待的氛圍，給捐款人帶來同伴壓力。

　　「讓我們重新開始這次會面，施瓦茨曼先生。你說，『帕特南先生，您是哈佛大學的財務主管，而我正在開展美國未來規模最大的學生貸款借貸業務，我決定讓你出資 2000 萬美元』。現在你說吧。」於是我照他的話說了一遍。

　　「這是一個好主意，施瓦茨曼先生，」他說，「我出 2000

萬。」在我走進房間之前，他已經讀完了公司的介紹內容，因此他不會通過我的營銷表現決定是否出資。他只是希望我能夠幫他迅速決定出資多少。「現在你要做的就是拿你的材料，坐火車去紐黑文，去耶魯見張三，然後説，『張三先生，我正在為學生貸款營銷協會籌集資金，該協會將成為針對美國學生的最大的貸款機構。我決定讓耶魯出資 1500 萬美元』。試試吧。看看會發生甚麼。然後坐火車去普林斯頓，問他們要 1000 萬美元。」

在我的大學推銷之旅結束時，1 億美元的絕大部分已經募集成功了，這筆錢後來用於創立沙利美。帕特南給我上的這堂籌資課伴隨了我的整個職業生涯，使我在黑石募集了一筆又一筆基金。投資者一直在尋找極好的投資，你越是降低他們決策的難度，每個人獲得的利益就越大。

---

史蒂夫‧芬斯特和喬治‧帕特南都是很好的老師，但我也從自己的錯誤中學到了很多。第一年工作的晚些時候，我和埃里克‧格萊切（Eric Gleacher）坐在一架飛機上。埃里克‧格萊切聰明而嚴肅，之前曾在海軍服役，比我大幾歲，剛剛成為合夥人。我們正在飛往聖路易斯，去考察一家食品加工公司，研究拆分其連鎖便利店業務的問題。

　　我準備了財務細節材料，列出了各種選擇。埃里克則要進行演講。與當今團隊龐大的投行相比，當時銀行的規模要小得多，也沒有像現在這樣精益求精——對演示文稿要進行無數遍檢查。我們在飛機上坐好後，我把自己準備的材料交給了埃里克。他剛翻了第一頁，眉頭就皺了起來。他更加疑惑地往下翻。看完了第三頁，他說：「史蒂夫，我認為你犯了一個錯誤。」我從一開始就搞錯了一個數據，這對大約半數的計算結果造成了影響。「亂七八糟，」埃里克說，「但我們還是得去推介。把算錯的部分拿掉，剩下的我來講。沒關係。」

　　赫爾曼·卡恩曾因我的一個排印錯誤大發雷霆。現在，我搞砸了整本交易建議書。我把所有推介材料中錯誤的書頁都取了出來，在整個過程中，埃里克都把頭埋在報紙裡。我們在聖路易斯降落，打車到了客戶的公司。埃里克仍然保持沉默。我們坐在董事會會議室裡，埃里克分發了我們的推介手冊。雙方簡單介紹了一下，然後他開始演講。

　　「如分析所示……我認為我們有一個統計錯誤。」他一邊說着，一邊幾乎撲到桌子上，把對面董事會成員面前擺的推介材料收回來，「不看數據的話，我也可以給諸位做整體介紹。」

　　因為犯錯，我嚇得六神無主，所以當時在飛機上撕掉的不是錯誤的書頁，而是正確的。我就差找個地洞鑽進去了。離開客戶公司後，我們打車去機場，一路上兩人一言不發。就在飛機起飛前，埃里克轉過來對我說：「你要再敢給我捅婁子，我就

當場炒了你。」

雖然在雷曼兄弟的經歷非常痛苦，但這些提供了我所需的教育。與其他任何技能一樣，金融也可以習得。正如馬爾科姆·格拉德威爾（Malcolm Gladwell）在他的著作《異類：不一樣的成功啟示錄》（*Outliers: The Story of Success*）中所指出的那樣，披頭士樂隊在 1960—1962 年前往漢堡，才把自己從車庫樂隊轉變為披頭士樂隊；青年時期的比爾·蓋茨在能為首批個人計算機編寫軟件之前，也是在他家附近的華盛頓大學的計算機上花費了很長時間的。同樣，在金融方面取得成功的人必須先從重複練習開始，這樣才能掌握這個技能。在雷曼兄弟，我觀察了整個過程的每一步，並接受了所有細節的培訓，其中任何一個細節的錯誤都可能會導致全盤皆輸。

有些人是從法律或媒體等其他行業轉行做金融的，但我合作過的最出色的人都是科班出身。他們學習的路徑就是做最基本的分析。他們因為早期犯的錯誤而包羞忍恥，因此，他們認識到任何一個細節都極為重要，這也為他們的職業生涯打下了堅實的基礎。

---

在雷曼兄弟的第二年，新任董事長兼 CEO 到任。彼得·彼得森（Pete Peterson）曾擔任媒體設備製造商貝爾豪威爾（Bell and Howell）的 CEO，他的前一個職務是尼克遜總統的商務部部長。他的關係網絡強大，在商業和政府領域受到廣泛尊重。在他加入雷曼兄弟時，公司已經陷入了財務困境，掙扎在生存的邊緣，充滿了各種內鬥（我在哈佛商學院論文中曾預測，內鬥會導致公司倒閉）。

彼得和喬治‧鮑爾（George Ball）是盟友，喬治‧鮑爾在甘迺迪總統和約翰遜總統就任期間擔任副國務卿，最終擔任駐聯合國大使，現在是雷曼兄弟的合夥人。他們運用了自己的國際關係，說服意大利商業銀行提供資金幫助雷曼兄弟渡過難關。在雷曼兄弟度過了最危急的時刻後，彼得立刻向整個公司發出了一份備忘錄，要求大家提出建議。在公司工作一年後，我認為我已經足夠了解情況，於是寫了一份涉及資金管理和投行業務的戰略計劃。在計劃提交一週後，彼得給我打電話，讓我來找他。會談結束時，他說：「你看起來是一個有能力的年輕人。我們兩個應該合作。」

大家對彼得的評價是：聰明，但沒有金融或投行經驗。他問的問題數量是別人的 5 倍，大家覺得和他共事很累。他不厭其煩地問問題，以了解公司問題的核心，但這個過程很艱難。

如果他真的不知道自己在做甚麼，而我又還有許多東西要學，那我們合作就是外行指導外行。我建議我們再等等，等我準備得再充分一點。彼得欣然接受了我的坦誠。大約兩年後，他又打來電話：他想要我加入他的團隊。我們搭檔得很默契。

我掌握他不了解的情況,同時,我資歷尚淺,也左右不了他。

有一天,他邀請我和通用電氣 CEO 雷金納德・瓊斯(Reg Jones)共進午餐。彼得和雷金納德都是通用食品公司的董事會成員,兩個人成了朋友。雷金納德向彼得介紹了一位在通用電氣工作的年輕高管。

「這是傑克・韋爾奇(Jack Welch)。」瓊斯說。

「嗨,史蒂夫。很高興見到你。」傑克音調很高,有些刺耳,帶着濃重的波士頓口音。

「雷金納德之所以在這裡和我們共進午餐,是因為傑克將成為通用電氣的下一任 CEO —— 但目前這還是個秘密,」彼得說,「雷金納德希望我們教給傑克金融知識。這就是你的任務。」

「好的。」我猶豫地說。

「對對對,」韋爾奇說,「很好。」這個刺耳地說着「對對對」的傢伙將成為通用電氣的 CEO?要麼韋爾奇是世界上最聰明的人,要麼就是雷金納德看走了眼。

當傑克開始跟我學習金融知識時,我只花了一分鐘時間,就發現雷金納德・瓊斯的判斷完全正確:傑克正是最佳人選。和傑克・韋爾奇一起工作,大腦就好像被接上了一個吸塵器,他會吸走你知道的一切。我再也沒有見過像他這樣的人,他對學習充滿渴望,孜孜以求,總是無休無止地提出這樣那樣的問題;他善於思考,思維敏捷,能立刻理解一個想法與另一個想

法之間的聯繫，即使這兩個想法對他來說都是全新的知識。他就像人猿泰山似的以極快的速度抓着藤蔓穿梭於樹木之間，從不失手，學的比我教的還快。

通過了解傑克，觀察他的行動，我更為確信，商業中最重要的資產就是信息。你知道得越多，你擁有的視角越多，可以建立的連接就越多，進行預測的能力就越強。

傑克於 1981 年成為通用電氣的 CEO，開始主持公司的運營，成為美國歷史上最偉大的 CEO 之一。由於彼得的引薦，我和傑克也建立了長久的友誼。幾十年後，傑克依然令我驚訝不已。我在職業生涯早期就加入了一家大公司，遇到傑克是這一決策最大的收穫之一。華爾街和商業都是很小的世界。如果你以一所優秀的學校或一家大公司為起點，與你們這一代最優秀的人交往，你將來就會不斷地再次遇到他們。我在耶魯大學、哈佛商學院、陸軍預備隊和華爾街早期結識的許多朋友現在都還是我的朋友。我在生命早期交到的朋友，用他們的信任和理解，以我無法預測的方式極大豐富了我的生活。

# 5

# 所有交易都暗藏危機

　　投資銀行家的工作是應對變化和高壓情況 —— 針對收購或出售某個業務部門提供諮詢建議，確定購買標的或買方；建議公司融資進行擴張，或在股票價格較低時回購股票。如何啟動和管理變化是衡量成功與否的標準。

　　到 1978 年底，我已經在雷曼兄弟做了 6 年的經理。我的責任越來越大，公司正在考慮升我為合夥人。一個星期五，我接到橙汁公司純品樂 (Tropicana) 的 CEO 肯恩‧巴恩貝 (Ken Barnebey) 的電話，當時我正在芝加哥出差。當年早些時候，我在位於佛羅里達州布雷登頓的純品樂公司總部見過他，向他提出了各種財務建議。那是一次非正式的會面，目的是建立聯繫，彼此認識。當然，我也希望有朝一日彼此能夠開展業務合作。

「我們遇到一個非常敏感的情況，我想和你談談，」他說，「我們找到了一家想要收購我們的公司，我們正在考慮該怎樣處理。」他說，如果不存在雷曼兄弟內部的業務衝突，那麼他希望我星期六上午 8 點半在布雷登頓與他的董事會見面。我打電話給紐約辦公室，我的同事泰迪·羅斯福（Teddy Roosevelt）詢問了相關部門，確認不存在業務衝突。如果雷曼兄弟的其他任何部門在處理涉及純品樂的交易，我就無法接手。我打電話給肯恩，他描述了競標的條款。價格已經原則上達成一致，但買方提出了賣方可能會接受的不同的現金和證券組合，不同的組合對他們的價值是不一樣的。我的工作是代表董事會評估這些不同的報價結構，並提出建議。

當時正值芝加哥漫天風雪，所有飛往薩拉索塔·布雷登頓機場的航班都被延誤了。我登機時已經很晚了，機上幾乎沒有乘客，飛機起飛後穿過幾場暴風雪，一路向南。能幫助我理解交易計劃的所有資料就是一本《股票指南》（*Stock Guide*），裡面包含了上市公司的基本財務知識。我在書中找到純品樂，看到了該公司的收入狀況和其他幾個比率。我可以看到這家公司此前的贏利情況，利潤佔收入的百分比，以及資產負債表上的債務和權益總額 —— 這些都是公司財務狀況的簡單指標。我還可以查看其他食品公司，把這些公司與純品樂的財務情況做對比。但自 1973 年股市崩盤以來，食品行業幾乎沒有合併案例，因此我沒有近期可比較的交易來加以參考。

飛機在凌晨 4 點降落，我又花了一個半小時找到一輛計程車送我到我的汽車旅館。我在床上躺了幾分鐘，然後洗了個澡。我原本打算從芝加哥直接飛回紐約，所以只帶了自己穿的這身衣服。我穿上了這套衣服，嘗試着理清自己的思路。早上 7 點半，我走進了純品樂的辦公室。

「我們的時間非常緊張，因為我們原則上已經批准了這筆交易，」肯恩説，「比阿特麗斯（Beatrice）收購公司也批准了。我們必須宣佈在星期一開市時開盤，所以現在就得處理好所有的問題。比阿特麗斯提供了三種不同類型的結構：一種是普通股和直接優先股的組合，一種是普通股和可轉換優先股的組合，一種是普通股和現金的組合。我們需要你就選擇哪一種報價組合提供諮詢意見。一個小時後開董事會。」

我一夜沒有睡覺，身邊沒有合夥人，甚至沒有其他同事，我從來沒做過合併交易。我告訴自己，你麻煩大了，現在該怎麼辦？

剛進入金融行業時，我對工作壓力沒有足夠的思想準備。其實，每次談判中的每一節點都是一場戰鬥，有人贏，也有人輸。這個行業的人對瓜分蛋糕、給每人都分一點兒不感興趣，他們想要的是整個蛋糕。我留意到，當周圍人的音量飆升、脾氣爆發，而此時又需要我做決策時，我就會心跳變快，呼吸變淺，工作效率變緩，自我認知能力和應變能力的把控也隨之下降。

　　我找到的緩解壓力的方法是專注於自己的呼吸，減緩呼吸速度，放鬆自己的肩膀，直到呼吸變得深長。這一做法效果驚人，我的思路漸漸變得清晰，對眼前形勢的認識變得更為客觀和理性，也更加清楚自己如何才能獲得勝利。

　　在佛羅里達州的那天早上，在我孤軍奮戰、倍感壓力時，我嘗試放慢急促的呼吸，放鬆緊縮的肩膀，直到我能夠與所有人進行順暢的溝通。後來，我順利解決了所有問題，好像根本沒有壓力一樣。

　　在我相對較短的職業生涯中，我認識到交易需要把握的幾個關鍵點，這幾點對每一方都至關重要。如果你可以將其他所有內容都屏蔽掉，把專注力集中於這些要點上，就能成為一個卓有成效的談判者。你需要冷靜應對所有不同的聲音、文書工作和截止日期，不能讓這些無關緊要的東西成為你談判的負擔。肯恩和董事會現在需要的就是這樣一些清晰的想法。

　　如果純品樂的股東接受比阿特麗斯公司以股票的形式支付50% 以上的收購金額，則付款結構中的權益部分將免稅。最簡單的結構是普通股和現金，在 4.88 億美元的收購價格中，51%的金額以比阿特麗斯股票的形式支付給純品樂的股東，其餘部分支付現金。其他兩個結構的吸引力取決於公司對和純品樂合併前景的看法。如果有足夠的信心，就可以選擇直接優先股，這種股票沒有投票權，但會在向普通股股東派發股息之前，支付有保證的股息。如果對這筆交易極有信心，那麼可以選擇可

轉換優先股，這種股票股息較低，但可以在任何時候轉換為普通股。如果股價下跌，那麼仍然可以享受股息，而一旦股價上升，則收益無限。我自己肯定不能做出正確的判斷。我已經筋疲力盡，睡眼朦朧。我需要得到指點──如果這筆交易出現差錯，我也需要保護自己，免於責難。於是我給彼得打了電話。

「我一小時後就要見到純品樂的董事會。該怎麼辦？」他建議我打電話給劉易斯·格盧克斯曼，然後打電話給高級銀行合夥人之一鮑勃·魯賓（Bob Rubin）。我給劉易斯打了電話，把他叫醒了。「劉易斯，這是我根據《股票指南》算出來的倍數。」

「我覺得價格合理。」他說，並推薦了三種結構中的一種。

然後我打電話給鮑勃·魯賓：「鮑勃，我坐在純品樂總部，我和劉易斯談過，也跟彼得談過。現在情況是這樣，我該怎麼辦？」

「價格聽起來不錯，」魯賓說，「至於結構的話，只是一個品味問題。」

董事會的 5 位成員陸續到來，此時，我至少感覺稍微自信了一點兒。然後我在房間裡看到了速記員和兩台錄音機。我所說的每一句話都會被記錄下來。主席安東尼·羅西（Anthony Rossi）讓我想到了《教父》這部電影。教父正和孫子在番茄地裡享受天倫之樂，下一幕就倒地身亡了。安東尼·羅西的模樣和聲音都跟這一幕的馬龍·白蘭度一樣。「來吧，施瓦茨曼先生。」他指了指旁邊的椅子，「坐在我身邊。」

羅西年輕的時候從西西里移民來到美國。到達佛羅里達州時，他開了一家雜貨店，然後開始做柑橘生意，並創立了純品樂。他對公司的管理極為嚴格，甚至不允許任何人的辦公室有窗戶，以防他們分心。他是唯一一個辦公室有窗戶的人，因為他要看着卡車把橘子運進來，確保沒人偷東西。這筆交易是他畢生心血的完美結局。他是一位浸信會教友，計劃將他即將獲得的大部分錢捐給宗教基金會。他不是金融家，但他非常精明，建立了強大的公司。我應該對他直截了當，這是最起碼的尊重。

「告訴我們，施瓦茨曼先生，」他說，「你給我們的建議是甚麼？」

在壓力管理方面，我學到的另一個訣竅就是花點時間讓自己舒緩下來。人們總願意給我一點額外的時間，這似乎能夠讓他們放下心來。一旦我準備好，他們就會更加渴望聽到我要說的話。所以我停頓了一下，然後開始。

「首先，您不必出售這項業務。」這個信息對羅西來說非常重要。聽到之後，他會感覺自己仍在把控全局。「但是，既然您已經決定，接下來就必須弄清楚價格是否具有吸引力。我知道你已經對此感到滿意，這也是我的看法。」

我告訴董事會，鑒於比阿特麗斯的財務狀況，他們應該對比阿特麗斯感到滿意。我借鑒了劉易斯和鮑勃的見解，詳細介紹了各種報價結構、稅收和時間問題。我向羅西解釋說，

可轉換優先股會帶給他穩定的收入，如果股票上漲，可能就會
有進一步的上行空間。經過一個半小時的討論，他們選擇了可
轉換優先股和現金的組合，並要求我與比阿特麗斯的代表銀行
Lazard 確定最終的交易條款。

離開會議室後，我打電話給艾倫。她前一天晚上一直在等
我回家。

「親愛的，我很抱歉……」

「你在哪兒？」

「佛羅里達州布雷登頓。我剛完成一個驚人的交易。」我自
己也不太相信。

「甚麼？我們今晚有個晚宴。」

「我不能參加晚宴了。我現在面臨着巨大的壓力，必須完
成手裡的工作。過一會兒再打給你。」

洛爾·珀爾馬特（Lou Perlmutter）是 Lazard 的大師之一，
高級合夥人兼併購專家，而我初出茅廬。他本來可以輕而易舉
地刁難我，但是他沒有。

「史蒂夫，這筆交易注定要達成，」他説，「我會按規則走
完流程。你只要同意就行了，我不想再討價還價，因為討價還
價只會弄得一團糟。」

洛爾·珀爾馬特知道比阿特麗斯並不是唯一一家對純品樂
感興趣的公司。其他人正在等待機會。純品樂的董事會不懂金
融，聘請的銀行家資歷尚淺，所以他不想周旋太久。他所需要

的就是快速説服董事會，達成交易，各自回家。洛爾·珀爾馬特知道，如果他有意干擾我，我會發現，或者雷曼兄弟的其他人會發現，這筆交易就會被擱置。所以他盡自己所能簡化了交易流程。我們在當天剩下的時間裡一起相互配合着工作。

我坐飛機回家的時候，前一天晚上襲擊芝加哥的暴風雪正在影響紐約的空中交通。我在凌晨 4 點半左右回到家，已經 48 個小時沒有睡覺了，睏乏交加，精疲力竭，我卻沒有辦法上床睡覺。我把一些原木放在起居室的壁爐裡，點着了木頭。我原本幾乎不喝酒，但這時我給自己倒了一杯拿破崙干邑，開始播放比吉斯樂隊（Bee Gees）的《週末狂熱》專輯。我坐在安樂椅上，一邊想像尊特拉華達（John Travolta）在的士高舞池裡跳舞，一邊回想着前一天發生的一幕幕。4.88 億美元，真是不可思議！這可是當年全球第二大併購交易！這真的是我做的嗎？

早上 7 點，電話響了。是菲利克斯·羅哈廷打來的。他和洛爾·珀爾馬特聊過了。我的腦袋仍然充滿了干邑、疲憊和《週末狂熱》專輯，菲利克斯説：「我剛剛聽説了純品樂的交易，首先，我要祝賀你。非常精彩。其次，你才 30 歲，已經做了一件大事。我知道的情況是，沒有合夥人或任何其他人，只有你自己。所以這是你職業生涯中一個巨大的突破。很多人都會嫉恨你。不過，別擔心。你與他們不一樣，不要讓這些事情干擾到你！」

「最後，你現在有責任在公開場合發表自己的意見。當看到可以糾正的錯誤時，你要大膽地説出來，不要畏縮，因為這

是一些人的社會責任。我是其中一個，你現在也是其中一個。」

菲利克斯對銀行家能夠做出的貢獻有自己獨到的見解。但我滿腦子想的只有誰會嫉恨我。不一會兒，電話又響了，這次是雷曼兄弟的副主席彼得‧所羅門（Peter Solomon）打來的。「你以為自己是誰？你把純品樂給賣了？我正在幫菲利普‧莫里斯（Philip Morris）①收購這家公司！正準備做收購要約。菲利普‧莫里斯是我們最大的客戶，你卻要橫插一刀?!我週一就去找執行委員會。我們要炒了你！星期一，你就變成過去時了！」

「我知道泰迪‧羅斯福與你談過，」我回答道，「你從來沒有向他提起有關純品樂的任何事情。」

「週一早上，史蒂夫。週一早上你就從公司滾蛋了！」啪的一聲，他把電話掛了。

不過我知道真相，於是給彼得打了電話。我向他保證，泰迪特意問過所羅門，是不是存在衝突，當時所羅門沒有説菲利普‧莫里斯對純品樂有興趣。

「荒唐，」彼得説，「別擔心。」

星期一，所羅門怒氣沖沖地找到執行委員會，彙報了自己跟菲利普‧莫里斯的交易被我破壞的事。辦公室裡的每個人都在揣測我的未來，我好像被豺狼包圍着。但感謝上帝，彼得在支持我。他完全不吃所羅門那一套。

① 菲利普‧莫里斯，全球第一大煙草公司，總部位於美國紐約。——譯者注

# 6

## 尋找競爭最小、機會最大的領域

　　由於純品樂的交易，我晉升為合夥人。我的慶祝方法是重新裝修自己的辦公室。如果每天要花 12 個小時辦公，那麼我希望自己的辦公室能夠幫我疏解工作帶來的一切心理壓力，是一個舒舒服服的空間，就像英式房子裡漂亮的起居室或圖書館。我把一部分牆面塗成了紅褐色，其餘的牆面貼上了我在李‧伊士曼家裡見到的那種草布。我選擇了朱古力色的地毯、印花棉布椅子，還有一張 19 世紀 90 年代的合夥人桌子。辦公室裝飾得精緻典雅。公司沒有其他人做過類似的事情。他們對工作的感悟不是這樣的，但我覺得自己不是在工作。辦公室是我的第二個家，我希望這裡漂亮舒適，賞心悅目。

　　1969 年，剛加入帝傑證券時，我感覺自己的臉緊緊地貼在一面玻璃上，玻璃的另一邊是彼時只存在於我想像中的生活。

而差不多 10 年後，這已經成為我的現實人生。1979 年的一天，我剛剛完成了一筆交易，另一個合夥人從我的辦公室門口探進頭來，問我和艾倫是否願意和他一起去埃及。明天就去，在金字塔旁邊吃晚餐。我們的一位客戶贊助了此次活動，雷曼兄弟認購了一個桌子的席位，需要大家出席。第二天，我們和其他 100 位客人一起乘坐泛美航空公司的飛機出發。飛機在巴黎加油的時候，艙門打開，款款而來的是 50 個我這輩子見過的最漂亮的女人，她們將去開羅為我們走秀。在開羅，我們直接越過海關，一路都有電單車隊開道，把我們護送至斯芬克斯旁邊的酒店。那天晚上，我們參加了設計師皮埃爾‧巴爾曼（Pierre Balmain）的時裝秀。第二天下午，我們與埃及總統安瓦爾‧薩達特和他的妻子傑漢一起喝茶。薩達特因與以色列積極談判用和平手段收復失地獲得 1978 年諾貝爾和平獎。在最後一個晚上，我們在金字塔和獅身人面像前的沙丘上與 500 人共進晚餐。我的餐桌在薩達特總統餐桌的旁邊。晚上，法蘭克‧辛納屈（Frank Sinatra）唱着《紐約紐約》。這是我一生中最難忘的夜晚之一。

乘飛機回家時，幾乎每個人都腹瀉，我也不例外。但瑕不掩瑜，這次旅行依然無與倫比。這就是我之前夢想擁有的非凡經歷。現在我想要的更多。

1980 年，《紐約時報》週日商業版的頭版刊登了一篇關於我的報道，配了一張照片，把我譽為雷曼兄弟的「合併交易達

成者」。記者這樣寫道：「他擁有爭取成功的強大動力，鍥而不捨的堅強意志（他曾經在一場越野比賽中跌斷手腕，但依然完成了比賽），充滿了活力和感染力，周圍的人都喜歡跟他共事。」我是九年級的時候參加的越野賽，賽後立刻被送往醫院。文章接着說，「施瓦茨曼先生表示，他處理問題的方式是換位思考，『如果我面臨他們的處境，我會怎麼做』。他認為這一思維模式成就了他與別人的融洽關係。他仍然在學習如何與人相處，他會認真傾聽別人的表態，相信他們肯定事出有因。這種傾聽的藝術賦予他超強的記憶力。」

這篇文章準確地描述了當時的我。對我而言，傾聽他人的看法是理所應當的做法，這卻讓我在華爾街獨樹一幟。在與他人交往過程中，我從不急於表達自己的觀點，極力推銷自己手裡的東西，而總是選擇傾聽。我會靜靜等待，關注對方要甚麼、想甚麼，然後着手滿足對方的需求。我很少在會議上做筆記。我只是非常關注對方說話的內容和表達的方式。如果可以的話，我會嘗試找到一些可以與對方產生聯繫的觸點，一些一致之處，或一些共同的興趣或經歷，讓公對公的交流變得更富有人情味。這種做法聽上去是常識，但在實踐中，顯然很少有人能夠做到。

我會全神貫注地傾聽對方，由此帶來的一個結果就是，我可以回想起事件和對話的細節，好像這些細節已經印在了我的大腦裡。許多人失敗是因為他們從自身利益的立場出發，只

選擇性地聽取與自己有關的話題，至於其他的話題他們總覺得「這對我有甚麼用」，他們永遠無法從事最有意思和最有價值的工作。仔細聆聽對方談話的內容、認真觀察別人表達的方式，這種做法能極為有效地幫我找到「我能提供甚麼幫助」這一問題的答案，這也是我一直以來在問自己的一個問題。如果我可以幫助別人，並成為解決其問題的朋友，那麼其他的一切都會隨之而來。

人們最感興趣的話題永遠是「自己的問題」。如果你能發現對方的問題所在，並提出解決方案，那麼他們一定願意跟你溝通，無論他們的等級或地位如何。問題越困難，解決方案越少，你的建議就越有價值。為人人避之唯恐不及的問題提供解決方案，才是競爭最小、機會最大的領域。

20 世紀 80 年代早期，不僅僅是我自己發展得不錯，雷曼兄弟也連續 5 年獲得了創紀錄的盈利。我們的股本回報率擊敗了所有競爭對手。我成了兼併和收購部門的主席，為公司一些最大的客戶提供諮詢服務。在雷曼兄弟位於沃特街的辦公室，每天我的時間都不夠用。我們的部門在交易規模上僅次於高盛，但我們的交易量超過高盛，在華爾街穩居第一。

到那時，彼得擔任雷曼兄弟的 CEO 和董事長已有 10 年時間。是他把雷曼兄弟從深淵邊緣拉了回來。雖然他並不特別喜歡金融，但他的優勢在於他在商業和政治方面的關係。他可以打電話聯繫到任何人。他比我大 21 歲，但我們已經建立了

密切的工作關係，我們相互補充。他可以凝聚團體，培養人際
關係；我可以發起並執行交易。他是一個思想家，寬容大度，
善於反思。而在必要情況下，我會守土有責、寸土必爭。我執
行完成了彼得發起的很多交易。公司的人認為我們倆是一個團
隊。我們存在一種默契的信任。但在雷曼兄弟這個大家族裡，
不同勢力分裂割據，而彼得由於易於輕信別人，最終讓自己陷
入困境。

———————

在 20 世紀 80 年代早期，雷曼兄弟的交易部在牛市中賺取
了巨額利潤。他們的主管是劉易斯·格盧克斯曼，在純品樂的
交易中，他為我提供了幫助。但總的來說，他的情緒波動如資
本市場一樣劇烈。他完全不知「自我情緒控制」為何物。他穿
着皺巴巴的西裝或襯衫在交易大廳裡漫步，襯衫下襬露在外
面，嘴裡叼着一根未點燃的雪茄。有一次，他大發雷霆，把一
部電話機從牆上拽了下來，砸到一個平板玻璃窗上。還有一
次，他火氣大到把自己的襯衫撕開，襯衫扣子散落一地，而他
自己赤裸上身，滿臉怒氣地走來走去。1983 年，他去找彼得，
要求晉升。彼得同意他擔任公司總裁。彼得認為這是正確公平
的做法。但他不了解劉易斯·格盧克斯曼這樣的男人。幾個月
後，劉易斯走進彼得的辦公室，說總裁的職務只是一掛香蕉中

的一根，現在他想要整掛香蕉，他想成為聯合 CEO。彼得不想與他發生爭執，於是默許了。8 週後，劉易斯回來了：「我想自己擔任 CEO，我希望你離開。」他和交易合夥人組織了一場政變。直到彼得讓步後，他才把劉易斯的最後通牒告訴了我。我感到非常震驚。

「你為甚麼不反擊？」我說，「你可以利用自己的資源，把這個人趕出去。很多合夥人支持你。你至少應該跟我談談啊！」

「不用跟你談，我也知道你會怎麼說。」他說，「你會想把他殺了。我了解你。我跟你不一樣。我已經在這裡待了 10 年了，是我讓雷曼兄弟從瀕臨崩潰轉危為安，現在我們又都賺了大錢。我為甚麼要破壞這一切呢？反擊是不值得的。再說了，我也不懂交易。如果把格盧克斯曼踢出局，那麼交易部怎麼辦？」

「你不需要懂交易，」我說，「只需要聘請高盛或摩根大通最好的交易員就行了。」

「公司會四分五裂的。」

「如果有人挑戰你，你就得把公司搞到土崩瓦解。再重建就是了。」

「不要，」彼得說，「這是你的做法，不是我的。我在這裡跟人爭鬥了 10 年，我已經厭倦了。」於是彼得離職了。他當年 57 歲，剛做了腦瘤手術，結果是良性的。等他到 60 歲時，公司會要求他開始賣出股票，進行資金兌現。如果他能得到一個

好的離職補償方案，那麼這對他和他的家人來說似乎是最好的
選擇。

　　我知道這樣的結果對公司極為不利。就在彼得離開後幾個
月，雷曼兄弟陷入了困境。劉易斯和他在倫敦辦公室的一些夥
伴進行了大量的商業票據交易。商業票據是為沒有抵押品的公
司提供的貸款，如果借款人違約，票據的所有人就無法獲得任
何資產的索取權。此類貸款加槓桿後可以帶來豐厚盈利，而且
通常期限很短（30 天、60 天或 90 天），這意味着此類交易風
險較小，一般情況下，借款人可以確保能在較短的規定期限內
償還。

　　由於市場不斷上漲，劉易斯和他的團隊變得貪得無厭，他
們購買了久期為 5 年的票據，這些票據的利率更高，但也意味
着其風險水平大大增加。不久，市場震蕩逆轉，票據價值暴跌。
他們在交易中的損失超過了公司的總權益。雷曼兄弟又回到了
破產的邊緣。

　　劉易斯的這些交易是秘密進行的，但市場上出現了流言蜚
語，開始是在倫敦，後來傳到了紐約。我是從倫敦辦公室的好
朋友史蒂夫・伯沙德（Steve Bershad）那裡聽說的。總部派他
去英國打理公司的企業融資業務。交易部門的操作令他非常不
安，於是他安排了審計人員進行審查。「公司破產了，」史蒂
夫在電話裡告訴我，「我們的自有資本已經賠光了。」

　　劉易斯召集了所有合夥人開會。我們 70 多人坐在 33 樓的

大型會議室裡，他說：「我知道倫敦有一些關於倉位的謠言。這些謠言完全是無中生有。我們沒有問題，我會立刻開除那些造謠生事的人！」

劉易斯沒有公開問題、尋求幫助，而是選擇繼續自欺欺人。我預想公司董事會的個別高級合夥人會質詢他。相反的，他們默然地聽着，然後竊竊私語地離開了會議室。顯然，他們是受到了驚嚇，頗感困惑。事實證明，劉易斯的領導特質是有害無益的，人們立即想知道如何在公司破產前確保自己的權益。謝爾頓・戈登（Sheldon Gordon）是雷曼兄弟投行部門的負責人，也是公司的副主席。他和劉易斯一起做過交易員，人們通常認為他是劉易斯最親密的盟友之一。但我知道他做事聰明，為人體面，也聽説他正在與董事會的其他成員探討各種選擇。於是我去找他。

「你知道紙包不住火。」我説，「很多人都知道劉易斯在撒謊。我知道公司已經破產了，你也知道公司破產了，如果外面的人發現我們的資金沒了，那麼公司一定會崩潰的。合夥人不會去找他談的，因為怕被炒魷魚。如果我們不出售公司，一旦這事傳揚出去，你不覺得我們就完蛋了嗎？」

「是的，」他表示同意，「我們就完蛋了。」

「你想出售公司嗎？」我問。作為兼併和收購業務的負責人，我認為自己應該可以找到方法，讓一家更強大的公司介入並拯救雷曼兄弟。雖然我們出現了各種各樣的問題，但雷曼兄

弟仍然是一家偉大的公司，擁有全球知名品牌和才華橫溢的人才隊伍。

「當然。」謝爾頓說，「如果發生這種情況，我們就死定了。但是你需要在幾天內完成交易。時間不等人，我們沒有時間了。」他說得很對，所以，在他說話的時候，我已經在思索潛在的收購者了。

我名單上的第一個人是美國運通（American Express）旗下西爾森（Shearson）投資業務的董事長兼 CEO 彼特·科恩（Peter Cohen）。他與我年齡相仿，是華爾街最年輕的 CEO 之一。美國運通有收購雷曼兄弟的資金，我也知道科恩很有野心，早就希望西爾森能進軍投行業務圈。他也是我在漢普頓的隔壁鄰居。我們在一些社交場合打過交道，私下做個提議應該不難。當週週五，我給他打了電話。第二天早上，我去看他。我們在他家的車道上見了面。

「我們的交易出現了很大的損失，」我解釋道，「我們真的不想出售公司，但目前我們也只能這樣做。如果你有興趣，並能在接下來的幾天內採取行動，我就給你一個一次性的特別方案。」那個週末，他與美國運通 CEO 吉姆·羅賓遜（Jim Robinson）進行了溝通。週一，他打電話給我，說他願意與雷曼兄弟做一筆交易，並給出了 3.6 億美元的報價。所羅門兄弟（Salomon Brothers）兩年前以 4.4 億美元的價格被出售，但所羅門的交易業務規模更大，也沒有處於破產邊緣。在事態緊急、

時間緊迫的情況下，3.6 億美元也許是我們能拿到的最好的報價了。

謝爾頓把這個消息告訴給了合夥人。他表示，這樣大家都會得到豐厚的回報，但如果他們再等下去，就可能甚麼也得不到。其他合夥人在將劉易斯排除在外的情況下進行了討論。除了其中一個劉易斯最親密的盟友之一，剩下所有的合夥人都批准了這筆交易。兩天後，《紐約時報》的頭版報道了這一消息。還有一些細節沒有敲定，交易也有可能無法達成。但我們通過這個方式控制了新聞內容，這種公開報道的方式也控制了美國運通，防止他們改變主意。這是一個爆炸性新聞，宣佈之日，投資者和新聞記者蜂擁而至，要求提供更多信息。雷曼兄弟成立於 1850 年，在華爾街擁有超過 125 年的歷史。這筆交易無論是時間點還是標的額，的確都出人意料，令人震驚。

直到傍晚，我才意識到我還沒有和劉易斯交流。謝爾頓和其他合夥人以智取勝，劉易斯敗局已定。公司已經被賣了，他的 CEO 之旅也就走到了盡頭。我去了他辦公室，這是彼得以前的辦公室。房間裡很黑。我覺得他肯定已經回家了，但還是敲了敲虛掩的門。

「你好，有人嗎？」我問。一個小小的聲音回應了我。我看到劉易斯坐在靠牆梳化的盡頭。

「你為甚麼坐在黑暗中？」我問道。

他說他很慚愧。他摧毀了自己所愛的公司。「我正在考慮

給自己一槍。」

我說：「我能坐下嗎？」他擺了擺手，讓我過去。

「劉易斯，你不是故意的。有時候就是會發生意想不到的事情。」

「我知道，」他說，「但我有責任，所以這是我的錯，不管我是不是故意的。」

「你試圖做一些好事，結果出問題了。這對公司來說確實是一個可怕的結果。但大家都必須要繼續生活。如果你自殺，甚麼都不會改變。這只是悲劇中的另一場悲劇。你還不算老，永遠都有未來。你應該以某種方式重新塑造自己。」

我們聊了差不多半個小時，然後我回到了自己的辦公室。我 36 歲，賣掉了雷曼兄弟。我可以自由地離開這家後期讓我忍無可忍的公司，我倍感輕鬆，興奮異常。但始作俑者劉易斯・格盧克斯曼卻坐在自己的辦公室，羞愧自責，甚至想到自殺，只是擔心這會對他的女兒造成負面影響。他說自己熱愛這家公司，也許這種感情是真實的，但可悲的是，最終他葬送了他熱愛的公司。

我只想盡可能快地離開雷曼兄弟。在談判的早期，我就告訴彼特・科恩，當雷曼兄弟的合夥人沒有解雇劉易斯時，我就對他們失去了信心。彼特・科恩准許我隨時可以離職。然而在談判期間，他打來電話，讓我到公司來一趟。他堅持要求雷曼兄弟的所有合夥人簽署非競爭協議，在離開公司三年內，不

可以在競爭對手公司供職。我告訴他，非競爭協議跟我沒有關係。因為之前他就知道我要離開雷曼兄弟了。

「問題是，美國運通董事會昨天開會，」他說，「彼得森走了，格盧克斯曼等於也不在了，所以現在你就是董事會成員最為熟悉的人。他們昨天在會上說的是我們正在招攬人才，如果留不住人才，我們就沒有理由收購雷曼兄弟。你就是人才隊伍的代表性人物，所以公司要求你必須簽署非競爭協議，這也是交易的條款之一。如果你不想遵守這個條款，那就不要做這筆交易了。」

「可是，這筆交易已經宣佈了。」我說。

「我知道已經宣佈了。但是如果你不簽署非競爭協議，我們就宣佈交易無效。你的公司將會破產。破不破產跟我沒關係。你決定吧。」

「你開玩笑的吧？」我說，「我們兩個已經說好了。」

「我不是在開玩笑，我是認真的。」我知道，目前我是唯一一個沒有簽下非競爭協議的合夥人。整個交易能不能達成現在完全取決於我。如果我拒絕了，這筆交易就會失敗，而雷曼兄弟也會破產。但是，我非常渴望獲得自由，三年的代價實在是太高了。艾倫說三年沒甚麼大不了的，相信我能想出辦法舒心度過。我的夥伴也蜂擁而至，希望我採取合作態度。

我剛開始在雷曼兄弟工作時，一位合夥人告訴我：「在雷曼兄弟，沒有人會在背後捅你。他們會走到你面前捅你。」公

司內部充滿爭鬥，人人為己。我從公司的建築風格看出了這點，也在哈佛商學院的論文裡寫過。但我曾經喜歡過這一點。所有內鬥都有一絲黑色幽默的味道。我的朋友布魯斯·瓦瑟斯坦（Bruce Wasserstein）曾擔任第一波士頓（First Boston）兼併收購業務的主管，他曾對我和埃里克·格萊切說：「我不明白為甚麼雷曼兄弟的所有人都互相仇視。我和你們兩個相處得就很好啊。」「如果你在雷曼兄弟，」我告訴他，「我們也會嫉恨你。」

　　而現在，彼得走了，公司賣了，這是我離開雷曼兄弟的最好時機，我知道我總能通過某種方法賺到錢。到底該何去何從，我需要一些思考空間。我在中央公園南的麗思卡爾頓預訂了一個房間。我在公園裡走了很長時間，一直不斷地思考，終於想到一個妥協的方案。我打電話給彼得·科恩，說我可以留在雷曼兄弟一年，而不是三年。之後我會自己創業，而不是加入雷曼兄弟的大型競爭對手公司。他同意了。最後，不管他說了甚麼，他還是像我一樣想達成這筆交易。

　　收購完成後，美國運通 CEO 吉姆·羅賓遜邀請我來見他。

　　「我希望我們能夠建立一種非常富有成效的關係，」他說，「但我聽說你不太開心。」

　　「為甚麼會開心？」我說，「我在一個我不喜歡的地方工作。」他說他對彼得·科恩的談判內容一無所知。

　　「我們對你做的這件事非常不厚道，」他承認道，「不如你到我旁邊的辦公室來，就在我和路易斯·郭士納（Lou Gerstner）

中間的辦公室。」郭士納當時是美國運通旅行和信用卡業務的負責人，後來成為美國運通公司的總裁、RJR 納貝斯克的CEO，後來擔任 IBM 的 CEO。「你可以處理美國運通的一些交易，並向郭士納傳授金融方面的知識。他是負責運營的。」

這似乎好過一直在雷曼兄弟辦公室裡坐着。於是我有了兩個辦公室，並開始坐在吉姆·羅賓遜旁邊的辦公室，把大量時間花在美國運通。我很感激他的厚待，但他很快就能感覺到我是多麼渴望離開。他提議在非競爭協議有效期內，我可以再在華盛頓找一份工作。他甚至幫我安排了與當時的列根總統辦公廳主任吉姆·貝克（Jim Baker）會面。

在首都工作一段時間的機會對我充滿吸引力。從事金融行業的人不可能不被政府對經濟的影響所吸引。埃夫里爾·哈里曼和菲利克斯·羅哈廷讓我相信商業和政治相互交匯的生活是那樣動人心魄、令人神往，兩個世界運行的方式目的不同，卻又時時出現交叉重疊之處。

我曾在 1982 年在白宮見過吉姆·貝克，那是一次關於刺激經濟的會議。當時，整個經濟萎靡不振，即便是評級最高的公司，借貸成本也高達 16%。會議室裡大約有 20 個人，我永遠不會忘記那些傢伙看起來多麼惶恐不安，他們擔心美國經濟永遠無法恢復增長。不過，華盛頓的貝克在充滿鈎心鬥角的世界中通達圓融，做事高效，令人印象深刻。

我與吉姆的面談進展順利。我們還討論了一下我成為白宮

辦公廳第四號人物的可能性，然後貝克成為財政部部長。財政部唯一的空缺職位就是政府債務發行主管，這個職位已經空缺兩年了。所以我告訴吉姆，顯然這不是一項急需做的工作。對我而言，時機尚早。

我還剩餘 6 個月的時間，但我已經開始進行退出談判。我想退出並非易事。彼特‧科恩並沒有告訴董事會他是如何將我留下來的。我需要為自己找一個律師，但考慮到西爾森美國運通公司的規模，我很難找到律師願意接受我為客戶。最後，我找到了一位勇敢的律師，史蒂夫‧沃爾克（Steve Volk），他是謝爾曼‧思特靈律師事務所（Shearman and Sterling）的首席併購律師（此後擔任花旗銀行副董事長）。他的同事是菲利普‧道曼（Philippe Dauman，此後擔任維亞康姆的 CEO 兼董事長）。他們聽了我的故事，答應為我而戰。

結果證明，我對科恩的預感是正確的。儘管他做出了承諾，但他從來沒有打算讓我離開。他擔心我會把客戶帶走，也擔心如果走漏風聲，別的合夥人知道了我的特別優待，他們就會提出同樣的要求。西爾森要求我不跟美國運通搶奪這一組客戶，如果我堅持跟另外一組客戶合作，就需要支付他們一定比例的費用。我們的談判耗時漫長，雙方都怒氣沖天，爭得面紅耳赤，不可開交。但我想離開，繼續自己的生活。彼得的介入幫助我們達成了最終協議。簽署協議過程中，科恩和他的團隊不止一次爽約，他們兩次讓我一個人坐在空蕩蕩的會議室

裡，桌子上擺滿了所有最終的文件。最後我們確定交換簽名協議時，彼此的憤怒和怨恨都寫在臉上，一目了然。對一場了不起的合作而言，這是一個可怕的結局，但也是一個重新開始的機會。

那時，我已經非常了解自己了。從高中到耶魯大學、哈佛商學院，以及在雷曼兄弟一次又一次的經歷，事實證明，幾乎任何困難都壓不倒我。我可以構思出有價值的偉大設想，並把設想變為現實。阿姆斯特朗教練讓我理解了堅持的價值，他教導我，額外的付出一定會換來意外的收穫，每次都要讓我多跑幾英里，讓我付出額外的努力。日久天長，日積月累，這些付出逐漸變成了一種志在必得的信念，一種鍥而不捨的精神。這就是我無形的資產，當我需要的時候它就會在那裡供我擷取，取之不盡，用之不竭。此時此刻，我已經想好利用這些無形的資產進行怎樣的投資，以此推進我的職業生涯。

初入華爾街，我曾打錯過字、算錯過數，隨之而來的尷尬讓我了解了一絲不苟、消弭風險和尋求幫助的重要性。今天在華爾街，只需輕擊鍵盤就可以完成我們以前必須手動完成的計算。但是，通過這種方式，我體察到了設計交易的複雜之處，體驗到了必須協商的微妙之處。這樣的精通需要經驗、耐力和對痛苦的忍耐。這個過程產生了最大的回報。

純品樂的交易讓我了解到，在壓力面前，我的能力遠遠超過我的想像。彼得‧彼得森向我展示了偉大導師和合夥人的價

值。我與一些優秀人才建立了寶貴的關係，包括公司的同事和像傑克·韋爾奇這樣的高管（傑克·韋爾奇後來不斷出現在我的職業生涯裡）。我曾經歷過最好的華爾街，享有過執行複雜交易的巔峰，體驗過處於宇宙中心的感覺，也有幸與世界上一些最有趣的人交流信息，溝通思想。

　　從雷曼兄弟退出的經歷讓我看到了最糟糕的華爾街，每個人都只是為自己着想。雷曼兄弟合夥人沒有人敢站出來跟劉易斯·格盧克斯曼較量，我從中看到恐懼和貪婪是如何扭曲了品行和道德。我曾見到他人的報復心和嫉妒心。我賣出了雷曼兄弟，又被迫留在雷曼兄弟，這個經歷不僅使我認識到一個優秀律師的價值，還讓我了解到，厄運當頭，金錢也不是良方。

第二部分

# 决　策

PURSUE WORTHY
FANTASIES

# WHAT IT TAKES

Lessons in the Pursuit of Excellence

# 1

## 為人所不為，為人所不能

　　現在，我和彼得已經擺脫了雷曼兄弟，可以再次合作了，於是我們開始認真討論自己創業。我們以及我們的妻子在彼得東漢普頓的家中進行了第一次討論。

　　「我想再次與大公司合作。」彼得說。離開雷曼兄弟後，他開辦了一家小公司，做了一些小額交易。

　　「我只是想和彼得再次合作。」我說。我 38 歲，在雷曼兄弟所賺的錢已經可以供養自己年輕的家庭。當時，我們有兩個孩子，吉比（Zibby）和泰迪（Teddy），他們身體健康，也都在很好的學校就讀。我們在城裡有一套公寓，還在靠近海灘的地方有一所房子。在職業發展方面，我已經達到了想自己創業的階段。我覺得我所積累的專業知識和經驗，以及豐富的個人和專業資源可以確保創業成功。艾倫在此前一年見證了我在雷曼

兄弟所承受的痛苦和煎熬，她表示：「我希望史蒂夫能夠開心起來。」

彼得的妻子瓊(Joan)是兒童電視節目《芝麻街》的創始人。她有一個連大鳥①都能理解的簡單而直接的目標：「我想要一架直升機。」

「好的。」我說，「既然我們知道每個人都想要甚麼，那麼現在開始行動吧。」

————————

從惠普到蘋果，矽谷的許多優秀企業都是在車庫中創立起來的。在紐約，我們的創業則從吃早餐開始。1985年4月，彼得和我每天在東65街和公園大道的梅菲爾酒店的庭院餐廳開會。我們總是第一個到達，最後一個離開，一談幾個小時，反思我們的職業生涯，研究我們可以一起做的事情。

我們的主要資產是我們的技能、經驗和聲譽。彼得是一位頂尖的學生，是美國大學優等生協會的成員。他做事循規蹈矩，有條不紊；他善於分析，可以通過邏輯推理弄清事情的來龍去脈。他認識紐約、華盛頓和美國商界的每一個知名人士，可以與這些人輕鬆隨意地相處。我認為自己更相信直覺，可以

————————

① 大鳥，《芝麻街》裡的角色之一。——譯者注

快速讀懂對方，洞察對方的心理，了解對方的需求。我果斷而堅定，可以準確地做出決定並快速執行，是當時頗具名氣的併購專家。我們的技能和個性迥異，正好可以互補。我們相信我們會成為好夥伴，市場會青睞我們的服務。即使大多數初創企業都失敗了，我們也確信自己的公司不會。

通過觀察父親經營小店的做法和得失，以及憑藉後來為很多企業和企業家提供諮詢建議的經驗，我得出了關於創業的重要結論：創立和運營小企業的難度和大企業相差無幾。一個企業的創立，無論規模大小，都有一個從無到有的過程，你會承受相同的經濟負擔和心理壓力。籌集資金並找到合適人才的難度也同樣大。在同樣的困難和壓力面前，要確保創業成功，唯一的辦法就是全身心的投入。因此，如果你要將自己的生命奉獻給一個公司，就應該選擇一個發展潛力巨大的企業。

在我職業生涯的早期，我曾問過雷曼兄弟一位年長的銀行家，為甚麼與類似規模的工業公司相比，銀行借款必須得支付更高的利息？「金融機構破產只需要一天時間，」他告訴我，「一家工業公司可能需要數年時間才會失去市場地位，最終破產。」我已經在雷曼兄弟近距離看到了這種情況 —— 在金融界，突如其來的運氣逆轉，一筆糟糕交易，一筆不良投資，都可能將你擊垮。我們不會在一艘隨時都有可能傾覆的小船上開始創業之旅。我們希望因卓越而廣受讚譽，而不是靠勇猛而草率起航。

從一開始，我們就致力於建立一個強大的金融機構，可以

經受數次所有者和領導層更替的考驗。我們不想成為一家典型的華爾街集團：成立公司、賺錢、失敗、繼續前進。我們希望與業內最偉大的品牌並駕齊驅。

我們最了解的是併購業務。當時，併購仍然是大型投行的重要業務領域。在這一領域，我們既有非凡的業績，又享有很好的聲譽。併購需要人力和智力資本，但不需要資金，這個業務在給我們帶來收入的同時，還能讓我們有時間研究可能從事的其他服務。我唯一擔心的是併購存在週期性，僅憑這一個業務未必能維繫我們的生計。如果經濟蕭條，我們的業務也會隨之衰微。但我們相信市場對新型精品諮詢公司服務的需求會與日俱增。我們最終還是希望獲得穩定的收入來源，而併購是一個很好的起點。然而，要建立一個穩定持久的機構，我們需要做的工作還有很多。

當我們坐在梅菲爾酒店構思設計時，我們不斷討論到一條潛在的業務線：槓桿收購（LBO）。在雷曼兄弟，我曾為世界上最大的兩家槓桿收購公司科爾伯格‧克拉維斯‧羅伯茨集團（Kohlberg Kravis Roberts, KKR）和福斯特曼‧利特爾公司（Forstmann Little）提供過諮詢服務。我認識亨利‧克拉維斯（Henry Kravis），和布賴恩‧利特爾（Brian Little）打過網球。關於他們的業務，有三件事讓我印象深刻。第一，無論經濟環境如何，槓桿收購都可以從經常性費用和投資利潤中收集資產、賺取收入。第二，你可以真正改善所收購的公司。第三，你可

以賺大錢。

典型的槓桿收購是這樣的：一個投資者決定收購一家公司，部分資金自付，類似於購房的首付款，剩餘的資金進行借款，即加槓桿。如果被收購的公司是上市公司，收購後，公司就會退市，其股份也會私有化，變為私募股權。公司通過自己的現金流支付其債務利息，而為了公司發展，投資者會改善企業運營的各個方面。投資者收取管理費，在投資最終變現時，獲得部分利潤。投資者所採取的運營改進措施包括：提高製造、能源利用和採購效率，新產品線投產，新市場拓展，技術升級以及公司管理團隊的領導水平提升。幾年之後，如果這些努力能夠獲得成功，公司就會取得長足發展，投資者可以以高於收購價格的定價將公司出售，或者可能再次使公司上市，從而獲得原始股權投資的利潤。這就是槓桿收購的基本主題，圍繞這個主題可以衍生很多變化，但基礎不會變化。

所有投資的關鍵都是充分使用手中的一切工具。我喜歡槓桿收購的概念，因為這種操作提供的工具比任何其他形式的投資都多。首先尋找合適的收購資產標的，與標的所有者簽署保密協議，並獲得關於擬收購企業的更多詳細信息，完成盡職調查。接下來，與投行銀行家研究資本結構，以確保在經濟環境轉向不利的情況下，保持財務靈活性，進行投資，獲得盈利。之後是選擇自己信賴的經驗豐富的高管來改善所收購企業的運營。如果一切順利，在出售企業時，前期投入的債務會提高股

本價值的回報率。

這種投資比股票投資要困難得多，需要常年付出、出色管理、努力工作、持之以恆，還需要老練的專家團隊。但如果能一次又一次成功地進行槓桿收購，就可以獲得極為可觀的回報，像阿姆斯特朗教練在阿什頓中學那樣，創下 186 贏 4 輸的紀錄，贏得投資者的信任。成功的投資可以為投資者 —— 包括養老基金、學術和慈善機構、政府和其他機構以及散戶投資者帶來回報，還有助於保障和提高數以百萬計的教師、消防員和企業員工的退休金。

與併購不同，槓桿收購並不需要不斷湧現的新客戶。如果我們能夠說服投資者將資金投入基金，鎖定 10 年，我們就有 10 年的時間來賺取管理費，並不斷改善我們收購的公司，為投資者和我們自身帶來巨大的利潤。即使經濟衰退，我們也可以倖存下來，如果幸運的話，甚至還會發現更多的機會，因為恐慌的人會以低價出售他們的優質資產。

早在 1979 年，我就研究了 KKR 集團收購工業抽水機製造商烏達耶（Houdaille Industries）的資金募集說明書。這是最早的大型槓桿收購案例之一，是收購界的羅塞塔石碑[1]。在收購製造商烏達耶時，KKR 僅用現金支付了交易額的 5%，其餘的資金全靠借款。這一槓桿比例意味着，如果烏達耶公司增長 5%，

---

[1] 羅塞塔石碑，高 1.14 米，寬 0.73 米，製作於公元前 196 年，刻有古埃及國王托勒密五世登基的詔書，是當前研究古埃及歷史的重要里程碑。—— 譯者注

KKR 的權益則將增長 20%－30%。我一直想使用雷曼兄弟的資源做類似的交易，但因無法獲得足夠的內部支持而作罷。

兩年後，媒體和電子產業巨擘 RCA 公司決定出售吉布森賀卡公司（Gibson Greetings），請我擔任銀行家。吉布森賀卡公司當時是美國第三大賀卡公司，但這一資產與 RCA 的其他業務領域不相匹配。我們聯繫了 70 位潛在買家，只有兩個機構感興趣，一個是撒克遜紙業（Saxon Paper），後來我們發現這是個騙子公司。另一個是韋斯雷公司（Wesray），它是由財政部前部長威廉·西蒙（William Simon）參與創立的小型投資基金。韋斯雷給吉布森賀卡公司開出的報價為 5500 萬美元，我們設定了完成交易的日期。韋斯雷的投資者只投入了 100 萬美元的自有資金，但向我們保證，他們能在截止日期前搞定剩餘的資金。但是，他們沒有做到，於是我們給了他們一個月的延期。一個月後，資金依然沒有到位。當時還是沒有其他的買家。他們請我們再給一次機會。後來我發現他們試圖賣出吉布森的製造車間和倉庫，然後回租。他們本來想通過這樣的操作獲取所需的交易資金，但沒有成功。我想：就這樣算了吧。

與此同時，吉布森的利潤開始走高。雖然我們還沒有找到合適的買家，但我建議處理這筆交易的 RCA 主管朱利葉斯·科佩爾曼（Julius Koppelman）提高吉布森的報價。他提出再加 500 萬美元。我告訴他們，由於吉布森的利潤不斷增加，即使提高 500 萬美元，新報價也遠遠不能反映吉布森的價值。但他

們沒有接受我的建議：RCA迫切希望把這個公司賣掉，希望迅速完成交易，對賣出最高價格並不感興趣。我極不贊同這一做法，所以，當RCA讓我出具有關6000萬美元出售價格的公平意見時，我拒絕提供，這個表態帶來了爭議，當時極少有人這麼做。6個月後，交易達成，科佩爾曼離開RCA，成為韋斯雷的顧問。

在韋斯雷收購吉布森之後，我特意去找彼得和劉易斯‧格盧克斯曼，把我的看法告訴了他們。我表示，將來某一天，韋斯雷會賺很多錢，而我們會被指責沒有勝任這項工作。如果對客戶的選擇有異議，一定要進行書面記錄，這樣一旦事情出錯，你也不會被責備。果不其然，16個月後，吉布森上市，估價達到2.9億美元，雷曼兄弟遭到了RCA的投資者和媒體的強烈批評，因為售價太低了。韋斯雷在一筆交易中賺的錢比雷曼兄弟一年賺的錢還多。吉布森被廣泛譽為首批成功的高利潤的槓桿收購案例之一。這也是我和彼得希望在我們新公司做的交易類型的完美案例。

令人欣慰的是，吉布森上市後，槓桿交易引起了雷曼兄弟的關注。當時的CEO彼得不遺餘力地開展這項業務。在他去芝加哥出差之前，他讓我整理一份可能開展的收購清單。我選擇了斯圖爾特-華納公司（Stewart-Warner），這是一家儀錶板和體育場館記分牌製造商。一如彼得的風格，他恰好認識公司主席本內特‧阿爾尚博（Bennett Archambault）。我們在他的男士

俱樂部跟他見面。這個俱樂部風格古典，牆上安裝了木鑲板，掛着駝鹿頭。彼得建議阿爾尚博把公司私有化。我向阿爾尚博介紹了整個交易流程：我們如何籌資購買股票，如何支付利息、提升價值、改善公司運營，以及長期來看，這些操作對各方意味着甚麼。

「我覺得你自己可以大賺一筆，」彼得對他說，「你的股東也可以獲得收益。每個人都能獲利。」阿爾尚博理解了這個概念。現有股東將得到我們支付的溢價。作為一家私營公司的負責人，他可以對公司進行長期改善，而不用擔心季度盈利會影響股價走勢。他最終還能擴大對公司的所有權。「似乎沒有甚麼理由不這麼做。」他說。

回到雷曼兄弟後，我立刻展開行動。我為這筆交易配備人員團隊，請盛信律師事務所（Simpson Thacher）的迪克·貝蒂（Dick Beattie）着手為雷曼兄弟設立一個基金，專門做槓桿收購。迪克曾在卡特政府擔任法律顧問，後來成為槓桿收購法律專家，精通其中錯綜複雜的條款。我們有信心籌集 1.75 億美元，實現斯圖爾特－華納的私有化。我和彼得積極推動交易通過雷曼兄弟的審查程序，但當我們把交易報給了執行委員會時，執行委員會拒絕批准。

他們認為這筆交易存在固有衝突。他們覺得我們不能一方面向客戶提供併購建議，另一方面嘗試購買我們的客戶可能感興趣的公司。我了解他們立場的基本邏輯。但我確信只要設計

一個折中方案、找到一個切入點，就能妥善解決潛在的衝突。當然，我們不可能收購所有想收購的公司，但總有辦法收購其中的一些公司。這項業務的機會太大了，不容忽視。

在執行委員會拒絕我們提議後的幾年裡，一波槓桿收購的資金改變了美國的公司買賣方式。大量買家出現，急於購買以前買不起的資產。銀行正在開發新的債務，為收購提供資金（這些債務提高了收益率，或創新了償還條款）。從公司來看，他們有機會出手自己不想持有的業務，而買家又可以改善這些業務的運營。要成為真正的併購專家，我們必須掌握這個充滿活力的新金融領域。但是我和彼得認為，更大的機會就是自己成為投資者。

作為併購銀行家，我們只能通過提供服務收取服務費，而作為投資者，我們可以大大提高我們在金融收益中的佔比。在私募股權企業裡，有限合夥人（LPs）把資金委託給普通合夥人，普通合夥人代表有限合夥人進行投資的識別、執行和管理。

普通合夥人也投入自己的資本，結合有限合夥人資金進行投資業務，一般獲得的也是雙重收益。他們收取一定比例的管理費（以投資者投入的資本為基礎），也會從每一次成功投資中獲得一部分利潤，即「附帶權益」。

私募股權業務模式對企業家的吸引力在於，開展私募業務所需的員工數量要遠遠低於純粹的服務業。對服務業而言，服務人員的數量需要不斷增加，才能接聽電話和開展工作。而在

私募股權業務中，同樣的一小群人就可以籌集更多資金、管理更大規模的投資，不需要額外招聘幾百個人來做這件事。與華爾街的大多數其他業務相比，私募股權公司的結構更簡單，財務回報集中在少數人手中。但要在私募領域取得成功，就需要掌握相關技能並了解一定的信息。我相信在這兩個方面我們已經具備了相應的優勢，將來一定可以獲得更多收益。

我們商討如何開展業務的第三個也是最後一個的方式，就是不斷追問自己一個開放性問題：為甚麼不呢？如果我們能夠找到合適的人，在一個絕佳的投資類業務中大展身手，那麼為甚麼不呢？如果我們能夠運用自己的優勢、人脈和資源來使這項業務取得成功，那麼為甚麼不呢？我們認為，其他公司的自我定位過於狹窄，進而限制了它們的創新能力。它們是諮詢公司、投資公司、信貸公司或房地產公司。總而言之，無論是何種類型的公司，它們都在追求金融機會。

彼得和我認為，我們需要「10 分人才中的 10 分人才」來運營這些新業務。我們兩個人都有多年的閱人經驗，可以判斷出哪些人是 10 分人才。得 8 分的人是任務執行者，得 9 分的人非常擅長執行和制訂一流策略。如果公司都是 9 分人才，就可以獲得成功。但 10 分人才，無須得到指令，就能主動發現問題、設計解決方案，並將業務推向新的方向。10 分人才能夠為企業帶來源源不斷的收益。

我們的設想是，一旦我們的業務開展起來，10 分人才就

會主動加入我們，提出想法，要求我們提供投資和機構支持。我們會拿出一半的資金，讓他們擔任合夥人，為他們提供機會，做自己最擅長的事情。我們會培養他們，也在此過程中向他們學習。有了這些聰明能幹的 10 分人才加入公司，我們將獲得更多的信息，業務會發展得更好，他們會幫助我們尋找到超出我們想像的機會。這些人才將擴大和豐富公司的知識庫，我們則要盡力提高自己的信息處理能力，把這些豐富的數據轉變為重大決策。

我們需要打造公司文化，以吸引這些 10 分人才，而這一文化必然包含某些既對立又統一的內涵。我們要具備規模優勢，但必須保留一個小公司的靈魂，讓員工可以自由表達自己的想法。我們要成為紀律嚴明的顧問和投資者，但又要反對官僚主義，在接近新想法時，不要忘記自問「為甚麼不呢」。最重要的是，即使日常的創業事務纏身，我們也要保留自己的創新能力。如果我們能夠吸引合適的人才，打造正確的文化，在三個業務板塊（併購、槓桿收購投資和新的業務線）中立足，我們就能獲得更多信息，為我們的客戶、合作夥伴、貸款人和我們自己創造真正的價值。

———

創業的成敗往往取決於時機。創業太早，客戶還沒準備

好。創業太晚，競爭對手又太多。1985 年秋，我們在創立黑石時，有兩大主要利好因素。第一利好因素是美國經濟。在列根總統的領導下，美國經濟已進入復蘇的第三年。貸款利率很低，借貸很容易。大量資金在尋找投資機會，而金融業正在調整結構以及提供新型業務，以滿足市場的需求。信貸市場快速發展，槓桿收購和高收益債券正是其中一部分。同時，市場上還出現了對沖基金，作為一種投資工具，其採用高度技術性的方法來管理資產風險，從外匯、股票等各類資產中獲得收益。這些投資形式的潛力剛剛顯現，競爭還不激烈，是嘗試新事物的好時機。

第二大利好因素是華爾街的解體。紐約證券交易所在 18世紀後期成立，成立以來一直提供固定傭金，向經紀人提供每筆交易的固定百分比。美國證券交易委員會（SEC）判定這種操作為限價，下令在 1975 年 5 月 1 日結束這一傭金制度。在舊的制度下，華爾街的經紀公司幾乎不必競爭，當然也沒有必要進行創新。而現在傭金可以商討了，於是價格和服務的重要性就提高了。技術加速了這一過程，規模小、成本高的經紀人出現虧損，那些能夠提供更好服務和更低價格的公司則獲益。自美國證券交易委員會改變規則以來的 10 年間，勇於創新的公司變得越來越大，而那些因循守舊的公司最終以倒閉收場。

這一變化改變了華爾街的文化。在我 1972 年加入雷曼兄弟時，公司雇用了 550 人。我離開雷曼兄弟時，西爾森・雷曼

兄弟有 20000 人（雷曼兄弟在 2008 年倒閉時有 30000 人）。不是每個人都喜歡成為大型公司的一部分。在大公司工作，職員會失去彼此認識的親密感，也感覺不到是在為一個整體連貫的實體工作，他們會從靈活團隊的一員變為龐大的官僚機構的一部分。我剛入職雷曼兄弟的時候，劉易斯‧格盧克斯曼遇到了我，他因為我坐得不直對我大喊大叫。但隨後，別人告訴他我是有潛力的，他便給我安排了工作。在一家 550 名員工的公司裡，這是有可能發生的。但如果公司有 20000 人，管理者發現優秀年輕人的難度就會大大增加。20 世紀 70 年代早期，在雷曼兄弟，職員中有來自中央情報局和軍隊等各種不同領域的人，他們在工作中學習金融。他們為我們的工作帶來了廣泛的技能、觀點和聯繫。但到了 20 世紀 80 年代中期，各個銀行都在招聘大量的 MBA，他們入職後便可以立刻開展工作。

我和彼得相信，大型企業的文化變化會導致優秀人才和偉大創意的流失。如果這些人才與我們類似，那麼他們會另尋出路。我們要為接受這樣的人才做好準備。

---

關於公司的名字，我們冥思苦想了好幾個月。我喜歡「彼得森和施瓦茨曼」(Peterson and Schwarzman) 這個公司名，但是彼得已經把自己的名字放到其他幾家企業了，他不想再用了。

他更喜歡中立的名字，這樣如果我們增加新的合作夥伴，就不用討論加名字的問題了。一些律所的信箋上會有 5 個人名，我們覺得這種叫法非常蠢笨，因此不想這樣。我向自己認識的所有人徵求意見。彼得的妻子瓊啟發了我們：「我剛開始創業的時候，也是想不出名字。最後就自己給節目起了一個名字，叫『芝麻街』。這個名字太俗了。但現在這個節目遍佈全球 180 個國家。如果創業失敗，也沒有人會記得你的名字。如果成功，那麼人人都會知道。所以就選擇一個名字，一直用下去，然後大獲成功後使之名滿天下。」

艾倫的繼父為我們想了一個名字。他是空軍的首席拉比、塔木德學者。他建議借用我們兩個人名字的英文譯法。在德語裡，施瓦茨（Schwarz）是黑色的意思。彼得的父親的原希臘名是「Petropoulos」，「Petros」意為石頭或岩石。我們的公司名可以是 Blackstone（黑石）或 Blackrock（黑岩）。我更喜歡「黑石」，彼得也願意用這個名字。

經過了幾個月的討論，我們確定了公司的名字並制訂了公司發展計劃，我們要打造一家獨特的公司，其中包含三大業務板塊：併購、收購和新業務線。我們的文化將吸引最優秀的人才，為我們的客戶提供非凡的價值。我們在合適的時間進入市場，有着巨大的發展潛力。

我們各自出資 20 萬美元。這筆資金足以讓我們開始營業，但我們還是得節儉持家、精打細算。我們在大中央車站北面的

公園大道 375 號西格拉姆大廈租了 3000 平方英尺的辦公室。這個大廈開放現代，很有設計感，由現代主義建築師路德維希‧密斯‧凡‧德‧羅 (Ludwig Mies van der Rohe) 設計。辦公室位於市中心，遠離華爾街，但靠近許多公司的辦公室，也和四季酒店在同一棟樓內。四季酒店是一個很有名的社交地點。1979 年，《君子》(*Esquire*) 雜誌將其描述為「權力午餐」的誕生地。彼得可以很輕鬆地跟很多公司聯繫人聯絡。如果我在金融公司建築分析的商學院論文中談到我們自己的公司，那麼我會特別提到，我們對外展示的形象是渴望聲望。

我們買了一些傢具，聘請了一位秘書，並分配了我們的角色。彼得曾兩次擔任 CEO，他表示自己不想再操心企業的經營了。他讓我擔任 CEO，兼任公司總裁。我上任做的第一件事就是設計公司的徽標和我們的名片。我聘請了一家設計公司，讓他們提出各種各樣的方案，花了大量時間仔細研究。我們當初的設計一直使用到現在：黑色和白色，簡約、乾淨、體面。當時，我們沒有錢，也沒有時間，但我覺得花時間和金錢來設計合適的徽標是一件非常值得的事。在進行自我展示的時候，公司的整體形象一定要協調、有整體感，給對方線索，讓對方了解到你是誰。如果美感出現問題，一切就都變得虛無縹緲。我們的名片是打造公司形象的第一步。

1985 年 10 月 29 日，在我們在梅菲爾吃了 6 個月的早餐之後，我們在《紐約時報》上發了一整頁廣告，向全世界宣佈：

# 我們高興地宣佈
## 私募投資銀行公司
# **黑石集團**
## 正式成立

彼得 · 彼得森，主席

史蒂芬 · A. 施瓦茨曼，總裁

10152，紐約公園大道 375 號

（212）486-8500

# 2

## 保持開放思維，抓住罕見機會

　　為了推動業務發展，我們給每個認識的人寫信介紹我們的新公司。在發出的 400 多封熱情洋溢的信中，我們介紹了自己的業績記錄，回憶了我們共同完成的業務；我們列舉了公司的計劃，表示希望對方跟我們合作。然後我們開始等待。我的預期是電話會響個不停。但結果只有幾個電話打進來，還都是為了恭喜我們，祝我們好運。

　　「給我們點兒生意好嗎？」我問。

　　「現在還不行，但將來我們會考慮你。」

　　在我們的廣告出現在《紐約時報》的第二天，我聽到敲門聲，打開門，發現外面站着一個穿着皮褲和黑色電單車夾克的男人，戴了一頂帶尖頭的皮革電單車帽子。我們本來在等熟悉的併購客戶，可出現的卻是類似《飛車黨》電影裡的幫派頭目。

「這裡有個叫史蒂芬・施瓦茨曼的嗎？」他說。

「你送甚麼的？」我問。

「我不是來送東西的。我叫薩姆・澤爾（Sam Zell）。利亞說我應該見見你。」1979 年，我們在雷曼兄弟聘請了利亞・澤爾（Leah Zell）。她畢業於哈佛大學的英語專業，剛剛獲得博士學位。我跟她聊了幾分鐘，就發現她的思維異於常人。她對金融一無所知，但我決定給她一個機會。她後來成長為一位非常出色的分析師。這個騎電單車的人是她的兄弟。

「為甚麼穿成這樣？」我說。

「我騎電單車來的，把它停在了樓下。」

「樓下的哪個地方？」

「鎖在公園大道上了，」他說，「消防栓上。」

公司營業的第一天。真是前途無量，我想。

當他看到我西裝革履地坐在空蕩蕩的辦公室，電話悄然無聲的時候，他肯定和我有着一樣的想法。「抱歉，我們今天剛搬過來，還沒甚麼傢具。」

「沒關係。」薩姆說。他坐在地板上，靠着牆，對面是還沒有鋪開的地毯。他開始介紹自己的情況：他有一些房產，想收購一些公司，但對金融知之甚少。「不如你來教教我。」他說。

之後，我發現人不可貌相。薩姆所謂的「有一些房產」，足以打造美國最大的房地產投資組合。那天他告訴我，他收購了一些破產的房地產企業，想建立一個帝國。我們坐在地板上聊

了兩個半小時。之後的幾年，我們共同開展了大量業務。這個曾經的不速之客成了黑石寶貴的客戶，他的價值超過了我們創業早期預計會來洽談生意卻從未出現的所有潛在客戶的價值。

為了配合我們新公司的問世，《華爾街日報》計劃發表一篇介紹我們新公司的重要頭版文章，這個報道會對我們的新業務產生巨大的推動作用。文章發表前一天，記者給我打電話，說主編準備斃了這篇稿子，他向我道歉說：「西爾森的人聽說我們要發表這篇文章，他們打電話過來說由於許多不好的原因，你是被原公司解聘的。根據西爾森為我們提供的背景資料，你的人品不好，因此，我們覺得這篇文章還是不能發。」

我早應該想到自己的創業會讓西爾森不爽。我一度想離開雷曼兄弟，因為公司裡存在各種歪風邪氣——貪婪怯弱、苟且偷安、追名逐利、爾虞我詐。這次對我們出手再次驗證了其道德品質的低劣。我坐在空蕩蕩的辦公室裡，還沒拆封的辦公設備散落一地。人的報復心為甚麼這麼強？

雖然遇到了挫折，但我們依然信心滿滿，我們的聲譽、經驗和數百封信可以帶來大量業務。但幾週過去了，仍然一無所獲。彼得配了一位拿工資的秘書，我則需要親自打電話、去前台收快遞。我每天都環顧四周，看着我們租來的辦公室，感覺好像在盯着一個沙漏，時間和金錢在慢慢流逝，生意卻一筆也沒有。不久前，客戶還爭先恐後地找我們。雖然彼得和我並沒有甚麼改變，但自從我們自立門戶後，再沒有人在意我們了。

隨着時間的推移，我開始擔心我們只是另一個失敗的初創公司。

最後，我們在雷曼兄弟合作過的製藥公司 SBN 請我們做諮詢，費用是 5 萬美元。上份工作中，5 萬美元還不夠支付一筆交易的法律費用，現在卻成為公司的救命錢。後來，又來了一單小生意，是中西部的一家中型鋼鐵公司美國軋鋼公司（Armco），也是雷曼兄弟的客戶。我們的收入可以支付租金和其他基本費用，但這只能基本維持公司運轉。這是 1986 年的初夏，公司經營的第 9 個月，彼得沒有在公司，我的家人在海邊度假，我獨自一人在曼哈頓，做着兩項微不足道的工作。

一天晚上，悶熱異常，我獨自一人去了列克星敦大道，在一家 20 世紀 30 年代風格的日本餐館的二層吃飯。坐定之後，我突然感到一陣眩暈，好像整個身體都要垮了。我覺得自己各個方面都失敗了，自怨自艾的情緒將我淹沒。華爾街的人最喜歡幸災樂禍，他們最大的愛好是觀賞他人的失敗。我和彼得曾經在雷曼兄弟大權在握，對創業成功深信不疑，我們的失敗會讓很多人感到高興。我不能允許這樣的事情發生。我不能失敗，因此，必須找到一種成功的方法。

———————

我體悟到一個實實在在的道理：無論我們之前取得了甚麼成就，現在，我們都是一家初創企業。我已經深深體會到創業

維艱，而我尚未體驗到的是，所有煩瑣龐雜的工作，我用鉛筆和滑尺建立自己的金融模型所耗費的職業生涯，我從同事那裡學到的所有與金融有關的知識和技能，都即將顯現其寶貴價值。

在日本餐廳孤獨地吃過那次晚飯後不久，大型鐵路公司 CSX 的 CEO 海斯·沃特金斯（Hayes Watkins）給我們打來電話。1978 年，我主導了 CSX 旗下一家報紙公司的出售。標準的出售模式是英式拍賣，也就是在拍賣行見到的那種拍賣，投標人依次舉手，逐漸增加他們的報價，直到出價第二高的人退出。要贏得拍品，只需要比其他投標人多出 1 美元就可以。此類拍賣的問題在於無法確定獲勝者願意支付的費用。有人可能以 5000 萬美元購買梵高的畫作，但如果存在另一個競標者，價格就可能會被推高到 7500 萬美元。

在 CSX 報紙公司的競拍中，我安排了兩輪密封拍賣。每一輪拍賣中，投標人會把自己的報價放在一個密封的信封中，提交給我們。他們不知道其他人的報價。第一輪拍賣會淘汰掉出價太低的投標人，他們也只是試探而已。而認真的買家可以在審查目標公司的財務狀況、拜訪公司的管理層之後，再提交另一份密封投標。這種拍賣的神奇之處在於，如果買家迫切希望獲得這筆資產，他們就不會嘗試只比其他人多出 1 美元，而是會提出自己能夠承受的最高價格，確保能夠獲勝。在我採取密封拍賣的時候，這一做法在併購界還鮮為人知，而現在已經成為標準操作。沃特金斯表示，他對我的印象就是善於創新，

可以解決別人難以解決的難題。

「我們有一個項目，」沃特金斯説，「才剛剛開始，也許你們可以參加。」也許我們可以參加？我們每天無所事事，擔心公司會倒閉。但我知道，如果情況很簡單，他就不會來找我們，因為很多其他的諮詢公司都可以提供相應的幫助。顯然，沃特金斯遇到了一個難題，需要一個創造性的解決方案。我開始在投行工作，後來自己做投資，在這個過程中，我發現問題越難，競爭就越有限。如果問題很簡單，那麼願意幫忙解決的人總會很多。但如果問題很棘手，大家都避之唯恐不及。可以解決此類問題的人非常罕見。有難題的人會找你，出大價錢讓你解決問題。為人所不為，為人所不能，以此建立自己的聲譽。對於兩個試圖尋求突破的企業家來説，解決困難問題將成為自我證明的最佳方式。

CSX 公司希望把業務版圖擴展到遠洋運輸，他們想收購集裝箱公司海陸聯運公司（Sea-Land Corporation），並以友好的姿態提出了一個慷慨的報價。海陸公司的管理層很想接受，但他們要聽從於強硬的德克薩斯州投資者哈羅德·西蒙斯（Harold Simmons）。西蒙斯對擁有海陸公司本來是興趣索然，但他一直在買入股票，目的是在等到外部收購的時候，可以控制收購節奏，直到拿到自己想要的價格。他待價而沽，直到收購方超額支付，他才會同意出售。金融業稱這種做法為「綠票訛詐」。

CSX 公司的初始報價是 6.55 億美元，這個報價非常合理。

如果是在雷曼兄弟，那麼我會有一整支團隊來協助我做這樣規模的交易，而現在我必須獨自上場。西蒙斯持有海陸公司 39% 的股份。我們無法強迫他出售，但按照 CSX 的報價，西蒙斯也可以獲得相當可觀的利潤。儘管如此，他還是處於居高臨下的位置，可以堅持不鬆口，獲得更高的報價。我給他打了電話，分析了按照現在的報價，他能賺多少錢。時至今日，我還能回想起他的德克薩斯口音：「施瓦茨曼先生，我已經跟你說了很多次了。我的股份不賣，我不賣！」我必須想方設法說服他，最終我決定帶着我們的律師飛去德克薩斯州找他。

西蒙斯瘦高個，臉上有麻點。他 50 多歲，但非常顯老。他的辦公室完全不能體現他客觀的身價。其辦公室位於休斯敦郊外的一幢廉價建築內，內牆上貼着裝飾木板，表面都已經脫落了。

「我們真心誠意地想要收購這家企業，你卻在那裡當攔路虎。」我說，「我們希望你能換一換思路，挪一挪地方。我們想買你的股票，也告訴了你，我們會提供溢價。」

「我知道你想要甚麼，」他說，「我都告訴你了，我的股票不賣。」

「我想到了你會這麼說，」我說，「所以，針對不想參與我們要約收購的股東，我還準備提供一個特殊的安排。」他是唯一一個不想參與的股東。「如果你不想要現金，我可以用定向增發來代替，給你 PIK（實物支付，即非現金）優先股，沒有到期日。」

　　這個方案意味着他可以拿現金，不然我們就會把他的資產變成嚴重的債務。如果他想把 CSX 當作抵押品，我還是會採取同樣的做法，我會使用要約收購，強制進行合併，把他踢出局。他的優先股不能在任何交易所交易，所以無法輕易賣出。從公司資本結構的角度看，這些股票在公司債務中也是次級債務，如果出現任何問題，他就得等到債權人獲得賠償後才能拿到錢。然而由於沒有到期日，他甚至都沒有機會兌換自己的股票，因為這些股票永遠不會到期。他別無選擇，只能在未來無限期地持有股票，支付越來越多的稅費。這個方案非常不厚道，極不尋常。

　　西蒙斯看着我，然後看着他的律師。「他們可以這樣做嗎？」西蒙斯問道。

　　「嗯嗯，」律師點頭，「他們可以。」

　　西蒙斯轉向我：「快從我的辦公室滾出去！」我和我的律師走了出去，上了車，然後開車回機場。我用休息室的付費電話給我的秘書打電話，得知西蒙斯剛剛打電話告訴我他要賣掉自己的股票。

　　如果任務簡單，它就肯定不會找到我們。要找出西蒙斯的弱點，就需要創造力和心靈洞察力，拿着 CSX 問題的解決方案與西蒙斯抗衡，則需要勇氣。對我們來說，這項任務是一個突破。這是我們諮詢業務的第一筆大額費用，也奠定了黑石「併購專家」的名聲。

交易結束後，海斯告訴我他請所羅門兄弟公司對他們支付的價格提出公允意見。自從赫爾曼・卡恩的任務後，我在雷曼兄弟曾寫過十幾份公允意見書。我告訴海斯他不需要所羅門，我們可以做。我了解海陸公司和 CSX 的情況，因為我剛剛完成了這筆交易。海斯同意了，我甚至免除了這筆費用。但自此，黑石成為第一家撰寫公允意見書的大型特色諮詢公司。

————————

.

1986 年秋，公司成立快一週年了，我們認為是時候開始籌集我們的第一個併購基金了。我們需要說服投資者，讓我們用他們的錢進行併購，對併購企業進行完善，然後賣出。幾年後，我們會把他們的本金和巨額利潤一併還給他們。這是我們的商業計劃的第二步：從提供諮詢和交易服務到更複雜的投資業務，我們希望投資更具持久性和營利性。我和彼得都沒有經營管理過這樣的基金，更不用說為這樣的基金籌資了。雖然我們兩個人往往能達成一致，但這次，我們就基金的規模產生了意見分歧。

我認為首隻基金應該募集 10 億美元，成為有史以來最大的首次募股基金。彼得覺得我在做白日夢。「我們從未做過一筆私募交易，」他說，「我們兩個人都沒有為自己籌集過任何投資資金。」

「那又怎樣？」我說，「我熟悉那些做這件事的人。我在雷曼兄弟的時候，他們是我的客戶。我了解情況。」我向彼得保證，如果他們能做到，那麼我們也可以。

「我們還沒有做過交易，你不擔心嗎？」

「我不擔心。」

「我擔心，」彼得說，「我覺得我們應該從一個 5000 萬美元的基金開始，了解私募投資的規律，然後再擴大規模。」

我告訴彼得我不同意，有兩個原因。首先，當投資者將資金投入基金時，他們需要知道自己的資金不是唯一的資金。因此，如果要籌集 5000 萬美元的資金，就可能需要以 500 萬—1000 萬美元的量級來籌集資金。如果費盡千辛萬苦，就只是籌集 500 萬—1000 萬美元，反正都是跑了一次，倒不如直接要5000 萬—1 億美元。其次，投資者會希望我們建立一個多元化的投資組合。如果只有 5000 萬美元，我們就必須做一系列小額交易才能實現目標。我們的專長是與大公司合作，因此小額交易毫無意義。彼得仍然很擔心。

「我們甚麼經驗都沒有，為甚麼會有人給我們錢呢？」他問道。

「因為是我們啊，還有時機稍縱即逝。」

初入職場，我就像其他大多數雄心勃勃的年輕人一樣：我相信成功是一條直線。作為嬰兒潮的一代，我在成長過程中，看到的只是發展和機遇。成功似乎是必然的。但是，在經歷了

20 世紀 70 年代和 80 年代初的經濟起伏後，我逐漸明白，成功就是充分利用你無法預測的那些罕見的機會，但抓住這樣機會的前提是你必須時刻保持開放的思維、高度的警覺和嚴陣以待的姿態，並願意接受重大變革。

投資者對槓桿收購交易的需求正在上升，但供應量有限，能夠執行這些交易的人更是鳳毛麟角。對我們兩個擁有特定技能的創業者而言，目前的情況可謂萬事俱備。我們一向領先於傳統思維，多年前，我們無法讓雷曼兄弟的執行委員會對槓桿收購感興趣。現在，如果再不大膽出擊，我們就會錯失良機，其他公司就會捷足先登，吸引急切希望進行買斷交易的資金。到時我們真的會追悔莫及。

「我確信現在是籌集資金的合適時刻，而這一刻可能永遠不會再出現在我們面前。」我告訴彼得，「我們必須抓住機遇。」

作為營銷人員，我學到，僅靠一次推銷是不行的。你對事物存在信念，但並不能保證其他人也這樣。你必須一遍又一遍地推銷你的願景。大多數人不喜歡改變，你必須用你的論點和個人魅力壓倒他們。如果你相信你推銷的東西，對方卻拒絕，你應該假設他們並沒有完全理解，所以你要再給他們一次機會。經過多次討論，彼得以他自己的方式屈服了。

「如果你真的強烈推薦，那我就同意。」

# 3

## 獨闢蹊徑

我們認真推敲提案，並將其做成了發行備忘錄 —— 用於解釋投資條款、風險和目標的法律文件。我們把發行備忘錄發送給近 500 個潛在投資者：養老基金、保險公司、大學捐贈基金、銀行以及其他金融機構和一些富裕的家庭。我們打了電話又發送了跟進信。電話再一次安靜下來。我們犯了一個致命的錯誤，那就是給我們最熟悉的人、最有可能成為我們客戶的人發送了宣傳材料的半成品。他們不能原諒我們的粗疏草率，因此簡單地選擇了拒絕。只有兩家公司約我們見面。美國大都會人壽保險公司（Met Life）承諾投資 5000 萬美元，紐約人壽保險公司（New York Life）承諾投資 2500 萬美元，但前提是他們的投資分別不能超過基金的 10% 和 5%。也就是說，我們至少要籌集 5 億美元，不然他們的投資承諾毫無意義。

　　彼得建議我們先等幾週，之後再打電話跟進，完善我們的方案。這次，我聽從了他的勸告。在進行第二輪推介的時候，我們做了更加精細完備的準備，對推銷活動更具信心，並與 18 位潛在投資者安排了會面。

　　衡平保險公司（Equitable Insurance Company）給我們安排了兩次會議，相隔 10 天。當公司打過來電話，約我們第二次見面的時候，我們希望這一安排只是為了簽約。但在第二次會議上，我們在 10 天前見過的人甚至認不出我們。「黑石？」他說。他對我們毫無印象。我們真希望是會議安排錯了，但不是。我和彼得離開的時候，感到沮喪又困惑。我們已經無關緊要到這種地步了嗎？別人甚至不記得我們是誰。

　　達美航空（Delta Airlines）的投資基金同意與我們見面，前提是我們去他們在亞特蘭大的辦公室。我們約的上午 9 點。會面的前一天晚上，彼得出席了在白宮舉行的晚宴。我在亞特蘭大的哈茲菲爾德‧傑克遜機場跟他會合，隨後，兩個人搭車去開會。彼得無論去哪裡都會帶上一個巨大的公文包，現在還帶着一個燕尾服包。下了計程車後，我們距離三角洲大廈還有幾百米。他們的辦公大樓遠離公路，天氣炎熱潮濕，我幫彼得拉着包，當走到大樓的時候，我們兩個人氣喘吁吁，大汗淋漓，衣服都濕透了。

　　秘書沒有把我們帶到行政樓層，而是去了地下二層。那裡的煤渣牆上刷着綠色的漆。我們在小會議室坐下，我和彼得全

身黏膩，衣衫不整，但我們努力端正地坐着。招待我們的人問我們要不要咖啡，彼得説不喝了；他不想在炎熱的夏天再喝一杯熱咖啡。我當時想，我們是在美國南部，應該入鄉隨俗，於是我説：「好。」接待的人走到一個四腿牌桌旁邊，從加熱板上拿起金屬咖啡壺，把咖啡倒在一個棕色杯子裡，連同一塊白色的塑膠杯墊遞給了我：「咖啡是 25 美分。」我翻了翻口袋，找到了一枚 25 美分的硬幣。

我們的目標是從投資人那裡募集 1000 萬美元。公司高管會在研究了我們的材料之後，請我們過來。我們提供的基金也是他們經常投資的類型。我們像往常一樣熱情而誠懇地對項目進行了推介，強調了我們的專業性、擁有的人脈和我們在市場中看到的機會。推介結束後，我問那位剛剛為我倒了一杯咖啡的人：「您對這項投資感興趣嗎？」

「聽起來倒是非常有意思，但達美航空不投資首期基金。」

「你早就知道我們是首期基金，為甚麼還讓我們大老遠飛到亞特蘭大？」

「因為你們都是金融界的知名人士，我們想見見你們。」

我們走的時候，天氣比到達時還要悶熱潮濕。我們拉着行李，向公路走去。走到一半，彼得看着我説：「如果下次你再這樣讓我碰釘子，我就殺了你。」

拒絕是可怕的，它會讓人羞愧難當。挫折似乎無窮無盡。我們遇到過騙子，也曾經跨越整個美國去赴約卻沒有等到對

方，也遭到過與我們關係很好的權威人士的拒絕。在苦苦掙扎中，彼得與我交流溝通。他不是一個歷經失敗的人，他痛恨失敗。與此同時，他已經60歲了，和我處於人生的不同階段，心態不一樣。我有動力和熱情，他有耐心和平靜。他能穩定我的情緒，幫助我繼續前進。他鼓勵我，如果你相信自己的選擇是正確的，那麼無論任務多麼困難，道路多麼曲折，即使你感到絕望，也必須繼續前進。的確，我們的遭遇幾乎讓我感到山窮水盡，我們的事業幾乎讓我深感挫敗無望，我幾乎看不到前面的路。但我絕不能回頭，我必須勇往直前，百折不回！

彼得來自一個移民家庭。他的父母從希臘來到美國，在內布拉斯加州的科爾尼開了一家餐館，彼得小時候就在餐廳打工。後來，他考上了大學，讀了研究生，他頭腦聰明，很擅長與人打交道，因此進入商界。他能理解我的心路歷程、我對創業成功的執念。他也曾經經歷過這一切，只是我們經歷的時間不同。

「山高路遠，」每次會見前他都會告訴我，「我們要開山闢路。」然後事情搞砸了，我們再去見下一個投資者，然後再被拒絕。

6個月以來，我們已經拜訪了每一個願意見我們的潛在客戶，但除了紐約人壽和大都會人壽最初的投資承諾外，我們還沒有募集到1美元。在拜訪保誠（Prudential）的時候，我們已經幾乎跑遍了選擇的18家目標公司。保誠是槓桿收購的頭號金融家，是金本位。在這家公司裡我們沒有熟人，所以我們選擇最後拜訪這家公司，而且那個時候，我們的推介材料應該已

經完善得差不多了。保誠集團副董事長兼首席投資官加內特·基思（Garnett Keith）邀請我們在新澤西州紐瓦克共進午餐。

　　加內特吃的是金槍魚白麵包三文治，他把三文治切成了 4 塊。我開始介紹的時候，加內特咬了第一口。在我說話的時候，他會咬掉一些麵包，咀嚼，吞嚥，一言不發。他的下巴會動，喉結也上下移動。在他吃了 3/4 的時候，我的推介做完了。加內特把最後一塊三文治放下，嘴巴不嚼了。他說：「這很有意思，我出 1 個億。」

　　他的語調如此隨意，完全出乎我的意料。為了這 1 億美元，我願意在法律允許的範圍內做任何事。這是一個偉大的範例，如果保誠認為在我們公司投資是個好主意，那麼其他公司也會紛紛效仿。我想伸手抓住最後一塊三文治，以確保加內特不會噎到。

　　我們終於揚帆起航了。

---

　　拿到保誠的出資承諾後，彼得前往日本，作為發言嘉賓出席聚集了日本企業和機構的下田會議 ①。他建議我們在此期間開展一

---

① 下田會議（此前名為日美會議），美國和日本代表之間展開的一系列非官方對話，最初始於 1967 年，每 2—4 年舉行一次，一直持續到 1994 年。——譯者注

點募資活動。1987 年，日本的工業公司購買了大量美國資產。我們認為，日本的券商會緊隨其後，尋找美國資本市場的機會。

　　日本有四大券商：野村證券、日興證券、大和證券和山一證券。我們和這些券商沒有任何關係，需要有人引薦。於是，我去找了第一波士頓的兩位頂級投資銀行家布魯斯‧瓦瑟斯坦和喬‧佩瑞拉（Joe Perella），他們在日本有極佳的人脈關係。我和喬是哈佛商學院的同學，一直是朋友。我和布魯斯經常在做交易的時候遇到，週末會在漢普頓一起打網球。他們為我引薦了一位他們公司中了解日本市場的銀行高級職員。

　　但是當我向這位職員提出我的計劃時，他告訴我沒有必要去向日本券商推介，因為他們從未投資過我們這種類型的基金。我請他試試，他拒絕了。當我威脅要他的老闆炒掉他時，他才安排我與野村證券和日興證券會面，日興證券當時正在紐約開設辦事處。日興證券的日本員工幾乎不說英語，他們看起來很迷茫，對美國公司或投資一無所知。我問他們在美國開展了哪些工作。他們告訴我說，他們希望做一些併購。我盡可能禮貌地告訴他們，如果他們英語說不利索，就沒有機會成功完成美國的併購任務。當時，我就冒出這樣一個想法：為甚麼不組建合資企業呢？他們可以將日本公司帶到美國，黑石可以與他們合作。如果他們還投資了我們的第一隻基金的話，雙方就可以把收入五五分成。

　　這種創造性合作方式可以滿足雙方的需求 —— 我們的基金

需要資金，而他們需要開拓併購業務。處於困境中的人往往只專注於他們自己的問題，而使自己脫困的途徑通常在於解決別人的問題。我們不僅關注自己的需求，還關注了日興證券的需求，因此有可能找到能解決雙方問題的方案。

「按照現在的這種情況，」我告訴他們，「你們開展併購業務絕對不會成功，所以也就沒有任何利潤可言。但是，我可以幫助你成功，唯一的要求就是你們要投資我們的基金，這就是我所關心的。通過這筆投資你們會賺到很多錢，但對你們來說，重要的不是這筆投資，而是我能為你們做的事情。」他們基本上認同了這個想法，我們約定在日本見面。

一週之後，我、彼得還有一名來自第一波士頓的代表一起去了日興證券東京總部拜訪了負責國際業務的神崎康夫。黑石將與日興證券合作，為來到美國尋找收購的日本客戶提供服務，這一前景令他高興。他說：「我知道只靠我們自己的人，是永遠不會在美國取得成功的。」我對他的信任表示感謝，並告訴他，除合資企業外，我們還希望他投資我們的基金。我解釋了我們的投資策略，並強調，我知道我的推介異乎尋常。

「我會和執行委員會的同事們溝通。我只有一個請求，在我們做出決定之前，你們不要去拜訪野村證券。」野村證券是他們的主要競爭對手，是日本最大的券商。日興證券排名第二，但與野村證券差距很大。我們同意了。第二天，我和彼得早早起床，參加其他會議。我們兩個人都在倒時差，在車後座

上迷迷糊糊地睡着了。車停下來，我也醒了過來，看到車窗外大樓上的標誌：野村證券。

「我們來這做甚麼？」我對代表說，「我們昨天不是告訴你不能去野村證券嗎？」

「日程裡有這個安排。」他說。

「那現在告訴我們怎麼處理這個情況。我們向日興證券承諾了不會見野村證券。我們不能言而無信。」

「但你們不能辱沒野村證券。他們是日本最重要的券商。你約見的是國際業務的執行副總裁，跟日興證券那個人的職務一樣。」

「我們不能這樣，」我說，「現在有甚麼選擇？」

「第一個選擇是取消會面，但這樣做非常糟糕，後果堪憂。第二個選擇是去野村證券，但不說是開會，然後希望日興證券不會發現。你也不要推介任何業務，只是進行單純禮節性的拜訪。第三個選擇就是去參會、做推介。」

這三個選項似乎都不太好。我們不能再猶豫不決了。「必須給日興證券的人打電話解釋情況，聽聽他怎麼建議。我們不了解日本的做事習慣，也不想冒犯他。」我告訴彼得，他同意了。我們車上有一個巨大的車載電話，我們兩個人都得把耳朵靠近電話才能聽清，兩個人幾乎臉貼臉、嘴對嘴。彼得給神崎康夫打了電話。我們解釋說，我們無意中已經來到了野村證券的門口。神崎康夫在電話那邊發出嘶嘶的聲音——日本人在不滿意的時候，會從牙縫裡倒吸涼氣。

「你們現在在野村證券嗎？」

「安排有誤，」我説，「我們很抱歉，現在還沒有進去，所以我們想徵求您的意見。我們應該怎麼做？我們應該取消預約嗎？還是非正式地見個面？我們不想做任何冒犯您的事。」

「好，」神崎説，「日興證券對你們的基金非常感興趣。你們要多少錢？」

彼得捂住電話，低聲説：「5000 萬？」

「1 億。」我低聲説，「保誠集團就給我們這麼多。」

「我們考慮的是 1 億美元。」彼得對神崎説。

「好的，沒問題。1 億美元。就這麼定了。現在你可以去野村證券，非正式地拜訪一下。」在彼得掛斷電話後，我向彼得低聲説道：「剛才該要 1.5 個億。」彼得在我 60 歲生日的時候回憶起這件事，他認為，我的特質之一就是「總是設定高遠且不斷增長的目標，以至在目標達成時，連自己都不敢相信對方肯定的回答」。

在野村證券的接待處，我們表示要見野村證券國際投資負責人。前台的人不會説英語，所以我們的溝通有點障礙。最後，他們找到了一個會説英語的人。

在他們找到會説英語的人之前，情況十分混亂，大家都搞不清狀況。「我很抱歉，」他説，「這裡不是野村證券的總部，您現在是在我們的營業部。」

在日本，遲到是一件非常不禮貌的事情。而在這次我們不

想參加的非正式會面中，我們遲到了半個小時。我們趕到野村證券總部，說明要見國際投資負責人，並表示道歉。

　　15 分鐘過去了，負責人還是沒有出現，這非常不符合日本人的處事風格。最後，終於有人來了。「我很抱歉，」他說，「負責人今天沒在東京，我們的會面安排肯定是出錯了。我是總經理，雖然我人微言輕，但我可以接待您這次禮節性的拜訪。」於是，我們就順水推舟，對野村證券進行了禮節性的非正式的拜訪。在此期間，我的腦海裡全是我們剛從日興證券拿到的 1 億美元。

　　日興證券的出資承諾改變了我們的命運。它是三菱集團的投資銀行，而三菱集團是日本最大的財閥（即關聯公司家族）。一旦日興證券表示同意，財閥中的所有其他公司也會紛紛表示同意。就這樣我們所有的推介對象都同意出資。我愛日本。前幾個月我們被各種機構拒絕，而現在，銷售情況一發不可收拾。當我們坐飛機回美國的時候，我們的基金募集金額已經增加了 3.25 億美元。我們帶着好運回家了。

　　幾個月來，我一直在給通用汽車（General Motors）的養老基金做推介。通用汽車的養老基金是美國當時最大的養老基金。我對該基金進行了 5 次推介，每次面對的都是不同的人，但我每次通過不同的方式得到的答案都是一樣的：我們缺乏業績記錄。後來，第一波士頓的一位合夥人把我介紹給通用汽車房地產部門的湯姆·多布羅夫斯基（Tom Dobrowski），他們兩

個是在教會認識的。

　　當我見到湯姆時，他戴着主日學校的獎章。成年人還戴着這樣的獎章，這讓我覺得有點奇怪。但第一波士頓同事的推薦沒錯，湯姆很聰明，我們一拍即合。在聽了我和彼得的推介演講之後，他説：「哎呀，真的很有意思。也許我們應該和你們一起做點兒甚麼。」於是通用汽車投資了 1 億美元。

　　從此，我們一路通暢，好像沿途所有的信號燈都從紅色變為綠色。我打電話給老朋友通用電氣 CEO 傑克·韋爾奇。

　　「你們不知道自己在做甚麼，對不對？」傑克説。

　　「是不知道，」我説，「但做事的人是我們 —— 我們一如往常。」

　　「好，好，好。我愛你們。聽着，我給你 3500 萬美元。為甚麼？因為你們很棒，你們倆都很棒。這樣的話，你可以利用通用電氣的名聲拿到其他人的投資。我們也可以開展一些業務，賺得再多我也不會感到驚訝。」

　　在募資金額接近 8 億美元的時候，我們把所有的潛在客戶幾乎都拜訪了一遍。我希望募集到 10 億美元。但自從我們發出最初的募集備忘錄到現在，一年的時間已經過去了。這一年感覺像是《寶琳歷險記》[①]，接二連三地經歷讓人心驚肉跳的事

---

[①]《寶琳歷險記》，美國 1947 年拍攝的電影，講述了活潑的製衣女工帕爾·懷特偶然成為舞台劇演員，並暗戀上劇院經理和主演邁克爾·法林頓的故事。——譯者注

件。我們經歷了遭人拒絕、悲觀失望和心如死灰，最終，我們還是頑強地挺了過來。

　　金融界有一種說法：時間會對所有交易產生負面影響。等待的時間越長，越有可能出現意料之外的棘手事件。我討厭拖泥帶水，喜歡速戰速決。即使任務不緊急，我也希望盡快完成任務，以避免因為延遲而帶來不必要的風險。在創立基金這個問題上，我沿襲了我的一貫作風。到 1987 年 9 月，股市創下歷史新高，如果股市轉向，投資人承諾給我們的資金就有可能被套牢，這是我們不想面對的。於是，我們決定盡快關閉基金。而此時，急需做的就是要盡快明確關閉基金的法律細節，由各投資人簽署協議文件。

　　我們共有 33 位投資者，每個投資者都有一個律師團隊，每位律師都希望一切妥當無誤。這就像在 33 個國家同時打 33 場比賽一樣，緊張忙碌的程度可想而知。但是我們拚盡全力，終於在 10 月 15 日星期四之前把所有的協議都簽字蓋章完畢。我們唯一的經理卡羅琳・詹姆斯 (Caroline James) 負責簽約工作，在協議簽署工作完成後不久，她就離開了公司，後來成了一名心理治療師。僅僅是跟我一起處理簽約工作的這個經歷，就為她提供了取之不盡的心理治療案例資料。

　　過完週末，我在 10 月 19 日星期一早上到達辦公室，我們的基金關閉了，投資的錢都拿到了。那一天，道瓊斯指數下跌了 508 點，這是股市歷史上最大的單日跌幅，比引發大蕭條的

那次暴跌更為嚴重。如果再拖延一兩天的時間來關閉基金，我們就會陷入黑色星期一的股市下跌期，投資人的錢可能已經沒了，我們所有的努力都可能付之東流。我們的緊迫感和高效率拯救了自己。此後，我們準備開始投資了。

# 4

## 不要錯過良機

　　我們的首次槓桿收購交易就是我們理想的那種類型：規模巨大，情況複雜，既富有挑戰性，又有可能帶來優厚收益。這種棘手的情況需要一個傳統智慧無法解決的獨創方案。因為我們基金的規模不是業界最大的，我們的業績也不是最好的，所以我們需要尋找最難解決的問題作為目標，並且這樣的問題，必須只有我們才能提供推進的方法。USX 始於美國鋼鐵公司 (U.S. Steel)。美國鋼鐵公司於 1901 年由約翰・皮爾龐特・摩根 (J. P. Morgan) 創建，當時他從安德魯・卡內基 (Andrew Carnegie) 及其合夥人亨利・克萊・弗里克 (Henry Clay Frick) 等人手中購買了卡內基鋼鐵公司 (Carnegie Steel)，創下當時歷史上最大的槓桿收購紀錄。到 1987 年，距離美國鋼鐵公司成為美國標誌性企業品牌已有 75 年。由於鋼鐵生產很容易受到

大宗商品價格急劇上漲或下跌及客戶需求波動的影響,所以美國鋼鐵公司採取了多元化發展策略,在能源行業進行投資,收購了馬拉松石油公司 (Marathon Oil),並將其更名為 USX。但 USX 的棘手問題層出不窮,特別是勞工罷工使其工廠幾乎陷入癱瘓。與此同時,一名類似哈羅德‧西蒙斯的企業狙擊手卡爾‧伊坎 (Carl Icahn) 大量買入公司股票,其所持份額足以搶奪投票代理權或進行惡意收購競價。他要求公司做出改變來提振股價,而公司的管理層寧願付錢給他,也不願意讓他如願以償。為了籌集應對綠票訛詐所需的資金,USX 計劃剝離部分運輸業務 (即用來運輸原材料和成品鋼鐵的鐵路和駁船),組建一家獨立的公司。這也就是我們準備收購的這一部分。

在黑石創立之初,我和彼得就達成了一致意見:公司永遠不會進行惡意交易。我們認為,企業是由值得尊重的人組成的。作為收購方,如果一味地大幅削減成本,不斷從企業抽取資金,直到企業破產,那麼你會傷害到員工、他們的家庭和所在的社區。你的聲譽也會受損,體面的投資者會對你嗤之以鼻,並避之唯恐不及。但是如果你投入資金以改善所收購的公司,那麼公司的日益強大不僅會使員工受益,也會讓你的聲譽得到提升,這些將會給你帶來更高的長期回報。我們把這一理念稱為「惡意環境中的友好交易」,還把這句話放在了《華爾街日報》的廣告中。現在,USX 要測試我們的理念了。

如果卡爾‧伊坎沒有出現,USX 也就不會設法出售其運

輸系統。這一運輸網絡對 USX 至關重要，它包括北美五大湖的貨輪、到美國南方的駁船，還有遍佈美國的鐵路，正是依靠這一系統，鐵礦石、煤炭和焦炭才能被源源不斷地運到 USX 的工廠，成品鋼產品也得以運送給客戶。USX 希望從運輸業務的剝離中獲得資金，卻又擔心失去該業務的控制權。

在我們看來，這一運輸系統是非常不錯的資產，不過是由於鋼鐵工人罷工，鐵路和駁船出現閒置，運輸業務的收入為零，一時處於艱難的境地罷了。我們認為，罷工問題最終會得到解決，火車和航運仍將重新獲得巨額利潤。如果 USX 信任我們，知道我們會尊重他們的訴求，這筆對雙方都有好處的交易就更容易達成。因此，建立信任將是交易談判的關鍵所在。

這筆交易的信息是剛剛加入黑石擔任副董事長的羅傑·阿特曼（Roger Altman）帶給我們的。他曾在雷曼兄弟擔任投行業務聯席主管，後來擔任卡特總統領導下的美國財政部助理部長（後來，他離開了黑石，在克林頓總統政府時期，擔任財政部副部長）。我、彼得和羅傑一同前往位於匹茲堡的 USX 總部。我們此行的主要目的是讓 USX 公司的高層相信我們可以成為優秀的合作夥伴，我們不是卡爾·伊坎，我們是友好的買家。當然，口說無憑，我們還需要通過交易的條款證明我們值得信賴。

我們提議建立合作夥伴關係，我們將收購 51% 的運輸業務，而 USX 將保留其餘 49%。出售運輸公司超過 50% 的權益，USX 便無須對企業的債務負責，這樣會大大提高其資產負債表

的健康狀況，提升公司股票價值。但他們要求我們向其保證，他們仍然可以保留對這一基礎運輸網絡的控制權。於是我們提議成立一個五人董事會，雙方各出兩名董事，外加一名雙方一致同意的仲裁員。仲裁員將出席所有董事會會議，也可以在投票出現平局時投出關鍵一票。最後，USX 對我們的報價也表示滿意：6.5 億美元。

現在我們必須得籌錢了。雖然我們已經籌集了 8.5 億美元的資金，但我們的目的是使用這筆資金盡可能多地進行交易。我們在每筆交易中動用的自有資金越少，我們可以承擔的交易就越多 —— 而剩餘所需資金可以從銀行借款。我們可以用 8.5 億美元購買價值 8.5 億美元的資產，不承擔任何債務，也可以把這筆錢作為 10% 的首付，購買總價值 85 億美元的資產，其餘資金來自借款。只要我們的借款是審慎負責的，第二種做法就有可能大大提升投資的回報率。而且，從安全的角度考慮，我們也需要進行多元化投資。

我給當時為槓桿收購提供資金的銀行打電話，但是他們的回覆大同小異：「我們不喜歡鋼鐵行業。我們不喜歡罷工。每個鋼鐵企業都逃不過破產的命運。鋼鐵企業沒有成功的希望。所以，我們不會給鋼鐵行業的槓桿收購提供貸款。」而我告訴他們：「你們錯了。」我們深入分析了這個機會，鋼鐵是一種大宗商品，容易受到投入成本、鐵礦石價格、煤炭價格、鎳價格以及市場供需變化的影響。相比之下，鋼材的運輸價格是以成

交量為基礎的,而且州際商務委員會設定了運費標準。向運送的每一噸鋼材提供固定的報酬。一旦鋼鐵行業開始復蘇,即使價格較低,運輸業也會反彈。「不行。」這些銀行紛紛表示,「反正都是鋼鐵企業。」他們仍然無法理解鋼鐵行業與鋼鐵運輸業兩者之間的差異。

不僅是鋼鐵行業本身和罷工事件給銀行亮起了危險信號,我們經驗匱乏這一點也讓銀行退避三舍。只有兩家銀行表現出了微弱的興趣:摩根大通(J. P. Morgan)和美國化學銀行(Chemical Bank)。我想和摩根大通合作——這是美國最負盛名的商業銀行,與它的合作可以提升我們的地位,有利於打造黑石的品牌。此外,摩根大通的創始人是約翰·皮爾龐特·摩根,因此這家銀行是精通鋼鐵行業的,他們從鋼鐵業務中也是賺得盆滿缽盈。因此,當他們有做這筆交易的意願時,我感到極為興奮。但當我聽到他們想要收取異乎尋常的高利率,並且不會拿出自有資金來承銷時,我又大失所望。當銀行向公司發放貸款時,他們通常也會從其他銀行借款,以此來籌集資金。但他們也提供承銷,承諾如果投資者沒有購買全部證券,銀行則會購入剩餘證券。如果銀行拒絕承銷自己客戶的證券,那麼這種優柔的態度通常表明銀行對客戶的交易缺乏信心。

我拒絕接受他們的這一想法。他們表示,有摩根大通參與的交易與由摩根大通承銷的交易,兩者效果是一樣的。我問:「既然這樣,為甚麼不直接承銷呢?這能確保我們拿到錢。」銀

行讓我們不必擔心：「我們可是摩根大通啊。」但是他們的解釋並不成立。顯然，銀行對一些問題有所顧慮，卻沒有直接告訴我們。我又進一步追問，這時他們說：「那就別跟我們合作了，反正對我們來說怎樣都無所謂。摩根大通從不改變自己的做法。我們就是這樣做生意的。」

我不想跟化學銀行合作，它不是我心目中的知名銀行合作夥伴。這家銀行被戲稱為「嘩噱銀行」（Comical Bank），是美國第六大或第七大銀行，一直在全力拚搏，卻從沒有功成名就。但既然摩根大通如此冥頑不靈和居高臨下，我也就別無選擇。和我們一樣，化學銀行從未做過槓桿收購，但它同樣想要完成一次這樣的交易。事實上，這家銀行與摩根大通完全相反，這裡的人充滿熱情和創業精神，秉持開放的態度，善於協作。在我們的第一次會議上，化學銀行的 CEO 沃特．希普利（Walt Shipley）、企業貸款負責人比爾．哈里森（Bill Harrison）和與我年齡相仿的投資銀行家吉米．李（Jimmy Lee）接待了我。他們研究了我們的提案，考察了我們的需求，制訂了一個很好的組合方案——隨着勞工罷工的結束和運輸業務的復蘇，他們計劃收取的利率也會下降。這一做法合情合理。因為，對貸方而言，公司的業務變得越健康，風險越小，這樣一來我們需要支付的利率便會隨之發生變化。他們還承諾自己承銷整筆交易。「我們來承銷，用我們自己的錢。」他們說。

顯然，這是一個理想的結果，但在去見彼得時，我仍然五

味雜陳。一方面，我很喜歡化學銀行的團隊，我喜歡他們的創造力和活力。他們也承諾提供整筆交易的承銷，這意味着我們簽字的那一刻就能拿到所需的全部資金，可謂萬無一失。另一方面，我對摩根大通仍不死心，又給了他們一次機會，讓他們參考化學銀行的方案出價，但他們還是拒絕變通。於是，我死心塌地回到了希普利、哈里森和李身邊，跟這三位被大家叫作「嘩嘍熊」（Comical Bears）的銀行家達成合作。

我們把運輸部門從 USX 集團剝離出來，成立了運輸之星公司（Transtar）。黑石投入了 1340 萬美元的股權，USX 提供了 1.25 億美元的供應商融資，為我們提供資金，讓我們買下運輸部門。化學銀行提供了剩餘所需資金。事實證明，這項交易非同凡響。正如我們預測的那樣，鋼鐵市場實現了復蘇，運輸業務重整旗鼓，我們在運輸之星的投資改善了現金流。在兩年的時間內，我們的投資回報幾乎接近我們股權的 4 倍。2003年，我們把最後一部分企業股權出售了。我們的總投資回報金額是投資金額的 26 倍，年回報率高達 130%。

在接下來的 15 年裡，我們所有的交易幾乎都通過化學銀行融資。雙方的業務實現了共同發展。往昔的「嘩嘍銀行」吞併了漢華實業銀行、第一銀行、大通曼哈頓銀行，最終收購了摩根大通，並沿用了後者的名字。沃特‧希普利擔任大通曼哈頓銀行的 CEO，比爾‧哈里森擔任摩根大通的 CEO，吉米‧李擔任投行業務主管，他們成了我在商界最好的朋友。我們合

作多年，從來沒有賠過一分錢。我和彼得都很高興，這三位「嗶嚕熊」也很高興。我們旗開得勝，開局良好，現在只需要乘勝追擊。

----------

1988 年春，我在報紙上看到，第一波士頓的明星銀行家之一拉里·芬克 (Larry Fink) 從銀行離職了。拉里在只有二十幾歲的時候，就跟其他幾個交易員一起設計了抵押貸款證券化的方法，把抵押貸款打包成為證券，進行類似股票和債券的交易。抵押貸款是全球第二大資產類別，規模僅次於美國國債。抵押貸款支持證券市場快速增長，而第一波士頓的拉里和所羅門兄弟的盧·拉涅利 (Lew Ranieri) 控制了 90% 左右的市場。拉里取得了巨大成功，加入了公司的管理委員會，進入最終擔任 CEO 的職業上升通道，那時，他剛剛 35 歲。我通過我們共同的朋友布魯斯·瓦瑟斯坦認識了他，拉里給我的印象是：直言不諱，頭腦聰明，精力充沛。

在我聽到拉里離職的消息後不久，我們接到了拉爾夫·施洛斯坦 (Ralph Schlosstein) 的電話。拉爾夫之前在雷曼兄弟主管抵押貸款業務，但這一業務體量很小。他告訴我們，他要和拉里一起創業了，問能不能來拜訪一下我們。第二天，他們坐在了我們的會議室裡。拉里看上去十分震驚。

「發生了甚麼事讓你決定離職？」我説，「你可是個天才啊。」

他告訴我説，兩年前，他下注利率會上揚，並根據這一預期開展投資。利率卻出現下降。因此，抵押貸款持有人償還了貸款，希望以較低的利率進行再融資，而這會影響拉里的投資收益。他對自己的下注進行了充分的對沖，即使利率下降（而不是上揚），也能確保投資萬無一失。但負責操控拉里計算機模型的後台辦公室人員犯了一個錯誤，對沖出錯了。拉里根據錯誤的數字進行了計算。他的部門一個季度損失了 1 億美元。這不是他的錯，他不控制後台辦公室。但他承擔了責任，選擇了離開。

我簡直不敢相信。拉里是第一波士頓賺錢最多的人。

「你現在想做甚麼？」我問道。他告訴我，他已經做膩了證券打包和交易業務。他為抵押貸款證券市場的創建做了太多事情，現在他想在這個市場做投資。沒有人比拉里更了解這個市場了。

「聽起來不錯，」我説，「給我們提交一份商業計劃書吧。寫出你需要的。」

幾天後，拉里和拉爾夫回到了黑石。

他們的商業計劃書列舉了他們想要買賣的資產清單、他們需要的人才以及他們可以賺取的利潤。他們想要 500 萬美元，作為啟動資金。

「僅此而已？」我問道。

「僅此而已。我想要從第一波士頓抵押貸款部門挖來 5 個人，我需要付錢給他們。我自己可以不拿一分錢。」他的物質回報來自他在新業務中的股份。

黑石集團當時並沒有任何閒置現金，更不用說幾百萬美元了。我們的收購基金旨在代表投資者對收購交易進行出資，而不是對新業務進行投資。但是第一條新業務線就這樣出現在我們面前，這也符合我們所有的預期：一個絕佳機遇，完美的時間節點，巨大的相關資產類別，全球數一數二的經理人。我們已經做好準備，迎接未知的驚喜，而現在驚喜就在眼前。如果錯失這個機遇，就太愚蠢了。我和彼得決定個人分別出資 250 萬美元，在黑石單獨成立基金，為拉里的新公司提供資金。新公司的名字是黑石金融管理公司，我們將擁有這家公司一半的股權，拉里和他的經理團隊擁有另一半股權。

在拉里和他的團隊加入後不久，我們決定將我們諮詢業務的 20% 的股權出售給日興證券，價格為 1 億美元。這個價格意味着，我們諮詢子公司的估值為 5 億美元，雖然當時公司的收入僅為 1200 萬美元。日興證券已成為我們為日本公司提供併購交易服務的合作夥伴，並投資了我們的第一隻基金。雙方互相信任，關係密切融洽。我們可以在 7 年的時間內歸還他們的資本。與此同時，這筆資金將幫助我們更快地雇到頂級人才進而完善我們的組織。隨着黑石的不斷發展，這一交易驗證了我

們的理念，也增強了我們的實力。

――――――

　　1991 年，我們第一隻私募股權基金的大部分資金已經用於
投資，公司正在努力籌集第二隻基金。此時，美國經濟強勁增
長的勢頭已經終止，一場來勢兇猛的經濟衰退正在蔓延，驚慌
失措的監管機構開始嚴厲打擊保險公司，限制此類公司投資股
票的能力，而保險公司恰恰是我們第一隻基金的核心投資者。
保誠的首席投資官加內特‧基思在我們的第一隻基金裡投資了
1 億美元。他給我們打來電話，表示儘管他非常想繼續合作，
但監管規則的變化意味着他不能再與我們一起投資了。他說
公司也許可以投資 100 萬美元以示支持。我告訴他此事不可勉
強，以避免保誠受到懲罰。

　　我們必須找到新的資金來源。我們的第一個目標是中東。
我和同事肯恩‧惠特尼（Ken Whitney）一起出發。肯恩是黑石
的財務主管，同時也負責投資者關係管理。我們在倫敦待了一
天，當我們衝出酒店去趕轉機航班的時候，碰到了競爭對手福
斯特曼‧利特爾的創始人泰迪‧福斯特曼（Teddy Forstmann）。
他和自己美麗的女伴都披着羊絨毛衫，正要去溫布爾登觀看
網球錦標賽。在車上，我告訴肯恩，如果可以選擇，我也絕對
不願意跟泰迪交換行程。我只想繼續工作，把公司發展得更加

強大。

　　我們在中東的大多數會議以失敗而告終。6 月底和 7 月初是最不適合去中東的時間。在科威特，我們冒着近 49 度的高溫，乘坐沒有冷氣的計程車去開會，全身大汗淋漓，好像剛從水裡撈出來一樣。在夏天的時候，職位高的人都聰明地選擇了度假，而接待我們的初級員工根本無法理解我們的業務。在一次會議上，我們已經煞費苦心地推介了一個小時，這時候，一位年輕的科威特人問：「投資你們基金跟購買美國國債有甚麼區別？」這着實令人哭笑不得。即便如此，我們還是拿到了一些規模較小的投資承諾。幾個月前，科威特剛剛從海灣戰爭中解放出來，建築物中的彈孔仍然清晰可見。

　　接下來，我們前往沙特阿拉伯。我們每天做 6 場推介，接連講了 5 天，一個投資承諾也沒拿到。在達蘭的最後一天，我們已經疲憊不堪。當我們在酒店的游泳池裡漂游時，我開始向肯恩描繪我們的未來會取得怎樣的成功。我把自己的感想和盤托出：為了取得成功，你必須有勇氣打破邊界，進軍自己無權進入的行業和領域。如果失敗了，你就搖搖頭，承認失誤和不足，然後從自己的愚蠢中吸取教訓。僅僅憑藉鍥而不捨的意志力，你就可以讓世界筋疲力盡，做出讓步，把你想要的東西給你。現在，你就要堅信一條：外面一定有資金！我勸慰他，要忘記剛剛在沙特阿拉伯發生的事情。這件事已成過往，我們的精力雖然已經白費了，但我們的信念不能丟。在不久的將來，

我們一定會取得成功，而且是無可比擬的成功。

肯恩是一個心態平和、通情達理的人，但對於我的感想，他仍然無法掩飾自己的懷疑態度。幾年後，他告訴我，當時我說這些話的時候，他不想冒犯我，但確實以為我瘋了。

保險公司出局了，中東之行也幾近一無所獲，所以我們必須繼續尋找。下一個目標很明確，就是養老基金。養老基金是巨大的資金池。很多養老基金的控制方是州政府或工會，他們必須對養老基金進行投資，用投資收入來提供退休金。養老基金的投資策略一般較為保守，當時尚未開始投資另類資產。我在養老基金領域沒有一個熟人。對我來説，這一領域就像日本一樣陌生。我們再次需要引薦。

有幾個大的融資代理機構表示可以引薦，但要價很高，我覺得接待我們的人也水平一般，沒有給我留下甚麼深刻印象。但在我們近乎窮途末路準備跟其中一家代理機構簽約的時候，肯恩找來了幾個剛在融資代理行業起步的人。

其中一個人是吉姆·喬治（Jim George）。他身着西裝，給人一種不願意被困在紐約市中心的辦公室裡而更想穿着牛仔褲和法蘭絨襯衫在大西部遊蕩的感覺。這是個為人謙虛、語調溫和的小伙子，他告訴我他以前從來沒有做過代理工作。我再三追問，才得知他進軍這一行業、坐在我面前的原因。多年來，他一直是交易的另一方，曾擔任俄勒岡州的首席投資官，當時他手下的養老金是全美首個投資私募的州養老金。幾年前，他

投資了 KKR。「這筆投資運作得很好，」他說，「在那之後，每當其他州的基金想要投資這類資產時，他們就會打電話給我或來找我進行諮詢，我會把自己的經驗介紹給他們。就是諸如此類的事情。」

他剛走出房間，我就迫不及待地抓住肯恩，告訴他吉姆就是我們要找的人。他與我們見過的融資代理商完全相反，他完美契合了我們的期望。我不在乎他是不是這個行業的新人。我很確定，吉姆‧喬治能帶領我們進入這片應許之地。這又是一次不容錯過的機會。我們馬上擬定了報價。

幾天後，我打電話給吉姆的合夥人，邀請他們二人再來紐約見一次面。在電話裡，我表示，如果我們能就收費問題達成一致，他們立刻就能開展工作。在說這些話的時候，我幾乎下意識地從座位上跳了起來。但不巧的是吉姆出城了，他的合夥人說會嘗試聯繫他。後來這個人又打來電話表示抱歉，說吉姆無法飛過來參加第二天的會面。

「這可能是你們職業生涯中最重要的事情，他真的沒辦法見我嗎？」

「吉姆剛剛在勞德代爾堡下了迪士尼遊輪，他沒帶西裝。」

「我不在乎他帶沒帶西裝，」我說，「跟他說坐飛機來紐約就好。」

「我說了，但是他不同意，他說他只想正裝出席。」

「拜託了，」我說，「那就給他買一套西裝，讓他過來。」

　　吉姆的人格和尊嚴意識真是無可挑剔。這就是人們信任他的原因。他有自己做人和處事的準則，穿着西裝參加商務會議就是其中之一。當我們見面時，我把自己準備支付的費用金額告訴了他，他很震驚。與他在俄勒岡州政府拿的工資相比，我的報價有着質的飛躍。「你值得擁有，」我告訴他，「你為俄勒岡州和美國其他州的養老基金提供了出色的服務。我們要挨個拜訪各個州的基金，我們將會橫掃美國。」最終，他同意為我們提供幫助。

　　吉姆實力超群，這一點，遠比任何一家大型融資代理機構的名頭重要。他的信譽和氣質非常符合這份工作的需求。後來我們發現，跟隨吉姆一起拜訪養老基金，就好像我們在拿到日興證券投資後去拜訪其他日本企業一樣。從最小的基金，到最大的基金——加州公共雇員退休系統，這些養老基金的經理見到他，就像見到了自己人。從那時起，加州公共雇員退休系統就一直在黑石投資。有了吉姆的引薦，我們為第二隻基金募集了 12.7 億美元，這是當時全球最大的私募基金。

---

　　大約在我們為第二隻私募基金籌資的同時，我們也開始考慮另一個新的機會：房地產。在 20 世紀 80 年代末和 90 年代初期，美國房地產市場崩潰。首先，不良貸款壓倒了儲蓄信貸

協會 ①。這些小型金融機構遍佈美國，他們向市場提供了過剩的貸款，掀起了全美範圍內的建築熱潮。1989 年，儲蓄信貸協會開始出現問題，為了解決危機，聯邦政府成立了重組信託公司 (Resolution Trust Corporation，簡稱 RTC)，來清算他們的資產、抵押貸款以及使用貸款資金而建成的建築物。隨着 1990 年美國經濟陷入衰退，新建辦公樓和住房的價值暴跌。RTC 面臨巨大壓力，因此需要不計代價地把資債表裡的資產處理掉，這就導致大量房屋進入房地產市場。

在 1990 年的時候，我全部的房地產行業知識都來自作為房主的個人經歷。黑石的一個合夥人建議我見見喬·羅伯特 (Joe Robert)，他是一名來自華盛頓特區的房地產企業家，正在尋求資金。我在報紙上看到，此時買家紛紛逃離房地產市場，整個市場已經凍結了。但是，喬對市場有不同的看法。他曾在華盛頓創立過一家物業管理公司，並與政府建立了密切的聯繫。在目睹了 RTC 的困境後，他曾努力遊説私營部門的投資者和房地產專家幫助 RTC 處理積壓的不良資產。經過不懈的努力，他在 1990 年與 RTC 達成協議，獲權出售價值 24 億美元的一系列房地產，這些房屋都是政府在 20 世紀 80 年代儲蓄信貸協會破產時獲得的。

---

① 儲蓄信貸協會，美國政府支持和監管下專門從事儲蓄業務和住房抵押貸款的非銀行金融機構。該協會能夠為購房提供融資，通常採用互助合作制或股份制的組織形式。—— 譯者注

「我把價值 500 萬—1000 萬美元的房子賣給醫生。」他告訴我，「他們有存款，在當地信譽也很好，因此可以從銀行獲得大筆借款。」他希望能夠從黑石拿到一筆資金，自己把這些房地產買下來。作為房地產經紀人，他已經獲得了可觀的收入，而現在，他認為如果我們成為業主和開發商，賺到的錢會比現在多得多。這似乎是一個完美的搭配：我們的資金和他的專業知識。雙方一拍即合，他提議我們在下一次 RTC 拍賣會上合作，這個拍賣會將在幾週後舉行。「相信我，」他說，「這個國家的經濟一團糟，不會有甚麼人競標的。」

RTC 發佈了拍賣細節，這次拍賣的房產是位於阿肯色州和東德克薩斯州的一大批花園公寓，樓齡三年，入住率為 80%。從投資的角度看，這些房地產組合與我過去習慣的交易類型相差甚遠 —— 不需要佔用大量資金，風險似乎也不大。看上去，這是一個可以學習業務、進一步探索未來更大機遇的好的投資項目。

我給高盛 CEO 鮑勃·魯賓打了一個電話（他後來成為美國財政部部長），提議雙方進行合作。高盛在房地產方面的經驗遠遠超過黑石。他同意了。

然而，當我和喬去見高盛的房地產團隊時，我們發現，他們對這筆交易的風險有不同的看法。高盛希望出價盡可能低，避免支付過高的費用。從我的角度來說，最大的風險是出價不足，錯失這個千載難逢的機遇。我想確保我們的出價能高出美

國信孚銀行（Bankers Trust）的預期出價。不同類型的投資者之間往往會存在類似的差異。有些人會告訴你，所有的價值都在於盡量降低自己所購買的標的物的價格。這些投資者熱衷於交易本身，他們喜歡玩轉交易條款，在談判桌上擊敗對手。但對我來說，他們的目光過於短淺。這種思路忽略了擁有資產後可以實現的所有價值。如果能夠成功獲得這筆資產，你就可以對其進行改善；可以進行再融資，以此提高回報；可以規劃銷售的時間節點，充分利用市場的上揚。如果為了追求盡可能低的收購價格而浪費了所有的精力和商譽，最終資產卻被出價更高的競標者得到，那麼未來所有的價值也都不過是一句空話。有時候，最好的做法是支付必要的費用，重點關注在成為資產的所有者以後，可以開展哪些工作。拿下所有權、成功經營的回報通常遠高於贏得一次價格戰的收益。

根據我建議的價格和市場行情，我計算出這筆交易的固定年收益率可達到 16%。也就是說，我們每年的租金收入將相當於購買價的 16%。而這只是開始。這些公寓將會產生穩定的現金流。房子幾乎是全新的，因此維護成本很低。如果舉債收購，我們還能把投資年回報率提高到 23%。任何進行過抵押貸款的人都會熟悉這個概念。假設購買一個價值 10 萬美元的房子，首付 40%，即投入 4 萬美元的現金，剩餘 60% 通過借貸。如果購入房屋後立刻以 12 萬美元的價格賣出，則利潤為 2 萬美元，相當於首付款 4 萬美元的 50%。另一個方案是購買同樣的房

子，首付僅付 2 萬美元，剩餘 8 萬美元為借款，那麼原來 2 萬美元的投資回報率將翻一番，變為 100%。如果你有償還債務的能力，那麼舉債可以大幅提高股本回報率。

此外，我們認為當時房地產週期接近觸底。1991 年，我們認為房地產已經觸底反彈。隨着經濟復蘇，剩餘 20% 的空置公寓也將迎來租客，23% 的回報率將提升至 45%。租金隨之上漲，回報率會從 45% 升至 55%。我的邏輯是，如果為了取得 55% 的復報酬率，我們所需要的僅僅是購買這筆資產，那麼我們關注的重點不應該是在拍賣會上報出最低價，而是如何拿下所有權。我告訴高盛，「年回報率 55%，我就很滿意了。我不需要 60%」。最後，他們讓步了。我們出價，拿下了這一拍賣資產。後來，我們對花園公寓的第一筆投資獲得了 62% 的年回報率，比我想像的還要好。拍賣結束後，我問喬：「還有多少類似的房屋可以買？」「美國到處都是。」他告訴我。

我們是房地產市場競技的新手，但這也是我們的優勢。我們沒有歷史包袱，沒有破產的財產或溺水貸款[1]。我幾乎不敢相信，我們生活在一個充滿價值且沒有競爭的國家。但是當我們為下一次拍賣做準備時，喬告訴我，高盛為他提供了一個投資 10 億美元的機會。雖然他已經答應要跟我們合作了，但他還是想接受高盛的邀約。

---

[1] 溺水貸款，貸款本金超過了抵押物的自由市場價值。——譯者注

「你能認識這些人,唯一要感謝的人就是我,」我對他說,「你怎麼能跑到高盛去呢?」他說他也覺得不好,但高盛提供了他想要的東西。如果我能在下個月籌集類似規模的基金,他就會重新考慮。

根據我們主要投資基金的條款,我們可以將這些錢用於房地產交易。但在將大比例資金用於這項新戰略之前,我希望得到投資者的同意。我覺得我們有責任向投資者解釋我們的投資策略。在年度投資者會議上,我介紹了這個機會,希望我們的有限合夥人能抓住這個機會。但令我驚訝的是,除了通用汽車之外的所有機構都拒絕了。我們的投資者一個接一個地告訴我,「我們知道你是對的。但是,我們對這些可怕的房地產交易深惡痛絕。」他們都同意我們的觀點 —— 房價現在較低,未來必將上漲。但他們仍然無法採取行動。我們面對着一個巨大的機會,卻沒有資金。我本可以讓喬承諾繼續與我們合作,但我們無法為他提供競爭平台,所以正確的做法就是讓他自行抉擇。

雖然失去了喬,但我們依然決定永不放棄。在每個投資者的生涯中,只會出現幾次巨大的機會。我讓肯恩‧惠特尼找人來發展我們的房地產業務。我們需要一個 10 分人才來打造這一了不起的新業務。我研究了人才名單,仔細核對了推薦人,其中有一個來自芝加哥、名為約翰‧施賴伯 (John Schreiber) 的人引起了我的注意,肯恩把他標注為推薦人。我給約翰打了電話,聊了一會他的推薦人選(其實,對此他並不十分感興趣,

但出於禮貌，沒有直接說出來）。我們聊的時間越長，我就越感到好奇。在 20 世紀 80 年代，約翰曾在芝加哥的房地產投資公司 JMB 工作，而 JMB 一直是市場上活躍基金的買家。在過去 10 年中，約翰收購的房地產價值總額在全美排名第一。他提前預測到了房地產市場的崩盤，告訴 JMB 要拋售所有資產。但公司認為他瘋了，支付了一筆錢，讓他離職。然後「千年地震」就發生了，證明了約翰判斷的準確性。

「那麼你為甚麼不來我們這裡工作呢？」我說。他告訴我，整個 80 年代，他都一心撲在工作上，很少回家。他有 8 個孩子，他的家人想讓他多陪陪他們。

「你建立了美國最大的房地產公司，還有 8 個孩子？你居然有時間陪伴你的妻子？」

「顯然，我擠出了時間。」約翰說。

在我的再三催促下，他最終答應每週給我們工作 20 個小時。他說他會聘請幾個年輕人來黑石指導我們，並利用他的關係給我們拓展一些機會。我們先試着進行這樣的合作，再看看結果如何。很快，他的 20 個小時就變成了 70 個小時，他的工作狀態又像 80 年代一樣了。我不確定他的妻子是怎麼想的，但我們很高興跟他合作。他住在芝加哥，在家工作，對那些不認識他的人來說他像一個灰衣主教[1]。但他做的遠不僅僅是聘

---

[1] 灰衣主教，在幕後進行操作的實權人物。──譯者注

請幾個年輕人指導監督我們，而是要親自查驗我們準備收購的每一處房產。黑石集團的合作人投入了自己的錢，交易非常成功，我們也從中分得一杯羹。但幾個月過去了，我們還沒有成立一隻真正的基金，無法達到真正的規模，我簡直要瘋了！

房地產市場的崩盤讓投資者損失慘重，雖然市場已經開始復蘇了，但投資者仍然心有餘悸。因此我們需要甜味劑，需要一些激勵措施，來消除他們的恐懼，幫助他們擺脫對風險的誤判。我曾在 CSX 旗下報紙公司的拍賣中採取了密封競標拍賣，也曾用大量必須納稅但無法贖回的股票迫使哈羅德‧西蒙斯做出讓步，這次的情況也需要類似的創意。我們設計了一種旨在紓解特定心理狀態的新穎結構。這個結構必須能傳達我們對機會的信心，同時給投資者一個安全閥，當感到害怕時，投資者能藉此釋放自己的壓力。我們決定，投資者對我們房地產基金的投資，每 3 美元中就有 2 美元可以自行決定是否投放。他們可以做出投資承諾，但如果他們不喜歡我們提出的具體交易，那麼他們可以收回 2/3 的資金。

第一個表現出興趣的投資者是吉姆‧喬治的朋友史蒂夫‧邁爾斯（Steve Myers）。史蒂夫主管南達科他州的公共養老基金。吉姆告訴我們，史蒂夫是一個聰明大膽的投資者。我和吉姆、彼得、約翰‧施賴伯一起乘飛機到南達科他州的蘇福爾斯去拜訪他。我向他解釋了我們的業務，史蒂夫眼前一亮：房地產已經觸底，市場正在上漲，這是進入的好時機。他說服董事

會出資了 1.5 億美元。

當拿到這筆錢時，我感到非常緊張，在我生命中第一次有這種感覺。對南達科他州 40 億美元的養老基金來說，這項單筆投資很大，因為那是很多人的退休金。我問史蒂夫是否確定。他說，根據協議條款，他只承諾了投資總額中的 5000 萬美元。如果他喜歡具體交易類型，他可以投資剩餘的 1 億美元，如果不喜歡的話，那麼他也可以退出。面對潛力巨大的機會，他願意承擔這樣的風險。史蒂夫的決定使我們建立起第二條新的業務線——房地產，而這一產業最終成為黑石集團最大的業務。

# 5

## 週期：通過市場漲落判斷投資機會

　　任何投資的成功與否在很大程度上取決於所處經濟週期的節點。週期會對企業的成長軌跡、估值及潛在回報率造成重大影響。黑石會定期圍繞「週期」展開討論，這是公司投資流程的一部分。以下是我識別市場頂部和底部的簡單規則：

　　1. 市場頂部相對容易識別，買家通常會越發自負並且堅信「這次肯定跟以往不一樣」。但通常情況下，事實並非如此。

　　2. 市場總會充斥着過剩的相對廉價的債務資本，為熱門市場的收購和投資提供資金。在某些情況下，貸款人甚至不會收取現金利息，同時還會降低或取消執行貸款限制條件。與歷史平均水平相比，槓桿水平迅速攀升，借款總量有時高達抵押資產淨值的 10 倍，甚至更多。這時，買家開始願意接受過於樂觀的會計調整和財務預測，以證明承擔高額債務的合理性。不幸

的是，一旦經濟增長減速或經濟下滑，大多數預測往往不會成為現實。

3. 市場觸頂的指標是身邊賺到大錢的人數。聲稱表現優異的投資者數量隨市場的走高而增長。信貸條件寬鬆，各類市場紛紛上揚，沒有任何既定投資策略或流程的人都能「無意中」賺到錢。但在強勁市場中賺錢往往是曇花一現。相比之下，即使市場形勢發生逆轉，聰明的投資者還是可以憑藉嚴格的自我約束和健全的風險評估獲得良好回報。

所有投資者都會告訴你市場具有週期性。然而，許多人的實際行動卻與這一認識相悖。在我的職業生涯中，我曾親歷過7 次大規模的市場下滑或衰退：1973 年、1975 年、1982 年、1987 年、1990—1992 年、2001 年，以及 2008—2010 年。經濟衰退是正常現象。

隨着市場疲軟和經濟下行，市場會逐漸觸底，但其底部是難以發現的。大多數公共和私人投資者過早買入資產，低估了經濟衰退的嚴重程度。此時的關鍵在於保持沉着冷靜，不要過快地做出反應。投資者大都沒有信心和耐心，也缺乏自律精神，無法等到一個週期完全過去。這些投資者沒有自始至終地貫徹自己的投資理念，因此無法將獲得的利潤最大化。

要確定觸底的具體時間並非易事，投資者最好不要輕易嘗試。原因在於，經濟真正從衰退中走出來通常需要一到兩年的時間。即使市場開始出現轉機，資產價值仍需要一段時間才能

恢復。這意味着如果在市場觸底前後進行投資，那麼投資者可能在一段時間內無法獲得投資回報。舉個例子：1983年，油價暴跌，市場觸底，一些投資者開始收購休斯敦的寫字樓。10年過去了，1993年，這些投資者仍在等待價格的回升。

避免這種情況的方法就是，當價值從低點回升至少10%時再開始進行投資。隨着經濟獲得動力，資產價值往往會隨之上揚。最好放棄市場剛開始復蘇時10%—15%的漲幅，以確保在恰當的時間買入資產。

雖然投資者普遍表示自己的目標是賺錢，但事實上，他們只看重心理安慰。即使大家都在虧錢，他們也寧願從眾，而不願意做出艱難決策，等待最大的回報。從表面上看，隨大流可以避免遭人指責。這些投資者往往不會在市場底部附近投資，而是在市場頂部進行投資，但這樣做恰恰與「賺錢」的投資理念背道而馳。他們喜歡看着資產價值上揚，這樣心中會感覺舒適而安全。價格越高，越多投資者相信資產會繼續升值。出於同樣的原因，在一個週期的底部前後，新企業的上市幾乎是不可能的，但隨着週期的發展，IPO的數量、規模和估值都會出現爆炸式增長。

週期最終是由各種各樣的供需因素決定的。理解這些供需因素，對其進行量化分析，就可以很好地確定你與市場離頂部或底部的距離。例如，在房地產市場中，當現有建築物的價值遠高於遷建成本時，就會刺激建築業的繁榮發展，因為開發商

知道，他們可以開發新樓盤，以高出成本價的價格出售。如果只是開發一處房產，這當然是一個極佳的策略。但幾乎每個開發商都會看到同樣的機會，認為自己可以毫不費力地賺到錢。如果大量開發商同時開始建設，那麼不難預測，市場上將出現供過於求的情況，房產價值將會下降，而且很可能是急劇下降。

　　美聯儲前主席曾經說過：「沒有人能看到泡沫。」這一說法顯然是不對的。

# 6

## 如何做正確的決策

　　隨着黑石的擴張，我們從德崇證券（Drexel Burnham Lambert）的公司金融部聘請了一位年輕的銀行家。他頭腦聰明又雄心勃勃，在 1989 年加入黑石後不久，就為公司拉來一筆交易。總部位於費城的埃德科姆公司（Edgcomb）主營鋼鐵加工業務。公司採購原鋼進行加工，將製成品銷售給汽車、卡車和飛機製造商。我們這位年輕的合夥人曾在德崇證券做過幾筆埃德科姆的交易，因此他了解這家公司，埃德科姆的公司高管也認識他。現在公司要進行出售，黑石可以首先開展獨家調研，看是否適合收購。

　　獨家調研是值得重視的，這筆交易看起來很有希望。埃德科姆的贏利水平非常高，其客戶群也不斷增長，看上去擴張的可能性很大。公司要價 3.3 億美元，根據我們的分析，這似乎

是一個不錯的價格。我準備據此出價。但是，在出價前，黑石另一個新晉合夥人戴維‧斯托克曼（David Stockman）來到我的辦公室，表示不看好這筆交易。戴維擁有華盛頓政壇和華爾街金融界的從業經驗，曾擔任列根總統的管理及預算辦公室主任，剛加入黑石不到一年的時間。他極其聰明，會析毫剖厘地分析交易，也會毫無保留地表達自己的意見。

「埃德科姆的交易是一場災難。」他說，「我們絕對不能碰。」

「可是另外一個合夥人覺得很好。」我說。

「不好。」戴維說，「糟透了。這個公司毫無價值，管理不善。公司全部的利潤都來自鋼材價格的上漲。這些都是一次性利潤。公司的基本業務只是看上去會贏利，但這家公司最終肯定會破產。如果我們按計劃進行槓桿收購，那麼我們也會破產。肯定是一場災難。」

我請來了支持埃德科姆交易的年輕合夥人，還有持主要批評意見的戴維，讓兩個人在我的辦公室就這筆投資展開討論，這樣我可以看到他們當面辯論，然後做出決定。我坐在那裡聽他們陳述各自的意見，自己好像所羅門國王。我覺得年輕合夥人更有理有據，他曾跟埃德科姆合作多年，了解公司內部的情況，可以回答所有問題。而戴維‧斯托克曼是從外部人士的角度分析交易，他的論據雖然很有力，但信息的水平和質量卻處於下風。此外，黑石曾從 USX 旗下成功收購了運輸之星公司，

從此以後，我們自以為很了解鋼材市場，也自認為現在有能力預測大宗商品週期了。於是我決定繼續推進。我們提出報價，向投資人募集資金，完成了交易。

這一次似乎是在劫難逃，就在我們完成交易幾個月後，鋼鐵價格開始急轉直下。埃德科姆的原材料庫存價值已經跌破了採購價，而且每天都在走低。我們預期的利潤，也就是用於支付我們借貸成本的那筆錢，再也沒有變為現實。我們無法償還債務。正如戴維·斯托克曼預測的那樣，埃德科姆土崩瓦解。

總統人壽保險公司（Presidential Life）是我們的基金投資人。一天，公司的首席投資官給我打來電話，說要見見我。他們的辦公室在哈德遜河沿岸的奈阿克村，在紐約北邊。我打車到了公司。這位首席投資官請我坐下，然後開始劈頭蓋臉地訓斥我：「你是能力有問題，還是腦子不好使？得蠢到甚麼程度，才會把錢浪費在這種毫無價值的東西上？我怎麼能把錢交給你這種低能兒呢？」我坐在那裡，任由他責罵，心裡知道他是對的。我們賠上了他的投資，因為我們的分析存在缺陷，而決策者是我。在雷曼兄弟的第一年，我曾把埃里克·格萊切交易的分析材料弄錯了，惹得他大發脾氣，但那件事與此刻完全沒有可比性。這一刻是我今生最羞愧的一刻——我沒有能力，我不稱職，我讓公司和自己蒙羞了。

我也不習慣別人對我大吼大叫。我的母親和父親從不高聲說話。如果我們犯錯，他們就會告訴我們，但從來不會尖叫或

怒吼。坐在客戶的辦公室裡，我感覺自己的眼淚不由自主地湧了出來，雙頰變得通紅。我不得不努力控制自己不能哭出來。我說：「我知道了，我們以後會努力改善的。」走在去停車場的路上，我對自己發誓，這樣的事情以後永遠永遠都不能再發生在我身上。

回到黑石，我開始廢寢忘食地工作。我要確保，即使黑石及其投資人在埃德科姆交易中虧錢，我們的債權人——為這次交易提供貸款的銀行也不會損失一分錢。埃德科姆只是一隻基金的一筆交易。我們會用基金中的資金進行其他交易，確保黑石投資人的整體收益良好。但是債權人提供的信貸是按筆計算。我擔心，即使只有一次沒有按時還款，也會有損黑石的聲譽。銀行會減少我們的貸款額度、提高貸款標準，這樣一來，公司的業務會更難開展。

在埃德科姆事件發生後，我們審查了公司的決策機制。雖然我們擁有創業者堅忍不拔的精神，有動力、有抱負、有技能、有職業道德，但是我們依然沒有把黑石打造成為一個偉大的組織。對任何組織而言，失敗是最好的老師。一個企業絕對不能掩飾自己的失敗，而是要進行開誠佈公的討論，分析導致錯誤的原因，以此學習新的決策規則。失敗可能是巨大的禮物，它就像催化劑可以改變一個組織的發展進程，造就組織未來的成功。埃德科姆交易的失敗表明，改變必須從我開始——我對潛在交易機會的評估和投資方式必須做出調整。

　　我陷入了許多組織常見的陷阱。當員工希望公司接受自己的提案時，他們往往會向位高權重的領導彙報。如果領導認為提案不好，就會拒絕他們。不管提案是不是真的不行，員工都只能垂頭喪氣地離開領導辦公室。幾週後，員工帶着完善後的提案再來彙報，又遭拒絕。離開領導辦公室時，他們的腳步更沉重了，心情更加鬱悶。第三次，他們咬緊了牙關，忍受着挫敗。第四次，坐在辦公桌那邊的老闆過意不去了。設計提案的員工並不差，只是沒有那麼好而已。但如果第四次的提案相對還可以，老闆最終會選擇批准，為的是讓大家都開心。

　　因為我急於給年輕的新晉合夥人機會，讓他完成埃德科姆交易，我把自己和公司都置於風險之中。我被一場精彩的推銷征服了。後來我才知道，這個新晉合夥人團隊的一位分析師反對這筆交易，分析師認為交易肯定行不通。但這個合夥人讓他不要把自己的懷疑意見告訴其他人。

　　我應該更加警惕自己的情緒，更加一絲不苟地對待事實。交易並不僅僅是數學計算的問題，其確實涉及很多需要考慮的客觀標準。在進行思考和判斷的時候，我應該拿出充分的時間，心平氣和地思考，而不是讓兩個人在我面前據理力爭，而我只是坐在中間進行決策。

　　金融圈到處都是充滿魅力的人。他們的演示材料做得漂

亮，嘴皮子也非常利索，思路和語速快到讓人跟不上，你必須
要叫停這樣的表演。為了保護企業和組織，你需要打造決策體
系、改善決策質量。決策系統不應再受制於一個人的能力、感
受和弱點。企業需要摒棄「單人決策」的做法，審查並收緊企
業流程，制定規則來剔除投資流程中的個人化因素。

　　我一直對「不要賠錢」有瘋狂的執念，埃德科姆交易的潰
敗更加深了這一點。我開始認識到投資應該像沒有投球時限的
籃球賽，只要手裡有球，我們需要做的就是一直不停地傳球，
直到確定可以得分的時候再出手。其他球隊可能會失去耐心，
在三分球線外失去重心後，投出一些命中率低的球，就像我們
的埃德科姆交易一樣。而黑石不一樣，我們要繼續傳球，繼續
觀察，直到把球傳給站在籃筐正下方身高 7 英尺的中鋒手中。
我們要執着而認真地分析每個潛在交易的各個不利因素，直到
確保萬無一失。

　　我們再也不會讓某個人總攬一切、獨自批准協議。我們決
定讓所有高級合夥人參與投資討論。在我的職業生涯中，我做
出的正確決策比錯誤決策要多，但埃德科姆的收購表明我也不
可能永不犯錯。我的同事們有數十年的經驗，我們可以共同合
作，一起討論，運用集體的智慧來評估投資的風險，提高交易
審查的客觀性。

　　接下來，黑石頒佈規定：任何提案都必須以書面備忘錄的
形式提交，備忘錄必須完整翔實，並至少提前兩天提供給參會

者，以便大家對其進行細緻理性的評估。之所以要求至少提前兩天，是因為這樣研究備忘錄的人可以有時間進行標注、發現漏洞、梳理相關問題。我們還規定，除非有重大的後續發展，否則不得在會議上對備忘錄進行任何補充。我們不希望開會的時候還有新增材料傳來傳去。

開會的時候，高級合夥人會坐在會議桌的一側，而相關內部團隊會在另一側介紹交易的詳情。在會議室周圍列席的是各團隊的初級成員，他們的任務是觀摩、學習和提供意見。

此類討論有兩個基本規則。第一，每個人都必須發言，以確保每個投資決策是由集體制定的。第二，要把討論重點放在潛在投資機會的缺點上。每個人都必須找到尚未解決的問題。對負責推介的人來說，這種建設性質詢的過程可能是一個挑戰，但我們對質詢過程進行了設計，保證質詢只對事、不對人。「只點評、不批評」的規則讓我們擺脫了束縛，我們可以評判他人的提案，也無須擔心這可能傷害他人的情感。

潛在投資機會的優點也應包括在內，但這不是早期投資委員會討論的重點。

這個小組解剖會一旦結束，無論誰正在推進交易，現在都有一系列要解決和回答的問題：如果經濟衰退，那麼他們建議黑石收購的公司的業績會如何變化？目標公司的利潤會略有下降還是直線下降？如果目標公司被收購，那麼其中最優秀的經理人是否會離職？我們是否已經充分考慮了競爭對手可能的

反應？大宗商品價格崩潰，會對我們的贏利水平造成甚麼影響（類似收購了埃德科姆後的情況）？他們的財務模型是否考慮了所有這些可能性？提案團隊會繼續研究，找到這些問題的答案。在此過程中，他們可以改善提案，找到負面因素的管理方法，也可能會找到新的風險，發現此前可能沒有見過的損失概率。經過一輪完善後，公司會再次開會討論。我們希望，到了第三輪的時候，這筆交易中不會再有任何令人不快的意外。

我還決定永遠不只與任何潛在投資的主要合夥人交流。如果有具體的問題，那麼我會打電話給最初級的人，一個負責整理電子表格、對數據最熟悉的人。如果在收購埃德科姆前，我能採取這種做法，我可能就會聽到分析師對這一交易強烈的反對意見。打破等級制度讓我能夠了解公司的初級人員，獲得不同的解讀。書面上的分析可能無法全面反映風險，因此我會親自跟分析師交流，請他們從自己的角度給我介紹交易。此時，他們的語調就可以說明問題——你能聽出他們是喜歡這個交易，還是內心忐忑。洞悉人的心理是我作為投資者的優勢之一。我不需要記住分析中的每個數字。我可以觀察和聆聽那些知道具體細節的人，通過他們的姿勢或語調判斷他們的感受。

為了排除投資流程中的個人因素和風險因素，我們還做出了最後一個調整，那就是鼓勵群策群力、增強集體責任感。投資委員會的每個合夥人都要參與評估提議投資的風險因素。以前，內部團隊可以只說服職位最高的人，遊說這個人批准交

易，但現在這種方法行不通了。出席會議的每個人都將承擔最終決策的責任。我們一以貫之，以可預測的方式做出每一個決策。

隨着黑石引入新業務、進軍新市場，我們將同樣的流程應用於所有投資決策中。每個人都參與討論，針對風險進行充分而激烈的辯論，以達到系統性分解風險、理解風險的目的。每次都是我們這些小團隊，我們彼此了解，按照同樣嚴格的標準審查每項投資。這種標準統一的投資方式已成為黑石風格的支柱。

━━━━━━

黑石創業早期，公司經歷波瀾，也取得了一定的發展，而除了工作以外，我的生活依然繼續。我和艾倫在 1991 年離婚，但我們繼續共同撫養兩個孩子，吉比和泰迪。分開是一個痛苦的決定。我記得在做出這個決定之前，我去找自己的內科醫生哈維·克萊恩博士（Dr. Harvey Klein）進行體檢。我的身體沒有問題，但在體檢結束後，哈維問我最近過得怎麼樣。我告訴他，我工作壓力很大，也無法對我的婚姻做出決定。我對婚姻很不滿意，但又害怕離婚所帶來的一切不良後果。哈維寫下了一個電話號碼遞給了我，讓我去找拜拉姆·卡拉蘇博士。

拜拉姆·卡拉蘇博士（Dr. Byram Karasu）是一名精神病學

家，在紐約阿爾伯特·愛因斯坦醫學院擔任系主任已有 23 年
的時間。他是 19 部圖書的作者，在曼哈頓經營一家小型診所，
美國政府的一些官員也會定期找他做心理諮詢。當第一次走進
他的辦公室時，我明確表示自己不是來接受治療的，我只是沒
辦法下定決心離婚。他問我：「那阻礙你的原因是甚麼呢？」我
告訴他，我害怕 4 件事：害怕失去與孩子的關係；害怕分割一
半的財產，因為這都是我拚命賺來的；害怕失去一半朋友；害
怕必須要再度約會。

拜拉姆說，這 4 個焦慮看似合理，但還是沒有道理。童年
階段的烙印會伴隨個人終身，這時候父母的離婚可能會給孩
子帶來精神創傷，但我的孩子們都已經長大了。如果我想與
他們保持良好的關係並為之付出努力，那麼他們也會有同樣的
想法。至於我的錢，是的，我必須開出一張巨額的支票，但如
果這張支票能為我生命中的新篇章掃清道路，我就會很快忘記
這件事。我們夫妻共同結交的朋友可能會五五分，但這就是人
生，必須得接受。至於約會，作為一個曼哈頓的富有的單身男
人，我是不會缺少選擇對象的。

拜拉姆熱情周到，獨具見解，經驗豐富，令人信服。他的
建議給我的人生帶來了無比積極的轉變。從此，我每週都會去
見他一兩次，主要是討論我的工作，而他總能像我們第一次見
面時一樣，客觀清晰地看待問題。他理解我的大腦，知道我體
驗和回應世界的強度。他幫助我測試自己的直覺，消除一切心

理、社交、情感和智力影響因素，讓我看到真相。

拜拉姆對離婚的看法也是正確的。離婚為我個人生活展開新篇章掃清了道路。我的朋友們非常熱心，他們通過各種途徑幫我安排約會。其中有一位是克里斯汀‧赫斯特（Christine Hearst），她是一名律師，剛剛離婚，在帕洛阿爾托找了一份新工作，也已經做好了搬家的準備。這樣的約會前景並不樂觀，我們都很忙，而克里斯汀已經在考慮開啟在美國西海岸的新生活了。但是我的朋友們堅持認為我應該見見她。於是，我答應試一試。

我覺得我們的第一次約會很棒，而她覺得很奇怪。我們要去我辦公室附近的一個派對，她等着我去接她，但我工作到很晚，所以派了一輛車去接她。最後，我終於上車了，她看起來很驚訝。我匆匆看了她一眼，說：「嗨，我是史蒂夫。」然後我翻下遮光板，打開小鏡子，開始用電動剃鬚刀刮鬍子。我們先去洛克菲勒中心參加了一個簽售會，然後去麥迪遜大街索尼廣場的一棟新大樓裡看了喬治‧邁克爾（George Michael）的表演，最後跟朋友一起參加晚宴。介紹我倆認識的我們共同的朋友黛比‧班克羅夫特（Debbie Bancroft）第二天早上打電話給我，問我約會怎麼樣。

「很好。」我告訴她。我喜歡克里斯汀，我們也一起參加了好幾個有意思的活動。不過，克里斯汀雖然很合群，卻是一個不願意過分暴露個人隱私的人。她告訴黛比，我們一個活動連

着另一個活動，與很多我認識但她不認識的人交談，她感覺自己像我的裝飾品。她完全沒有享受這個約會。行程太緊，我們根本沒有機會好好聊天。黛比讓我打電話給克里斯汀道歉，然後請她出去吃飯，共度一個安靜的夜晚，兩個人真正相互了解一下。我按照她的建議做了，我們的第二次約會是在第一大道的一家意大利餐廳，兩個人吃了一頓豐盛的晚餐，聊得非常投機。在晚餐結束時，我把自己的日程表拿出來，瀏覽各種各樣的會面安排，試圖把我們下次見面的時間安排進去。克里斯汀看起來非常驚訝：她還不習慣像我這樣的一絲不苟的金融人士。

「我們可以快點在一起，也可以慢慢地彼此了解。」我説，「我更喜歡快點。」

謝天謝地，我沒有讓她失望。在我們開始約會後，她做的第一件事就是使我雜亂無章的單身漢生活變得更有條理。我和兒子泰迪一起住在第五大道 950 號的一套公寓裡，聘請了一位姓張的廚師。日復一日，在晚餐時，我和兒子兩個人的聊天都是：「今天在學校怎麼樣？」「還可以。」—— 父親和十幾歲兒子之間常見的那種對話。

我從來沒進過廚房。當克里斯汀第一次來我家的時候，她走進廚房，打開雪櫃，發現雪櫃裡堆滿了史都華的速食餐盒。兩年來，張師傅都是通過加熱這些速食食品，假裝給我和兒子做了飯，但我們完全沒有注意到。

幾年後，我和克里斯汀已經結婚了，我們想聘請一位廚

師。克里斯汀多才多藝，但廚藝不是其中之一。每個認識我的人都知道，在經過一天漫長的工作後，我希望能好好吃頓晚飯。於是，我們發佈了廣告，其中一個名為海米的廚師的簡歷讓我們印象深刻，我們請他來家裡談談。克里斯汀在開門的一瞬間就認出了這個人：張師傅！他只是換了個名字，僥倖地以為我們可能忘記了那些年吃過的史都華。這就是紐約！

# 7

# 創建完美流程

人們在聽到我的首要投資原則時，往往都會面露微笑。我的原則就是：不——要——賠——錢！我從來都不理解這些假笑，因為道理就是這麼簡單。為了反映這一基本理念，黑石創建了一個投資流程，並隨着時間推移不斷完善這一流程。我們打造了一個極為可靠的風險評估框架。我們為公司內部的專業人士提供培訓，教他們如何把每個投資機會提煉為兩個或三個主要變量，這些變量將決定投資能否成功、能否創造價值。在黑石，投資決策的核心在於程序嚴格、冷靜穩健的風險評估。這不僅是一個流程，更是一種思維方式，也是黑石文化不可分割的一部分。

以下是我們的投資流程：

投資委員會的概念在華爾街和其他行業中很常見。公司的

少數高管邀請交易團隊介紹新機會，而交易團隊會以備忘錄的形式梳理相關信息。交易團隊會努力向委員會推介這個潛在的投資機會，列出交易的種種好處，量化未來的贏利潛力。如果委員會成員認為機會不錯，就會批准交易，而做介紹的團隊會如釋重負，因為他們知道可以繼續推進了。但如果投資委員會沒有批准，交易團隊就會頗受打擊，他們會垂頭喪氣地走出會議室，手裡拿着備忘錄，也許嘴裡還唸唸有詞。但在黑石不是這樣。

我們打造的投資流程是為民主化的決策服務的，鼓勵每個相關人士都進行思考和參與，包括交易團隊和委員會成員。沒有「我們」和「他們」的劃分，也無須通過一群長老的批准。相反，大家都有一種集體責任感，會共同研究確定影響交易的關鍵因素，分析在各種情況下，這些因素會對投資的財務業績造成甚麼影響。

每個參會人員，無論資歷和職務如何，都要提出自己的意見，積極參與。沒有一個人或一群人在討論中佔主導地位，或手握批准權。這是一項團隊運動。每個人都必須針對變量進行辯論，商定一致，確定可能的結果範圍。在某些情況下，變量是顯而易見的，有時則需要進行幾輪嚴格而充分的辯論和討論。但是，如果參會人員沒有達成一致意見，我們不會繼續向下推進。

這一點非常微妙。很多噪聲和情緒往往會影響投資者做出

正確決策的能力，而上述方法既可以排除這些因素，又能消除個人風險，交易團隊也不用承受壓力，無須保證最終的結果是「正確」的。有時投資金額高達數十億美元，如果這種壓力只是集中在少數幾個人身上，就會給人造成難以承受的心理負擔，因為一筆不良投資可能拖垮一家公司、毀掉一個人的聲譽。

黑石投資委員會的職責是發現交易、探討交易，但沒有批准權。因為是否推進業務的決策是共同制定的，所以沒有人會僅僅因為個人喜好而兜售一筆交易。交易團隊會為潛在交易付出艱辛的努力，搜集各種信息來源，進行詳盡分析，但如果潛在交易沒有達到絕佳的水平，那麼我們也不會因為團隊的辛苦而勉強批准交易。如果投資有誤，那麼錯在大家，我們都有解決問題的責任。但更常見的情況是投資決策是正確的，這時，我們就會共同分享收益。

我們的流程迫使每個人，無論其資歷如何，都像公司的主人翁一樣做事，彷彿有限合夥人的資本就是他們的個人資本。由於這樣的機制安排，每個人都有充分的動力，心往一處想、勁往一處使，每次的交易評估也都變成一場現場教學。總之，黑石成功的業績記錄足以證明公司決策流程的完善和科學。

# 8

# 黑石的人才戰略

我和彼得向來堅持招聘 10 分人才。今天的黑石可以從最優秀的年輕畢業生中進行選擇。2018 年，我們的初級投資分析師崗位收到了 14906 份申請，而我們的崗位機會只有 86 個。黑石的錄取率為 0.6%，遠遠低於世界上最難進的大學。如果現在要我申請進入自己的公司工作，我覺得自己應該不會被錄用。

但能走到今天這一步，我們也是經過了多年的反覆錘煉。公司成立伊始，我們很難招募和留住想要的人才。招不到人不是我們的錯。第一個問題在於，根據我在離開雷曼兄弟時簽訂的條款，我們不能聘請以前的同事，而這些人是我們最了解、最信任的人，也是合作非常順暢愉快的人。他們本來是我們這家初創企業理想的合作夥伴。第二個問題在於，當時華爾街的大公司更像是部落，而不是企業。如果離開高盛然後加入摩根

士丹利，就好像一個卡曼契人①要加入莫霍克斯族②一樣——不同企業之間的文化天差地別。當時，黑石連一個狩獵小隊都算不上，更不用說是部落了。雷曼兄弟的規模巨大、系統複雜，幾乎觸及了華爾街的各個角落，所以我基本不用考慮華爾街的人才隊伍。而且，由於黑石還沒有設立成體系的部門和崗位，我需要親自參與面試，和新晉員工一起工作。在這個過程中，我發現了金融業的一個真理：這個行業鼓勵人們自欺欺人。大家認為自己很厲害，也會告訴你他們很棒，上一份工作從來沒有搞砸過，現在只是在尋求「更多的機會」。在聘用他們後，你就會發現，他們一般能力都不行。於是，你必須讓他們離職，再找更多的候選人。你必須再從第二組人中進行篩選，可能到了第三組才能找到自己想要的人。而第一組和第二組的人會告訴其他人，在你的公司工作太難了，這進一步增加了公司招聘的難度。

　　第三個問題就是我。雖然我擅長募資和交易，可以努力保持現金流源源不斷地進入公司，但在創業的前 5 年，我對人才的招聘和管理一竅不通。彼得有時會讓朋友來公司工作，即使沒有適合他們的業務。而真正有業務的合夥人會各幹各的事，他們完全不知道公司其他部門在做甚麼。信息在我這裡匯總，

---

① 卡曼契人，在歐洲人來到美洲前居住在美國懷俄明州東部普拉特河沿岸的一支美洲原住民。——譯者注
② 莫霍克斯族，易洛魁聯盟中位於最東側的北美原住民部族。——譯者注

但我不能確保每次都把信息傳出去。我們更像是個體的集合，而不是一個團隊。我為自己找了理由：我們所處的行業競爭激烈、賺錢不易，所以沒有時間顧及他人的感受。實則不然。

───────

1991 年，黑石招聘了首批 MBA 畢業生，我認為這是公司開始優化招聘和培訓流程的機會。這一刻我就知道黑石必將成功 —— 這些把職業生涯交給我們的前途無量的年輕人，就是黑石的未來。為了回報他們，我們有責任打造一種企業文化，讓他們能夠在這裡實現自己的抱負。

我初入職場時經歷的華爾街文化是行不通的。雷曼兄弟的人頭腦聰明、性格堅韌，也賺了很多錢，但人際關係極為複雜，有時會有人惡語傷人。黑石發展早期的企業文化與我們供職過的機構相似。儘管我們努力創建一家新型的公司，但仍有一些中層對手下的員工極為苛刻。他們偶爾會對下屬大發脾氣、出言不遜，甚至還會推推搡搡。他們會等到週五的最後一刻再佈置工作，目的是要下屬週末沒辦法休息。有一次，一位年輕的分析師因惱羞成怒而踢壞了一台影印機。我聽說之後心想，這太瘋狂了。

為了把公司惡劣的行為斬草除根，我們請了一個名為「尊重工作」的團隊。團隊採訪了整個公司的人員，以便了解現狀。

他們把黑石員工分成小組，每個小組排練短劇，由演員或員工本人扮演霸凌者或受害者的角色，通過表演的形式向大家展示自己的行為。每次表演我都會坐在前排看。這些演員的表演令人震驚，公司同事的行為很荒謬，但可怕的是，這些都是真實發生的，是不可否認的。正視缺點是消除這種行為的第一步。我們明確表示，如果有人再有類似的行為，那麼「肇事者」將被解雇。我必須說出自己的價值觀，並維護這些理念，向公司的每個人表明我的嚴肅態度。

正如我們在埃德科姆事件之後重新思考公司的投資流程一樣，我們現在假設自己就是這些加入黑石的年輕人，設身處地地思考他們想從公司獲得甚麼。在帝傑證券工作的時候，我從來沒有接受過正規培訓。我在辦公室畏首畏尾，希望沒有人注意到我，害怕別人發現我的無知或無能。我當時一定是曼哈頓東區止汗劑買得最多的人。而在雷曼兄弟，我只能從自己的錯誤中學習。在那種環境中，學習的進展緩慢，不確定性又高，會對心智造成很大的損耗，讓人倍感倦怠。因此，在黑石，我們投資打造了一個全面的培訓計劃，確保新員工在開始工作之前就掌握工作內容和技巧。我們希望他們能夠盡快獲得主動權，在工作中發揮積極作用，熟練掌握金融和交易的基礎知識，時刻牢記公司的文化，不再掩飾和隱瞞自己的無知。新人是我們最寶貴的資源，這個高效的培訓計劃產生了很好的實際效果，讓他們獲得了信息和信心，讓他們感覺自己受到重視，

幫助他們投入工作。與成果相比，培訓計劃的成本可以忽略不計。

　　我們明確表述了公司對員工的一系列期望，我也在歡迎新晉分析師的致辭中提出了這些要求。公司的期待可以歸結為兩個詞：卓越和誠信。如果我們能為投資人提供卓越的業績表現，並保持白璧無瑕的聲譽，我們就有機會發展壯大，追求更具趣味性、更有價值的工作。如果投資表現不佳或誠信受損，公司就會失敗。

　　為了確保大家能真正理解我傳遞的信息，我從狹義、實用的角度定義了「卓越」：卓越意味着一切都要做到 100%，這意味着「零失誤」。黑石與學校不同，在學校，答對 95% 的題就可以拿到 A。在黑石，對我們的投資人來說，5% 的表現不佳都意味着巨大的損失。追求卓越會帶來很大的壓力，我推薦兩種解壓方法。

　　第一個方法就是專注。我對新人説，如果覺得工作量太大，難以招架，那麼請把部分工作分給他人。這一做法可能有點不合常理。追求卓越的人往往會主動承擔更多責任，而不是放棄部分責任。但是，公司高層關心的是把工作做好。如果承擔太多但結果不好，你就不是英雄，也沒有甚麼值得表揚的。更好地專注於自己可以做的事情，出色地完成工作，把剩下的任務分配給他人。

　　充分把握機會、追求卓越的第二個方法就是在必要時尋求

幫助。黑石集團裡參與過大量交易的人比比皆是。你需要花一個晚上才能解決一個問題，但更有經驗的同事很可能會在更短的時間內解決這個問題。我建議，不要浪費自己的時間重新製造輪子。你周圍有很多現成的輪子，在等着你加大馬力、提高轉速，朝着新的方向推進。

至於誠信，我認為最簡單的方式就是從「聲譽」的角度理解。為了贏得良好的聲譽，需要從長計議。我在費城郊區長大，自那時起，我就一直遵循着中產階級的價值觀，持續建立自己的聲譽：誠實善良、吃苦耐勞、尊重他人、信守承諾。這些價值觀聽上去很簡單，因為確實並不複雜。複雜的概念會在我們工作的陷阱和誘惑中消失殆盡。所以我給新晉分析師的信息很簡單：堅持我們的價值觀，永遠不要拿公司的聲譽冒險。

在我的職業生涯中，我曾與華爾街最不堪的人打過交道。我曾見過人們背信棄義，給自己、公司和家人帶來災難性的後果。20世紀80年代早期，我在雷曼兄弟公司主管併購業務，丹尼斯·萊文（Dennis Levine）在我隔壁的辦公室工作。丹尼斯剛剛組建自己的小家庭，與我們這些銀行家並無二致。但在1986年，他承認了自己內幕交易、證券欺詐和做偽證的罪行。他一直在收集與計劃收購企業相關的機密信息，並購買了目標公司的股票。在收購消息宣佈後，被收購公司的股票上漲，萊文獲得了巨額非法利潤。他最有名的同夥是伊萬·博斯基（Ivan Boesky）。這個交易員總是穿着三件套西裝，穩居華爾街中心，

賺了數千萬美元。每個人都認識博斯基，每個人都跟他打過交道。

20 世紀 80 年代初的一天，博斯基邀請我去第四十四街的哈佛俱樂部喝酒。他首先問我喜不喜歡雷曼兄弟。我告訴他，我工作得很開心，也很喜歡這些交易和規模。然後他問我：「你不想賺更多的錢嗎？」我表示自己已經賺得不少了，將來還會有更多的收入。「但你不想早點兒拿到更多錢嗎？」他說。我以為他在給我推薦工作機會，所以我告訴他在雷曼兄弟挺好的。但他還在繼續追問這個奇怪又含糊的問題：「你不想賺更多錢嗎？」

最後，我問他是不是還有別的事。他說沒有了，然後開車送我回家。我沒怎麼在意這件事，直到博斯基在 1986 年因為萊文的證詞被捕。《華爾街日報》刊登了一篇故事，講述了博斯基如何引誘另一位同謀馬蒂‧西格爾（Marty Siegel）入夥。西格爾是基德證券（Kidder Peabody）的併購業務主管。博斯基邀請他在哈佛俱樂部見面，也提出了同一個奇怪的問題：「你不想早點兒賺更多錢嗎？」

博斯基、西格爾、萊文，還有一位更年輕的銀行家艾拉‧索科洛夫（Ira Sokolow）都進了監獄。當看到這則新聞的時候，我突然意識到，萊文一定曾經直接從我的辦公桌上拿走過一些內幕信息材料。他一定來過我的辦公室，把相關材料拿走，交給了伊萬‧博斯基。

　　我把這個故事告訴給第一年加入黑石的同事,以此作為警示。博斯基、萊文、索科洛夫和西格爾這些人跟我們都差不多。我們工作生活、為人處世的方式都一樣,他們卻因為內幕交易而入獄。我給新人發出警告:「如果我在黑石抓住你們做類似的事情,那麼我會親自把你們送進監獄。」我這樣說,不是為了嚇唬他們,而是為了幫助他們。我在消除他們的疑惑,讓他們更容易做出正確的決策。

　　我和彼得在 1991 年招聘這一批 MBA 畢業生的時候,計劃的都是幾十年以後的事。我們希望有一天,我們可以把公司交給這個團體。我們希望這些人可以確保黑石在我們離開後也能長期發展壯大。他們代表了公司的未來。我們為他們提供培訓,不僅要把他們培養成出色的運動員,還要讓他們成為教練,為未來的新人提供培訓。黑石要打造信息機器、增加新的業務線、實現規模化發展,所有這些設想都取決於這些二十多歲的年輕人能否發揮我們在他們身上看到的潛力。我們的賭注正確與否,只有時間才能證明。

　　事實證明,我們做的是對的。第一批 MBA 員工中的許多人,以及緊隨其後的人,多年來一直留在黑石,成為我們行業中最成功的投資者和管理者。

曾祖父威廉·施瓦茨曼於 1883 年從奧地利移民到美國。他後來在賓夕凡尼亞州的費城與珍妮·沃爾特曼相識並結婚。圖片來源：賓夕凡尼亞州人像攝影館。 1925 年左右。

曾祖父威廉·施瓦茨曼、曾祖母珍妮·施瓦茨曼及幼年時期的父親約瑟夫。 1925 年左右。

施瓦茨曼窗簾麻布店創始人、祖父雅各布·施瓦茨曼及童年時期的父親約瑟夫。1921年左右。

我與祖父雅各布·施瓦茨曼和祖母麗貝卡·施瓦茨曼在賓夕凡尼亞州費城。1951年左右。

父親約瑟夫‧施瓦茨曼在 1943 年第二次世界大戰期間。

母親阿利納‧施瓦茨曼。1943 年左右。

1947 年，我與父母在費城牛津圓環廣場的吉勒姆街 1113
號。我們剛剛買得起房子，母親就把家搬到了郊區。

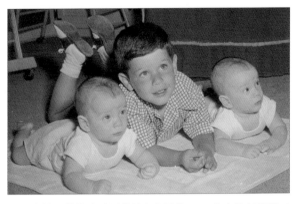

我與我的一對雙胞胎兄弟馬克和沃倫 —— 未來的割草隊三
人組。1950 年左右。

施瓦茨曼窗簾麻布店，費城弗蘭克福德區。1960 年左右。

我在 440 碼接力賽中跑第一棒，
1963 年。

1963 年，賓州接力賽的一英里接力冠軍。從左至右依次是：比爾·格蘭特、博比·布萊恩特、理查德·喬夫尼、我。

小安東尼和帝國樂隊，1964 年左右。
攝像：邁克爾·奧克斯 / 圖片來源：Getty Images。

我給耶魯學生的第一份重要禮物：廢除禁止異性進入宿舍樓的禁宿規定，1967 年。圖片來源：耶魯檔案館。

耶魯大四畢業生手冊照片，1969 年。耶魯。

3038 N STREET
WASHINGTON, D. C. 20007

September 26, 1969

埃夫里爾·哈里曼在 1969 年給我的回信（我寫信徵詢他關於職業發展的建議）。在哈里曼的鼓勵下，我進入了金融領域，後來又開展慈善事業，為世界各地的領導人提供意見和建議。

Dear Steve:

Thanks for your letter of September 19th. I am now living in Washington but come to New York occasionally. I find that I will be in New York on Thursday, October 16th and will be glad to see you at 3:00 p.m. if that is convenient, at my home at 16 East 81st Street. Let me know if that is convenient for you.

I am not sure that I can be of much help to you in making your decision but will be glad to discuss it.

Looking forward to seeing you.

Yours in 322,

W. Averell Harriman

Mr. Stephen A. Schwarzman, bsc
D-167
Donaldson, Lufkin & Jenrette, Inc.
140 Broadway
New York, New York 10005.

1970 年，我在路易斯安那州的波爾克堡參加軍隊訓練。

1971 年，我與室友傑弗里·羅森（戴着眼鏡）在哈佛商學院上課時提出各種刁鑽的問題。傑弗里·羅森是我情誼最長的朋友，現任 Lazard 的副董事長。

# Stephen Schwarzman, Lehman's Merger Maker

**By KAREN W. ARENSON**

Felix Rohatyn of Lazard Frères, J. Ira Harris of Salomon Brothers, Robert Greenhill of Morgan Stanley and Stephen Friedman of Goldman Sachs may still be the reputed kings of the merger and acquisition world, but a new generation of younger investment bankers is coming up behind them.

Of the newcomers, probably none has been as hot recently as Stephen A. Schwarzman, a 32-year-old partner at Lehman Brothers Kuhn Loeb. In recent months he has played an instrumental role in the Bendix Corporation's winning bid for the Warner & Swasey Company, RCA's $1.35 billion acquisition of C.I.T. Financial, and ill-fated talks between Macmillan and ABC. Other deals that bear his mark include the Beneficial Corporation's $72 million purchase last month of the Southwestern Investment Company and the Beatrice Foods Company's $488 million acquisition of Tropicana Products Inc.

"Steve has a special instinct that puts him in the right place at the right time," says Martin Lipton of Wachtell Lipton Rosen & Katz, one of the most active lawyers in mergers and acquisitions. "It's a very special instinct that you find in a Rohatyn or a Harris, but not in very many other people."

Being in the right place at the right time is as important a trait for a successful investment banker as knowing how to structure a securities transaction. The Wall Street wizards who facilitate the concentration and diversification trends that shape American industry are a cross between the ancient matchmaker and the modern financial expert. It is the investment bankers with the right clients and contacts who do the big business, who know what deals can get put together and who get called in when a deal starts to jell. One thing that separates the junior bankers from the big players is the size of their networks of contacts.

And Mr. Schwarzman's circle clearly has been growing quickly. His

two phones rang constantly on a recent morning in his maroon-walled second floor corner office overlooking Hanover Square: An executive interested in acquiring a company he represented. A potential new client setting up a lunch meeting. A client pledging money for Lincoln Center, for which Mr. Schwarzman has been helping to raise funds. An arbitrageur congratulating him on his latest deal. An associate checking the details on an assignment.

Mr. Schwarzman fielded each call with rapt attentiveness, eyebrows arching for emphasis, walking back and forth behind his desk in excitement.

According to those who have worked

Continued on Page 13

Schwarzman of Lehman Brothers: "I'm an implementer."

1980 年，33 歲的我在《紐約時報》上的首次個人專訪。

1987 年，我與兒子泰迪、女兒吉比在一起。儘管忙於工作，但我一直努力陪伴在家人左右。

在黑石公園大道辦公室與黑石合夥人合影，1988 年。從左至右依次是：詹姆斯·R. 比爾萊、勞倫斯·D. 芬克、我、彼得·彼得森、戴維·A. 斯托克曼、羅傑·C. 阿特曼。攝像：詹姆斯·漢密爾頓。

我的父母，阿利納·施瓦茨曼和約瑟夫·施瓦茨曼，1990 年左右。

《星期日泰晤士報》報道黑石集團的首筆歐洲投資。黑石在 1998 年收購了薩伏伊集團，包括薩伏伊酒店、克拉里奇酒店、伯克利酒店和凱萊德酒店。《星期日泰晤士報》/ 新聞授權。

樞機愛德華·伊根、喬治·H. W. 布殊總統、我和邁克·布隆伯格市長在阿爾·史密斯慈善晚宴上，紐約，2004 年。

我在祝賀 2005 年甘迺迪表演藝術中心獲獎人蒂娜·特納，奧花雲費和卡羅琳·甘迺迪望向我們。攝像：瑪戈·舒爾曼。

我與合夥人彼得·彼得森一起在黑石成立 20 週年之際，2005 年。黑石的發展壯大超出了我們的想像，但最好的時刻尚未到來。

我和托尼·詹姆斯一起慶祝黑石成立 20 週年，2005 年。在黑石的制度化建設中，托尼發揮了關鍵作用，他推動了黑石的轉型，確保公司至今經營良好。

我登上 2007 年《財富》雜誌封面。
© 2007 財富媒體知識產權有限公
司。保留所有權利。經許可使用。

2007 年，我與喬治·W. 布殊總統在我紐約市的公寓裡。我與喬治在耶魯上學時就認
識，我們各自的人生歷程和之後的交集一直讓彼此驚歎不已。
圖片來源：倒影攝影 / 華盛頓特區。

2008 年，在甘迺迪表演藝術中心晚會上。從左至右依次為：我、克里斯汀、姬蒂荷姆絲、湯告魯斯、甘迺迪表演藝術中心 2006 年獲獎人史提芬史匹堡、2007 年獲獎人馬田史高西斯以及甘迺迪表演藝術中心的主席邁克爾·凱澤。攝像：卡洛·普拉特。

我與前總統比爾·克林頓在白宮，2009 年。攝影師：瑪戈·舒爾曼。

2009 年，我與特德·甘迺迪參議員在甘迺迪表演藝術中心。特德品質高尚，給予了我很大的支持，我們建立了深厚的友誼，與他共事是我在甘迺迪表演藝術中心最喜歡的事情之一。

2009 年甘迺迪表演藝術中心榮譽獎頒獎典禮。從左至右依次為：我的弟弟馬克、美國第一夫人米歇爾·奧巴馬、我的母親、我的繼女梅根、克里斯汀、我、巴拉克·奧巴馬總統。

2011 年，我在巴黎愛麗舍宮接受法國總統尼古拉·薩科齊頒發的榮譽勳章。

2013 年，我在清華大學蘇世民書院奠基儀式上。

我與中國副總理劉延東。她是朋友，也是蘇世民學者計劃非常寶貴的支持者。2013 年。

2014 年，我回歸創業模式，從頭開始建立蘇世民書院。

2014 年，我與密友摩根大通副董事長吉米・李。我和吉米在黑石成立之初就緊密合作，我們兩個人的事業齊頭並進。

我在耶魯大學的大食堂，未來將改建為施瓦茨曼中心，2015 年。
攝像：邁克·馬斯蘭 / 圖片來源：耶魯大學。

2015 年，我在紐約經濟俱樂部與阿里巴巴集團聯合創始人兼執行董事長馬雲敍舊。馬雲調侃說：「你和我是同一類動物。」

2016 年，我在加利福尼亞州比弗利山莊舉行的米爾肯研究所年度全球會議上發表演講。
攝像：帕特里克·T. 法倫 / 圖片來源：Bloomberg 經由 Getty Images 提供。

我登上《福布斯》雜誌封面，2016
年。© 2016 福布斯。版權所有。經
許可使用。

2016 年，清華大學蘇世民書院。我們希望蘇世民書院能夠結合中西方建築藝術和設計藝術的精髓。

蘇世民書院的內部庭院。

我與百事可樂前首席執行官盧英德、特朗普總統在白宮舉行的首屆總統戰略與政策論壇會議上，2017 年。攝像：凱文·拉馬克／圖片來源：路透社。

我與特朗普總統和中國國家主席習近平，在佛羅里達州棕櫚灘的海湖莊園，2017 年。

我與日本首相安倍晉三在聯合國大會期間，紐約，2017 年。

我與 2017 屆蘇世民學者一起在書院散步。

2017 年，我在蘇世民書院的院子裡與學生共進午餐。

我與黑石基金會負責人艾米·斯圖爾斯伯格和蘇世民書院女子足球隊，2018 年。

我為蘇世民書院 2018 屆畢業生頒發文憑。

我與第三批蘇世民書院學者自拍。前排，從左至右依次為：伊曼·艾爾·莫拉比特（正在拍照）、我、艾米·斯圖爾斯伯格和執行院長潘慶中。

我、克里斯汀與教宗方濟各，梵蒂岡，2018 年。

2018 年，我與克里斯汀一起抵達白宮，參加為法國總統伊曼紐爾 · 馬克龍舉辦的
國宴。攝像：勞倫斯 · 傑克遜 / 圖片來源：《紐約時報》/ 里德斯圖片公司。

2018 年，我和克里斯汀與我們資助的紐約天主教高中畢業生一起。

我與克里斯汀一起參加 2018 年紐約大都會藝術博物館慈善舞會。我們受邀擔任
舞會的名譽聯席主席，因為我們贊助了大都會藝術博物館的「天體：時尚與天主教
的想像力」展覽，這是該博物館歷史上參觀人數最多的展覽。攝像：尼爾森·巴納
德 / 圖片來源：Getty Images Entertainment 經由 Getty Images 提供。

邁克爾·蔡、托尼·詹姆斯、我和喬恩·格雷在黑石 2018 投資者日上。

我在接受墨西哥總統恩里克·佩尼亞·涅托頒發的阿茲特克雄鷹勳章。該勳章旨在表彰我在美國—墨西哥貿易談判中所做的貢獻，2018 年。

我與未來產業集團圓桌會議代表合影。前排，從左至右依次為：我、特朗普總統、美國前
國務卿亨利·基辛格。後排，從左至右依次為：白宮辦公廳副主任副幕僚長（負責政策協調）
克里斯·利德爾、甲骨文CEO薩弗拉·卡茨、IBM CEO羅睿蘭、總統高級顧問賈里德·庫
什納、高通CEO史蒂芬·莫倫科夫、谷歌CEO桑達爾·皮查伊、微軟CEO薩蒂亞·納德
拉、麻省理工學院校長拉斐爾·里夫、總統顧問伊萬卡·特朗普、卡內基一梅隆大學校長法
納姆·賈哈尼安和美國副首席技術官邁克爾·科雷特西奧斯。

圖片來源：白宮官方圖片，攝像：喬伊斯·N.博格西安。

我、麻省理工學院校長拉斐爾·里夫和 CNBC 主持人貝基·奎克參加施瓦茨曼計算科學學院發佈會，2019 年。

我邀請自己資助的一些美國田徑運動員在黑石享用午餐，其中幾位是奧運會獎牌獲得者，2019 年。

我與中國國家副主席王岐山，北京，2019 年。

我與中國副總理劉鶴，北京，2019 年。

英國《金融時報》報道了我對牛津大學的捐贈，2019 年。在報紙的頭版看到相關新聞和圖片後，我感到非常意外。這種報道證明了這一捐贈對英國的重要性。攝像：安德魯‧傑克，《金融時報》，2019 年 6 月 19 日。經《金融時報》許可使用。版權所有。

# 第三部分

## 掌 控

### SEEING AROUND
### CORNERS

## WHAT IT TAKES

Lessons in the Pursuit of Excellence

# 1

## 我的經驗與教訓

　　到 1994 年，拉里‧芬克已為黑石金融管理公司募資打造了兩隻大型基金，管理着約 200 億美元的抵押貸款支持資產。但美聯儲的加息幅度超過了預期，隨着短期利率的走高，長期利率也大幅上漲，許多債券投資者都措手不及。債券價格急轉直下，市場後來把這一事件稱為「債券大屠殺」。拉里手下基金的價值也被拉低了。

　　拉里想出售這項業務。其中一隻基金即將到期，他擔心由於業績下滑，投資者要收回投資。我據理力爭：的確，我們和其他市場參與者都在經歷艱難時期，但拉里及其團隊是這個業務領域內最優秀的，我還想繼續發展。即使業績有所下降、投資人贖回資金，我也確信債券這一資產類別最終會復蘇。我告訴拉里要再等待一段時間。一旦時機成熟，我認為出售資產或

業務是沒問題的，但現在還不是時候。如果我們堅持下去，這項業務將會規模巨大。

但我無法說服他。「為甚麼我對你的信心比你自己更大？」我問他。他告訴我，這筆業務佔他淨資產的 100%，但僅佔我淨資產的 10%，因此我們對風險的偏好不同。我們就這筆業務來回溝通了好幾個月。

我們的另一個分歧是業務的權益問題。根據我們最初的協議，黑石擁有黑石金融管理公司一半的股權，拉里和他的團隊持有另一半。我們同意將各自的股份減少到 40%，拿出 20% 作為股票分配給員工。如果在此之後還有任何進一步的股權稀釋，則從拉里所持的 40% 裡出。協議就是這麼規定的。但沒過多久，他們就要求我們放棄更多股權，我拒絕了。拉里和他的團隊非常憤怒，說所有的工作都是他們幹的。而我認為，一旦簽約，就要按協議執行。但現在回想起來，我應該把協議放在一邊，滿足拉里的要求。

黑石、拉里及其團隊最終把黑石金融管理公司的股權出售給匹茲堡的一家中型銀行 PNC。其中唯一值得回憶的是重新命名的過程。一旦 PNC 持有公司，公司的名字裡就不能再出現「黑石」的字樣。拉里希望新名字也能反映這家公司跟黑石曾經的聯繫，他建議使用「黑礫」（Black Pebble）或「黑岩」（BlackRock）。我覺得黑礫聽起來不夠大氣。於是我們選擇了黑岩 [①]。

---

[①] 黑岩，即貝萊德集團。——譯者注。

　　出售這項業務是一個大錯特錯的決定，責任在我。拉里陷入困境的基金從 1994 年的最低點恢復，而 PNC 在這次投資中大賺一筆。我一直想像着拉里可以成功打造一個大規模業務，他也的確成了全球最大的傳統資產管理者。現在我也經常見到他，他過得非常開心。黑石和黑岩的分道揚鑣令人唏噓。兩家公司都在曼哈頓中城，相距一臂之遙，是由同一個辦公室的幾個人創立的。我時常想像，如果兩家公司當初沒有分開，現在會發展成甚麼樣呢？

　　如果今天再讓我面對 1994 年的情景，我會想其他辦法，不會把黑石金融管理公司賣掉。拉里是個 11 分人才，他的業務正是我們想要在黑石建立的業務 —— 不僅有機會產生巨大的利潤，還能產生一種知識資本，為公司的所有業務提供信息，增強我們在其他領域的業務能力。此外，拉里的技能是對我本人技能的補充，他是一位非同凡響的人才和管理者。我專注於非流動性資產，而他擅長流動證券投資。我們本可以在同一個企業裡展開這兩個業務。

　　但作為一個缺乏經驗的 CEO，我犯下了錯誤，任由我們之間的差異不斷擴大。我堅持不能稀釋黑石持有的股權，因為我認為尊重原始協議的條款是道德原則。其實，我應該認識到，當情況發生變化、業務表現極好時，調整有時也是必要的。

當第一次想到增加黑石的業務線時，我們的宗旨就是要有選擇性地進入新領域。新業務不僅本身要表現出色，還能讓整個公司獲得更多信息、知識和技能。我們相信，我們從不同的業務領域學到的東西越多，公司的發展就會越好。這是哈佛商學院傳授的一個理念：在商界，一切都是相互聯繫的。與競爭對手相比，我們尋求機會、分析市場的角度和方法會有所不同。我們的視角會更加多樣、分析會更為深入。我們公司的信息來源越多，我們知道的就越多。知道的越多，我們就越聰明，想要與我們合作的人就越多。

1998 年，我們在歐洲開展了首筆大型交易，收購了英國的薩伏伊集團（Savoy Group）。薩伏伊集團持有倫敦四大歷史悠久的高級酒店：薩伏伊酒店、克拉里奇酒店、伯克利酒店和凱萊德酒店。當時我們還沒有在倫敦開設固定的辦事處，交易談判也很艱難，因為業主多年來一直在反對出售。於是我乘飛機去倫敦簽字。之後，我去了位於梅菲爾區的克拉里奇酒店。我找了一個梳化，坐下後整個身體深深地陷了進去，膝蓋幾乎跟耳朵同高。這個酒店亟須徹底整修。

可是，黑石有甚麼資格改造酒店呢？英國媒體把我們稱為「野蠻人」，是一群要毀掉這些國寶的無知的美國人。我知道，克拉里奇酒店重新裝修的效果將決定英國對黑石的評價。這個

酒店是倫敦最大、最傳統的酒店之一，也是王太后的最愛。如果我們做得漂亮，將來在英國開展業務就會更容易，效果會比任何廣告都好。我覺得這項工作很重要，於是親自承擔了酒店修復和重新裝修的監督任務。我喜歡參與美好事物的創造。

我認為，要讓英國人滿意，最好的辦法就是聘請一位英國裝飾師來翻新酒店。我打電話給馬克·伯利（Mark Birley），他在倫敦創建了一系列風格時尚、頗受歡迎的俱樂部和餐廳，包括安娜貝爾餐廳和亨利酒吧等。我建議他在克拉里奇酒店開一個俱樂部。他警告我不要跟他合作：「因為我特別不講道理。」他告訴我，他在倫敦裝修亨利酒吧時，供應商把主餐廳燭台搞錯了，送來的燭台與預定的不符。這個項目已經延期了幾個月，他的家人和商業夥伴都在努力推進，希望早日完工。他們勸他暫時將就，不要為了幾個燭台再推遲開業時間。但伯利不願意讓步。他要等到一切完美再開業。「我們賠了很多錢。」他告訴我，「但我不在乎錢，我關心的是完美。這會影響我看待事物的方式。」他為了追求卓越，放棄了輕鬆無壓力的生活，我表示完全能理解他的選擇。

後來，我請來 5 位頂級英國裝飾師，又組織了幾位品味出眾的上層社會女性組成專家組，讓裝飾師給專家組做演示。我花了 9 個月的時間，才把裝飾師和專家組聚到一起。在一天的演示結束時，我請專家組進行投票。其中一位女士舉起手來問道：「我必須投給其中的一個人嗎？」她們最終達成了一致意

見：一個都不喜歡。

第二天，專家組的一個成員、我的朋友多麗特‧穆薩伊芙（Dorrit Moussaieff）給我打來電話。她覺得我需要的人根本不是英國人，於是她向我推薦了一位住在紐約的法國人。我心想，這樣的人並不是裝修英式風格倫敦酒店的理想人員，但我已經無計可施了。

幾天後，蒂里‧德蓬（Thierry Despont）來到我的辦公室，他打扮得一絲不苟，全身散發着迷人的法式氣息。他送了我兩本關於他設計作品的書，並說：「我不參加面試。如果你想聘用我，請直接聘用我。此外，我不做商業工作，因此對我來説，這個項目是不合適的。」

我自然感覺很好奇。這種談判必將不同尋常，所以我開始發送探測器，看看能不能穿透蒂里強大的表面。我問：「既然你不做商業工作，那你都做些甚麼呢？」

「我做大房子。我剛完成的一個大房子的圖書館比克拉里奇酒店的大廳還大。」他又強調説，「我工作的時候沒有預算。」

「聽起來很有意思。」

「本來就很有意思。」

「出於好奇地問一下，你有沒有做過任何商業工程？」

「是的，我給朋友拉爾夫‧勞倫（Ralph Lauren）做過。」拉爾夫在重新設計自己在新邦德街的門店，他請蒂里複刻凱萊德酒店的樓梯間。「我告訴拉爾夫，我不能複刻凱萊德樓梯間的

樣子，但能複刻樓梯間的精髓。」於是，蒂里一直在紐約和倫敦之間飛來飛去，打造複刻了精髓的樓梯間。他告訴我，他曾因不同的活動和原因在克拉里奇酒店住過 17 次。他認為，這是一個「混亂的酒店」，其中一些房間是格魯吉亞風格，一些是維多利亞風格，酒店缺乏整體感。他已經在頭腦中重新設計了整個酒店，他說：「我就是這種思維模式。我住在哪裡，就會想如何把這個地方裝修得更好。」

跟不認識的人聊天，無論聊甚麼，都應當始終保持耐心，持續提問，直到找到一個共同點。蒂里不僅經常在克拉里奇酒店住，還思考過如何設計酒店，這一點告訴我，他最初對商業工作的保留意見是真實的，但可能並不完全符合現在的情況。克拉里奇酒店的裝修可能會招致懷有敵意的輿論意見，而蒂里有信心把酒店改造好。現在，我要做的就是把他說服。

「我知道你不做商業工作，但我感覺這根本算不上一個工作，」我說，「你已經在腦海中重新設計了這個酒店。」更重要的是，對任何裝飾師而言，這個酒店都會是最好的廣告。我認識很多設計師和裝飾師，但從未聽說過他，這一個項目就能增加他的知名度。「每個來倫敦的富人都會知道是你裝修了克拉里奇酒店，如果他們喜歡，就會聘用你的。」

「我會考慮下，然後打電話給你。」

兩週後，他回到我的辦公室。「我考慮了你的意見，我覺得做這個項目很容易，也能做好。」我問他有沒有甚麼設計思

路或草案給我看。「我的工作方式不是這樣的，規則是：我會跟你討論顏色和概念，向你展示我的想法。你可以對我的想法表示喜歡或不喜歡。我會和你一起工作，你可以否決我的任何想法，被否之後，我會再提出一個解決方案。」

到了這一步，我決定把壞消息告訴他。考慮到我們收購酒店最終支付的費用，公司已經沒甚麼錢聘用一名昂貴的裝飾師了。現金對我們很重要，因為我們正努力從這筆交易中獲利，但錢對他來說不那麼重要。對他來說，這家酒店本身就是一個很棒的廣告。他也不虧，我們也不虧，完美的結果。

「你跟每個人都這樣說話嗎？」他問道。

「我只是實話實說。」

「我唯一的回答應該是『不好』，但我現在要說『好』。」

蒂里的工作極為出色。裝修完成後不久，我就收到住在倫敦的流亡的希臘國王寄來的一封信。在我們收購了克拉里奇酒店後，他曾給一家英國報紙寫信，稱我們這些粗魯的美國人會摧毀他最喜歡的酒店。而在看到了黑石及法國裝飾師的工作成果後，他很友好地寫信給我，表示自己之前是錯的。

———

倫敦酒店交易的成功是黑石決定在英國開設首個海外辦事處的原因之一。在 20 世紀 90 年代末，諸多競爭對手開始開設

國際辦事處。進行全球擴張的理由有很多，其中最迫切的理由就是可以獲得更多投資機會。我們可以募集新的資金，找到回報投資人的新方法。如果美國再次陷入衰退，我們就可以把重點轉向歐洲等發達市場，或亞洲、拉丁美洲和非洲等發展中市場。但是，雖然之前在其他國家也開展了一些交易，如收購薩伏伊集團，但公司並沒有加速進行海外擴張，原因有二。

　　首先，我們最重要的投資規則是：不要賠錢。我們在美國發展很順利，有很多交易機會。我們了解風險，也知道如何把風險最小化。而在新的市場中，我們必須從頭開始學習。

　　其次，自從埃德科姆事件後，公司設立了嚴格的投資流程，而海外擴張可能會影響這一流程。流程成功的關鍵在於同一批人身處同一個房間，長期共同審查幾十個交易，解讀彼此對交易的信心水平。在得出結論之前，我需要相關人員親自向我介紹這筆交易。我可以從他人的音調中聽出細微差別，通過他們的肢體語言進行判斷，這些信息跟他們彙報的內容本身一樣重要。如果我們與分佈在全球各地的辦公室只是通過電話交流，那麼我想我們很難保持公司投資流程所需的嚴謹性。視頻會議技術的發展改變了我的想法。2001 年，你可以實時與千里之外的人進行互動。那一年，我們在倫敦開設了辦事處。

　　如果私募要在海外設立前哨，英國明顯是首選。這是歐盟交易最活躍的國家，我們也做過一些交易（如收購薩伏伊集團），只是沒有把團隊搬過去。對美國公司來說進入英國市場

相對容易，因為英國的語言、法律制度和整體營商環境與美國相似。但是，我覺得黑石需要在英國獨樹一幟。我們觀察了一些在英國做交易的美國人，他們穿着定制西裝和鞋子，偽裝成英國人。我們也看到一些在英國做生意的歐洲人，他們對英國人心懷敵意——英國和歐洲大陸之間的不和已有數百年的歷史。我們認為，我們的優勢是毫無掩飾的美國、毫無掩飾的黑石，我們要在沒有任何文化包袱的情況下，為市場提供獲得美國資金的途徑，提供美國的商業知識。我們就是一群貨真價實的美國人，在英國做生意。

大多數創辦新企業的公司都會選擇一位沉穩並且有着資深管理經驗的人士擔任負責人。是發展更重要，還是保持我們的文化更重要？兩者相比，我們認為派遣一個能體現黑石文化的人更為重要。所以，我們選擇了一位我們可以絕對信任並渴望在黑石集團內部建立自己企業的人。

戴維·布利澤（David Blitzer）1991年從沃頓商學院畢業，畢業後直接加入黑石，是我們招聘的首批應屆畢業生。我在深究交易細節時，會突然給初級分析師打電話，他就曾是其中之一。他喜歡可口可樂、漢堡和紐約洋基隊，從不穿定制西裝，是個由內到外地地道道的美國人。他性格開朗，善於交際，為人聰明，富有企業家精神。

唯一的問題是戴維自己不想去。他和妻子艾莉森（Allison）還沒有孩子，他們擔心英國醫院的醫療條件不好。所以我和克

里斯汀請他們去中央公園南街的一家法國餐館吃飯。我向戴維和艾莉森承諾，如果他們需要任何醫療護理，公司會支付往返美國的機票，如果艾莉森懷孕了，那麼他們兩個人可以在預產期前一個月回來。對當時的公司來說，這種安排的成本很高。但我希望戴維能去英國。我向他們保證，我認識的每個搬到倫敦的人都愛上了那裡。他們最終去了倫敦。

戴維選擇讓喬·巴拉塔（Joe Baratta）成為他的助理經理。喬曾在摩根士丹利工作過，也是二十多歲就來到了黑石。喬熱衷創業，癡迷於商業世界，而不僅僅是金融。他工作努力，曾經在一些待人接物最不地道的合夥人手下度過一段艱難的時期。但他挺了過來，為自己打造了極佳的聲譽。像戴維一樣，他能直觀地理解黑石的投資流程和企業文化。

他們帶着資金抵達倫敦。我們當時還沒有辦公室，轉租了一小塊 KKR 集團的辦公區。藉助黑石在私募股權和房地產方面非同一般的專業知識，他們開展交易，收購了酒吧、酒店和主題公園，並擴展到歐洲其他地區。他們富有創造力，積極進取，完成了黑石歷史上一些最為成功的交易，建立了公司第一個全球前哨基地，並完整地保留了公司的核心文化和紀律。後來，戴維和艾莉森在倫敦一共養育了 5 個孩子。

與此同時，在紐約，我們也在不斷擴張。湯姆·希爾（Tom Hill）是我在陸軍預備隊就認識的夥伴，我們兩個也曾在雷曼兄弟共事。我請他打造了一個新的對沖基金業務——黑石

另類資產管理公司（Blackstone Alternative Asset Management，BAAM）。當時，黑石在另類資產管理領域剛剛起步，湯姆接管了這一業務，並將其發展成為全球最大的對沖基金全權委託投資者。他最開始管理的資產不足 10 億美元，到 2018 年他退休的時候，資產管理規模已經超過了 750 億美元。

————————

　　戴維和喬抵達倫敦不到一年的時間，黑石租用的辦公室已經不夠用了。當進入新市場時，公司做出的每個選擇都是一種信號，包括聘用的人員、租用的辦公室。這些都是公司品牌的重要組成部分。我下定決心讓新的歐洲總部充分體現黑石的價值觀：追求卓越、誠實守信、關懷所有與我們有關的人 —— 我們的員工和投資人。

　　當我們聘請的房地產經紀人打電話給我時，我正在法國度假。他說他在倫敦找了 5 個地方，想請我看一下。我穿着牛仔褲和馬球衫乘飛機到達倫敦。這 5 套辦公室光線都不好，衛生都很差，天花板都太低，窗戶也都很小。我告訴房地產經紀人，這些地方非常不好，而他告訴我，這些是除倫敦金融城以外最好的辦公地點了。現在我親眼見到了這個經紀人：油光的頭髮梳到腦後，穿着緊身藍底細白條紋西裝，翼尖鞋上補了鞋掌，走起路來發出啪嗒啪嗒的聲音。

當我們駕車經過倫敦市中心的梅菲爾區時，我注意到伯克利廣場有一個被圍起來的建築工地。這個位置很不錯。

「那個地方怎麼樣？」我問房地產經紀人。

「租不了。」他說。這裡現在還處在打地基的階段，但房地產經紀人聲稱業主在建築完工前拒絕簽署任何租約。我堅持要看一看。

我讓車停下來，我們走到建築工地辦公室，找到了現場經理。我表示他的建築項目看起來非常棒。他說他們為此感到自豪。我問業主是一家保險公司，還是幾個聰明的企業家？經理說是保險公司。

當時，倫敦房地產的價值似乎正在下降。租金降至每平方英尺 60 英鎊。我猜測業主最初的租金期待值是每平方英尺 70 英鎊。如果市場繼續下跌，那麼這座建築很快會成為一個虧損的項目。我要求現場經理打電話給業主，告訴他們我會以每平方英尺 80 英鎊的價格至少租用一半的空間。如果我租下半棟大樓，每平方英尺支付 80 英鎊，而又沒有發生重大意外，業主還能以每平方英尺 60 英鎊的價格租出去另一半空間，這樣還是可以達到他們每平方英尺 70 英鎊的預期。

「我知道我的穿着不像一個真正的商人。」我告訴現場經理，「但我告訴你我會付 80 英鎊，我一個人就能拍板，不用向任何人彙報，我們會付錢，所以請讓業主知道。如果業主希望我們租一半以上，我們就租一半以上。」

　　當我們離開的時候，房地產經紀人開始批評我剛才的做法。他說，之前就告訴我業主不準備簽署租約，我浪費了他的時間，更是毀掉了我們在這個樓裡租用辦公室的機會。幸運的是，他這兩點都説錯了。業主第二天回電話說他們接受我的報價。我們可以租用一半的空間。現在，黑石租用了除一樓以外的全部樓層。

　　如果辦公室不完美，我是不會罷休的。擁有美麗的辦公空間，吸引最優秀的人才，讓客戶對我們的能力更有信心，這些回報要遠遠超過支付額外費用來完成交易的成本。要想獲得自己想要的東西，最好的方法就是先弄清楚能提供給你這個東西的人想要甚麼。我消除了業主對租金下降的擔憂，於是得到了我想要的辦公空間。

　　剛開始，我們把裝修交給了公司內部的設施部門。他們聘請了一家設計公司，來到紐約為我們做展示。這家公司建議我們在大堂放一塊巨大的天然木材。我覺得這樣看起來像 Timberland 的一個分公司。

　　「我們不是一家鞋店，」我告訴他們，「這設計太爛了。」

　　「您不喜歡哪裡？」他們問道。

　　「我哪裡都不喜歡。」

　　「我們可以改善。」

　　「不行，你做不到。一旦你想出了這個設計，你就沒辦法再改善了，因為設計理念本身就是錯誤的。我也不想讓你試着

改善了。你也許可以稍加改善,但我認為我們的合作還是到此為止吧。」

倫敦辦公室最大的特色就是空間充裕、窗戶寬敞。我請來在紐約認識的設計師斯蒂芬‧米勒‧西格爾(Stephen Miller Siegel),他提供了一套漂亮的設計方案,我們在世界各地的辦公室至今都還在用:一條不鏽鋼薄帶穿過胡桃木鑲板。倫敦和紐約辦公室之間唯一的區別就是燈光,所以我們選用略有不同的地毯,根據光線調節,以達到看起來相同的效果。金融公司之前沒有這麼漂亮的裝飾。當時這一設計可謂新穎獨特。

在雷曼兄弟的時候,我意識到我在辦公室待的時間比在家裡多,所以我想要一個美麗的辦公環境,這會讓我心情更為愉悅。我希望黑石的每個人都能擁有這樣的辦公空間:溫暖、優雅、簡約、平衡,自然光線從巨大的窗戶傾瀉而入。當人們來到黑石辦公室工作或參加會議時,我希望他們能像我一樣被這種體驗所震撼。

———————

2004 年的一個晚上,我在法國東部旅行。我的司機不會説英語,我也因歐洲旅行而疲憊不堪。手機響了,是一個獵頭打過來的。她問我是否有興趣成為華盛頓特區甘迺迪表演藝術中心的主席。

　　這個電話讓我很驚訝，當時我甚至不知道甘迺迪表演藝術中心是做甚麼的。她說這是位於華盛頓特區的「林肯中心」，主席的職務是兼職。我告訴她，雖然我很喜歡表演藝術，但我有一份全職工作，也就是經營黑石。但她堅持要給我提供一些相關資料。

　　幾天後，曾經擔任列根總統辦公廳主任的肯·杜伯斯坦（Ken Duberstein）給我打來電話。他告訴我，在華盛頓，為紀念約翰·甘迺迪總統而命名的甘迺迪表演藝術中心是絕佳的社交場所。其董事會中有內閣成員，每次總統來中心參加活動，我也能見到他。該中心是兩黨聯立的，所以不允許遊說。這裡也是華盛頓的社交中心，因此主席必須在華盛頓的各個圈子中間搭建橋樑——政界、商圈、法律界、文化圈，把美國和全球的精華帶到首都。

　　我一直對政治着迷。高中時，我就競選過學生會主席，拜見過埃夫里爾·哈里曼，在準備離開雷曼兄弟時，我也接受過白宮的面試。從黑石的角度看，我們面臨着越來越多與監管和稅收相關的問題。我們目前的投資人包括州級、國家級和國際投資基金，因此各級的政治活動對公司業務越來越重要。如果在華盛頓擁有一個正式職位，我就能結識新朋友，了解更多信息。我打電話給我的老朋友珍·希區考克（Jane Hitchcock）。她是住在華盛頓的劇作家和小說家，我想聽聽她的建議。「史蒂夫，」她說，「你必須要接受。」

　　肯安排我去見董事會。我從董事會了解到了相關信息：中心的目標、挑戰以及主席的責任。肯後來打電話給我，說董事會很驚訝，他們認為應該是他們面試我，結果我面試了他們。我告訴肯，我的目標是學習。我並沒有試圖說服任何人我適合這份工作。這與我對黑石面試的理解相同。如果雙方都可以保持輕鬆開放的心態，積極互動，那麼雙方是否合適便是顯而易見的。從那天的談話來看，我和甘迺迪表演藝術中心似乎很契合。

　　接下來，肯要我見見參議員特德‧甘迺迪 (Ted Kennedy)，每一屆新任主席都必須由他代表甘迺迪家族批准。特德來到紐約看我，告訴我，在他的哥哥傑克 [①] 和鮑比 [②] 20 世紀 60 年代被暗殺後，甘迺迪家族將其公共遺產分開管理。特德負責甘迺迪表演藝術中心；傑克的女兒卡羅琳 (Caroline) [③] 負責波士頓的甘迺迪總統圖書館。

　　「我對甘迺迪表演藝術中心有一個簡單的規則。」他告訴我，「我會支持你，並確保你從國會獲得所需的資金。即使你搞砸了，我也會支持你。在華盛頓特區，你有任何需求，都可

---

[①] 傑克，約翰‧甘迺迪，第 35 任美國總統，1963 年 11 月 22 日在達拉斯遇刺身亡。——譯者注
[②] 鮑比，羅伯特‧甘迺迪，在約翰‧甘迺迪總統任內擔任美國司法部部長，1968 年 6 月 5 日在洛杉磯遭槍殺身亡。——譯者注
[③] 卡羅琳，卡羅琳‧甘迺迪，律師、作家。約翰‧甘迺迪和第一夫人傑奎琳‧甘迺迪的女兒。——譯者注

以給我打電話，我都能搞定。」在我的想像中，這個過程會涉及各種各樣複雜的政治因素，而特德的承諾讓我距離接受這個職務更進一步了。

我告訴特德，還有一件事：我想讓卡羅琳介入。她代表下一代甘迺迪家族，卻從沒有來過甘迺迪表演藝術中心。他說他會跟她講。幾天後，卡羅琳打來電話，我們安排了一次會面。我告訴她，我希望她成為甘迺迪表演藝術中心勇於變革、煥然新生的象徵。我知道，她本身並不想做類似的事情，但對甘迺迪表演藝術中心來說，這是正確的選擇。如果她不能參與，我就不能同意擔任主席。令我高興的是，她同意參與甘迺迪表演藝術中心的活動。她開始每年主持甘迺迪表演藝術中心榮譽獎電視頒獎典禮，戴着她母親著名的鑽石耳環。

參與甘迺迪表演藝術中心的事務，也讓我與喬治‧W. 布殊重新取得了聯繫，他在耶魯大學比我高一屆。我在 1967 年的雙親節那天認識了喬治的父親，他後來成了第 41 任美國總統。為了紀念我的任命，第一夫人勞拉‧布殊在白宮的私人場所舉辦了一場午宴。午宴的蛋糕複刻了甘迺迪表演藝術中心的樣子，蛋糕上的建築模型上覆蓋了一層朱古力翻糖，舞台是用雪葩製作的，樂團成員是桃子切片，覆盆子代表了觀眾。

還有一次，我和喬治在白宮等着參加一個活動，兩個人有幾分鐘的時間閒聊。

「你怎麼會在這裡？」我問道。

「甚麼？」

「你是怎麼過來的？」

「我是總統。所以我在這兒。」

「我的意思是，你是怎麼成為總統的？」他啞然失笑。他也同意，如果你在 20 世紀 60 年代後期在耶魯遇到我們，那你一定想像不到，幾十年後，我們兩個人都出現在白宮，成為美國社會的中流砥柱。面對此情此景，我很想捏捏自己的臉，確定不是在做夢。這樣的相遇也再次提醒了我：在生命早期無意中結識的人，會在生命後期不斷出現，並給你帶來驚喜。

因為這個職務，我需要經常去華盛頓，而在首都的日子比我想像的更為充實。我有機會見到美國政府幾乎所有重要人物——從最高法院大法官，到國會領導人，到政府成員。

擔任主席也讓我過了一把製作人的癮。只要我在甘迺迪表演藝術中心，我都會上台介紹演出節目和嘉賓。在頒獎的時候，我會對獲獎者表示歡迎，並設宴接待他們。在我任職期間，曾獲得甘迺迪表演藝術中心榮譽獎的人包括多莉·帕頓 (Dolly Parton)、芭芭拉·史翠珊 (Barbra Streisand) 和艾頓莊 (Elton John) 等。

對我來說，最重要的是 2005 年，當時我們授予蒂娜·特納 (Tina Turner) 甘迺迪表演藝術中心榮譽獎。自從上大學以來，我一直很喜歡蒂娜的音樂。現在，我有機會招待她和其他 4 位獲獎者，參加整個週末的慶祝活動。蒂娜和她的好朋友奧花雲

費（Oprah Winfrey）一起來到現場。在美國國務院的一個活動上，奧花雲費向蒂娜敬酒，並跟我們一起參觀了白宮。在我們參觀的時候，蒂娜一直不停地喃喃自語：「我不敢相信，以我的出身，竟然有一天能來到白宮。」她的聲音小得出奇。在甘迺迪表演藝術中心榮譽獎的頒獎典禮上，碧昂絲（Beyoncé）和一群伴唱歌手演唱了《驕傲的瑪麗》，他們穿着蒂娜和愛科泰思樂隊（The Ikettes）出名的原創短裙。我和蒂娜在包廂裡，與其他獲獎者和總統坐在一起，我看到她的雙眼噙滿淚水。

　　幾年後的一個晚上，我在紐約第四十二街的奇普里亞尼俱樂部參加一個慈善活動，當時我看到在附近的桌子旁有人向我招手。因為燈光的原因，我看不清是誰，但是我的妻子推了推我，讓我過去打個招呼。那是碧昂絲和她的丈夫傑斯（Jay-Z）。我們聊了幾分鐘，又回憶起她 2005 年在甘迺迪表演藝術中心的表演。事實證明，她跟我的感受一樣，都覺得那是一個令人難忘、與眾不同的夜晚。當走回自己的餐桌時，我喜不自禁地搖了搖頭——我何其有幸，過上了這種非同一般的生活。

　　人生中重要的一點是始終對新體驗持開放態度，即使這些體驗並非完全在自己的規劃內。我在甘迺迪表演藝術中心的職位讓我能夠利用自己在組織管理、資金募集、人才招聘方面的豐富經驗，來回饋美國這個重要的文化機構。作為回報，我加深了對華盛頓特區的了解，也在娛樂業的幾乎每個領域（包括戲劇、音樂、電影、電視、歌劇和舞蹈）認識了很多有趣的人，

並建立了新的人際關係。我還會見了與每個藝術形式相關的明星、導演、編舞家、音樂家和作家。對來自金融界的人來說，擔任甘迺迪表演藝術中心的主席是一次千載難逢的機會。雖然我當時並不知情，但我所建立的人際關係最終對我產生了重要影響，甚至為我後來打造類似的機構提供了幾個難得的機會。

# 2

## 公司文化比管理更重要

　　隨着公司的快速發展，保持公司文化零缺陷、管理迅猛擴張公司的負擔日益加重，令人幾乎難以支撐。到 2000 年，彼得已經 70 多歲了，大部分時間都在管理外交關係委員會（Council on Foreign Relations）[①]，專注於美國政府面對的國內和國際經濟問題。當我們創辦公司時，他告訴我他不想參與投資領域。他說他會幫助我們籌集資金，繼續參與諮詢業務，只要我開口，他會盡全力幫助我。看着現在分身乏術的我，彼得表示：「史蒂夫，你會猝死的。你工作太拚了。」他說得對，企業的日常管理不是我的強項，我獨木難支，需要幫助。

　　我從 20 世紀 80 年代後期就認識了吉米・李，當時他在化

---

[①] 外交關係委員會，美國一個專門從事外交政策和國際事務的非營利、無黨派的會員制組織，被認為是美國最有影響力的外交政策智庫。——譯者注

學銀行供職，我們曾請他給我們的第一筆交易 ── 併購運輸之星提供資金。從那以後，我們一起做了大量的業務。他本人充滿能量和熱情，是誠信的楷模，我們倆是好朋友，我非常信任他。他了解資本市場、併購業務和收購業務，也是一位出色的推銷員。我覺得我們可以在黑石共同打造成功的業務，享受彼此的合作。

在我們第一次聊的時候，他表示很喜歡這個想法，但很難離開自己在摩根大通的同事。我讓他考慮一下。過了一段時間，他來找我：「我想接受你的建議，我想做出改變。」

當我們正在就法律安排事項進行談判時，我接到了另一位好朋友摩根大通 CEO 比爾‧哈里森的電話：「吉米過來找我，跟我講了你們之間的事。你知道我有責任為留住他而戰。」

「當然，比爾，我知道，」我說，「吉米對你無比忠誠。我也告訴他，不要考慮任何來自我這邊的壓力，自己好好想清楚，因為這關乎他自己人生真正的追求。這不僅僅是一份工作，摩根大通對他來說像生命一樣重要，黑石對我的意義也是一樣。他必須自己想清楚。」

「無論他的決定是甚麼，我們都必須接受。」比爾說，「我只想告訴你一下，我們已經聊過了。」這樣，幾天後，吉米和黑石之間敲定了法律協議和新聞公告。就在我們將要發佈公告的前一天，我正在佛羅里達州薩拉索塔的麗思卡爾頓酒店的陽台上散步，手機響了。

「史蒂夫，」吉米説，「我做不到。」

「甚麼做不到？」

「我不能離開這家銀行，我知道我讓你極為失望。任何可能需要的資源，你都給我了，我也告訴你我會加入黑石，但我意識到自己做不到。」

「吉米，我們已經花了幾個月的時間，我真的希望你能加入黑石。但我從一開始就説了，這是你的決策，是你的人生。你不需要摻雜太多情感因素。如果你要加入黑石，就必須全身心地投入。如果你做不到，就不是一件好事。你絕對不應該因為對我感到內疚而加入我們。如果你需要更多時間思考，那麼絕對沒問題。」

「不用了，」他説，「我已經考慮過了，我得留下來。」

我感到挫敗和失望。但我知道吉米的優點，同時也了解他的弱點。雖然他在華爾街叱咤風雲，主導諸多業務領域，但他的內心深處，還是一個謙遜有禮、盡職盡責的天主教男孩，他必須要做自己認為正確的事情。

我花了一年的時間，才從這次打擊中恢復過來，鼓起勇氣再次開始招人。獵頭公司給我開出名單 —— 大都還是以前那些名字，只有幾個新人，但其中一個叫托尼·詹姆斯（Tony James）的名字讓我眼前一亮。大約 10 年前，我們同意以 16 億美元收購芝加哥西北鐵路公司（Chicago Northwestern Railroad）。我的第一個雇主帝傑證券給了我們過橋貸款，用來

支付部分收購成本。我們計劃通過發行債券來償還貸款。但是，由於 20 世紀 80 年代後期信貸環境收緊，我們不得不支付更高的債券利率，目的是在市場完全關閉前完成交易。

一天清晨，暴風雨肆虐。幾個小時後我必須趕飛機去倫敦。我、彼得、羅傑·阿特曼與帝傑的團隊面對面坐着，討論債券的具體利率。帝傑想要一個沒有限制的浮動利率。我不同意——如果公司陷入困境，理論上，利率就可能會飆升。帝傑又提議採取有限制的浮動利率，以一些華爾街專家認為的合理利率為基礎，設定一個最高利率和最低利率區間。但我知道利率一定不會下浮，只會上浮至最高利率。他們認為，這是出售債券的必要之舉。我們希望給利率設定較低的固定上限，這樣可以確保我們的償還能力。雙方的談判毫無進展，而我們的航班正在等待起飛——如果沒有因天氣原因而取消的話。

「我自己拿出 100 萬美元下注，你設定的利率上限，不管有多高，一定是這些債券最後實際支付的利率。有人願意跟我賭嗎？」我問道。他們肯定不會下注，這一點我心知肚明。果真沒有人站出來。

「那 50 萬呢？」

沒有人。帝傑這些人以為我不知道黑石最終會成為他們提議的結構的受害者，他們也沒有信心可以在沒有上限的情況下出售債券。

「10 萬怎麼樣？還是沒有人？有人願意出 1 萬嗎？」

　　一隻手舉了起來，這個人就是托尼・詹姆斯。為了推動談判，我同意了帝傑提議的結構。後來果不其然，債券遭到重置，利率升至區間最高點。我告訴托尼，他可以把他的 1 萬美元匯給紐約市芭蕾舞團。我一直記得這個人 —— 他是唯一一個力挺公司立場的人。

　　我問獵頭公司要了他的檔案。托尼在帝傑主管公司金融和併購，開創了公司的私募股權業務。在過去 10 年中，帝傑私募股權基金的表現是最好的，而托尼正是扣動扳機的那個人，是帝傑的主要投資人。我們在黑石所做的一切，他都在帝傑完成了，很多時候，甚至完成得更好。我邀請他到我家吃飯。

　　托尼身材高大，話不多，頗有貴族風範。他在波士頓富裕的郊區長大，讀的都是最好的學校。他的大部分職業生涯都在帝傑度過，但自從帝傑被瑞士信貸（Credit Suisse）收購之後，他變得非常沮喪。我能理解他的感受，因為我們也曾把雷曼兄弟賣掉。他不喜歡新的等級制度和官僚主義。他在帝傑的業績非常出色，但他從不自吹自擂。他只是列出了事實，他所做的交易、交易的原因和時間。

　　在接下來的幾週裡，我們兩個人見了很多次面，也在一起吃了好幾頓飯，彼此了解的程度遠遠超出了一般意義的招聘環節。我知道這將成為我做過的最重要的聘用決策。我們一直在談論各種有意思的交易，那些錯綜複雜的細節，那些艱難的決策，為甚麼我們選擇了這一個、放棄了那一個，無論結局是對

還是錯。我們談到了我們都沒有參與的交易，想像自己會如何處理這些交易。他是怎麼想的，我是怎麼想的，應該如何處理，我們的想法幾乎完全一致。

我打電話給帝傑的一些老朋友，包括迪克·詹雷特。他們說的話都一樣，彷彿大家拿的都是同一個劇本：「對你來説，托尼是完美人選，絕對完美。他是我們這裡最聰明的人，百分之百的敬業、忠誠、勤奮，沒有人比他工作更努力了。全身上下沒有一個搞辦公室政治的細胞。他會跟你形成完美互補，永遠不會削弱你。他會成為一個萬裡挑一、極為出色的合夥人。」我信任我的朋友，我信任他，我也相信自己。於是，萬事俱備了。

在我跟托尼討論完畢時，我告訴他：「聽着，我們幾乎對所有的事情都意見一致。我們將來只會出現一個分歧。我只喜歡做大事，不喜歡分散精力，我喜歡抓住巨大的機會，把它們變為現實。你的人生哲學不一樣。你喜歡進行有效的交易。你會做大事，也會做小事。你不關心規模，只要交易的結構完善，能夠獲得成功。

「當我不想做那些不重要的交易時，你會對我不滿意，因為你知道自己可以設計這些交易，也能夠賺到錢。你將無法理解為甚麼我不同意。但我的原則就是始終保留我們的火力，直到遇到有價值的交易。」

托尼於 2002 年加入黑石，成為我的合夥人和首席運營官。

正如我預測的那樣，規模問題是我們之間出現過的唯一分歧。關於黑石運營的方方面面——每個人事問題、管理問題、交易決策、投資人問題、公司的發展方向、業務選擇，我們兩個人都會進行談論，尋求答案，兩個人的意見總能一致。我們的合作夥伴關係取得了令人難以置信的成果。

───────

　　我不是一個天生的管理者，但這麼多年也有所進步。而托尼恰恰相反，這一點他自己都承認。他是一位出色的管理者。

　　內部人士往往會對外來人心生怨恨，於是我把重要任務分階段委派給托尼，這樣黑石的合夥人可以逐漸適應他的風格和方向，避免內部分歧。他首先擔任了首席運營官，後來成為公司總裁。我花了一年的時間，讓他逐漸擔任每個業務部門的重要職務。這個過程結束後，每個人都對他的能力表示信服，並接受他的領導。隨着時間的推移，他開始管理業務，指導投資，處理隨黑石發展而越發具有挑戰性的日常管理事務。

　　他剛加入黑石，就發現公司文化需要重整。十幾年前，埃德科姆事件後，黑石進行了徹底的變革。正是這種變革，才使我們剛剛避開了互聯網泡沫的過度膨脹。當初，儘管公司年輕的合夥人敦促我更積極地投資科技公司，但我始終不為所動，因為我覺得當面對科技公司時其他投資者似乎放棄了進行估值

的一切邏輯。總之，由於公司的投資紀律，我們沒有隨波逐流。

公司文化還體現在許多其他重要方面。例如，每個星期一早上，所有的投資團隊都會聚集在一起，討論各自的交易及其背景，從早上 8 點半開始，一直持續到下午。我們會討論全球經濟、政治、與投資者的對話、與媒體的交流，以及可能影響業務的任何問題。然後，我們會分析一系列實時交易，分享我們參與全球各地不同活動時的見解和想法。每個人都可以參加，我們鼓勵有相關想法的人發言，無論他們的年齡大小、在公司的級別如何。唯一重要的是他們思考的質量。我們致力於透明、平等、理智、誠實，而直至今日，星期一早上的例會仍是公司文化價值最有力的證明。

但是，由於人事變動，黑石引以為豪的公司文化受到了損害。許多合夥人變得驕傲自負，有時候在星期五不上班，有時會拒絕拿出足夠的時間來訓練和指導自己的初級員工。公司的許多支持部門，從人力資源到薪酬管理，也都沒有發揮應有的作用，但我太忙了，沒時間處理這些問題。2000 年，在現有 12 個合夥人的基礎上，我又推動增加 5 名三十幾歲的合夥人，希望能重振公司的士氣，但並未達到預期效果。

托尼開始「開牆鑿洞」，不僅僅是推動組織變革，還改造了辦公空間。他拆下合夥人辦公室的隔板，換成玻璃，這樣合夥人和公司其他部門彼此都能看到，現在，分析師和助理經理的工位上也能有陽光傾瀉。托尼辦公室的門是常年打開的，他希

望別人也能這麼做。他注重家庭建設，邀請員工帶子女來到辦公室，了解自己父母每天的工作。他開展針對公司全體人員的360度績效評估。他對薪酬體系進行全面改革，打造了以團體獎金池、書面反饋和公開評論為核心的薪酬管理制度。

員工現在知道了公司的各項機制正在正常運轉，他們自己也能得到托尼的支持，因此他們更有信心表達出自己的想法，特別是那些年輕人。現在參加星期一早上會議的人數令公司律師感到緊張，他們擔心有太多人知道太多信息。但托尼和我拒絕改變現狀。如果我們開始減少參會人數，那麼員工又怎麼能消化吸收我們的投資流程呢？其他金融公司的員工幾乎都是井底之蛙：他們只能看到自己業務中正在發生的事情。我們星期一早上的會議讓公司各個部門的人都能看到其他部門的專家如何進行思考、如何採取行動，我們也從來沒有出現過任何違反保密規定的現象。

在推出360度績效評估幾年後，我了解到，公司最資深的高管之一總是聲色俱厲地訓斥和貶低下屬——而這些正是我幾年前努力消除的行為。我意識到我不能把這個問題交給他人處理。我私下逐個會見了與此人在工作中接觸最多的15個人，並向他們保證，我們的交流內容絕對保密。我希望他們相信這個調查流程，希望他們能知道，他們坦誠的回答可以幫助公司重振核心價值觀。通過談話，我了解到，這個合夥人撒謊成性、睚眥必報。我叫他到我的辦公室，跟他說我已經了解了情

況──每個和他一起工作的人都怕他。考慮到他的職位，我覺得他可能是因為壓力太大、難以自控，總之應該是因為他控制範圍之外的原因。我準備再給他一次機會。

「我知道這次談話讓你感到震驚。」我告訴他，「你可能因自己被發現而震驚，也可能因自己存在這方面的問題而震驚。但無論如何，如果我再看到或聽說你有類似的行為，你就不能在黑石待下去了。我不希望你離開，但如果這類情況再次出現，我只能說一聲抱歉。」此後，他的確改變了，但積習難改，一年後他又恢復原樣。於是，我們讓他離職了。

我從來不是一個需要不惜一切代價繼續掌權的創始人。擺脫了日常管理的負擔後，我有了更多的精力來進行我熱愛的交易業務。托尼給公司的每一個部門都帶來了紀律性和秩序性，這一點是前所未有的。我知道，引入托尼這樣的人才，授予他充分的權力，可以推進公司的制度化建設，為黑石完成華爾街歷史上一些最大的交易提供資源優勢。

———————

2006 年，安格拉・默克爾邀請我在柏林的德國總理府與她見面。我們已經對德國公司進行了大量投資，但德國副總理弗朗茨・明特費林（Franz Müntefering）把私募股權投資者稱為吞噬公司的「蝗蟲」。這一觀點在德國引發了全國大討論，佔據了

每天的報紙頭條和電視新聞。

「我讀過一些報告，但想要了解更多。」這位德國總理說。謝天謝地，她希望了解批評意見的另一面。「他們說你是蝗蟲。」她把手指舉過頭頂，像蝗蟲的觸角一樣擺動。

「但我是個好蝗蟲。」我說，也做了同樣的手勢。

「但他們為甚麼稱你為蝗蟲呢？」

我向她解釋了一番，每次被人問到「你是做甚麼的」的時候，我都會給出同樣的答案。我們從事的是收購、改善和出售企業的業務。我們既是投資者，又是管理人和所有者。我們努力改善所收購的公司，幫助它們快速發展。公司發展得越快，其他收購者就會支付越高的價格。有時，我們收購的公司管理不善，因此，我們必須裁員、提高員工團隊素質，或必須改變公司發展策略，這些舉措給外界造成了不良的印象。即使我們改善了公司、發展了公司，增加了招聘人數，被我們解雇的人也會一直懷恨在心，對我們持批評意見。

默克爾告訴我，她在東德長大，從來沒有學過商業或金融。她的父親是牧師。她大學的專業是物理，後來也做過物理學家。但她學東西非常快。她問道：「為甚麼並非所有公司都像私募股權所持有的公司一樣經營？」我說：「因為有些企業需要獲得更大的資金池，而這些資金只存在於公共市場。例如，一家採礦公司必須在勘探和開採方面投入大量資金，才能有望在未來獲得現金流。至於其他公司，也許都應該像私募股權所

持有的公司一樣運作。」

德國總理的問題頻頻涉及在私募股權投資問題上的爭論，而金融危機更是加劇了對這一問題的質疑。像我們這樣的投資者是有助於經濟，還是於其有害？反對我們的論點一直稱，私募股權只不過是一小部分人在搞金融工程，他們不懂工廠、商舖、大樓和實驗室，不懂實體經濟的運行。但其實，我們不是這樣的。

當看到資源錯位時，我們就會進入市場──一個偉大的公司遇到了困難，需要融資和運營干預來幫助它渡過難關；基礎設施項目需要資金；公司希望出售一個部門，並將其資本投入其他業務；一個了不起的企業家希望擴大規模，或收購競爭對手，但銀行不願意為其提供資金；等等。我們進入這些機構，通過融資、業務策略轉型或專業運營人員來改善公司現狀，我們也投入必要的時間，最終扭轉局面。

# 3

## 創業維艱

　　我曾經在一個美國頂尖大學參加學生創業者會議。一位創業學教授展示了一張幻燈片，説明了初創公司必須採取的所有步驟——從招聘人員、籌集資金，到開發產品、進入市場。他的幻燈片上是一條上行的曲線，公司沿着可預期的軌道發展，依次到達各個階段的里程碑。「要是真的這樣就好了。」我心想。我的創業經歷絕對不是一條平穩的上行曲線。創業是那樣艱辛、那樣勞心費力，所以我從來不理解為甚麼有人想成為「連續創業者」。一次就已經夠難的了。

　　教授在講完課之後，把話筒遞給了我，我想，是時候讓這些學生了解現實、面對現實了。於是我告訴他們，如果你們想創業，就必須通過三項基本測試：

　　第一，你的設想必須足夠宏大，足以值得你全身心投入。

你要確保自己的創意有潛力發展成一個規模巨大的企業。

第二，企業的產品或服務應該是獨一無二的。當人們看到你提供的東西時，他們應該對自己說：「我的天哪，我需要這個。我一直在等待這個東西，真的很吸引我。」如果你的產品和服務沒有讓人喜出望外、拍案叫絕，你就是在浪費自己的時間。

第三，時機必須是正確的。這個世界其實不喜歡開拓者，所以如果進入市場太早，失敗的風險就會很高。你所瞄準的市場應該有足夠的發展勢頭，這樣才能幫助你取得成功。

如果你通過這三項測試，那麼你將擁有一個具有巨大潛力的企業。這個企業可以提供獨特的產品或服務，也能夠在合適的時間進入市場。然後，你必須做好準備，迎接痛苦。沒有創業者會設想到未來的痛苦，也沒有人想要痛苦，但現實就是，新事物的誕生必然伴隨着陣痛，這是不可避免的。

真正的企業不是自然而然出現的。籌集資金和招募優秀人才非常困難。但是，即使公司規模很小、資源極為有限，找到合適的人也是重中之重的任務。初創企業通常無法獲得最優秀的人才——他們在其他公司工作，拿着更高的薪酬。你必須要想方設法充分利用能招到的人。這至少意味着你要把標準一降再降，只問一個簡單的問題：這個人是否像你一樣，對壯大企業的使命抱有同樣的熱忱，願意付出同樣的努力？

當菲爾·奈特（Phil Knight）創建 Nike 時，他聘請了一些

長跑運動員與他一起工作，因為他知道，這些人也許缺乏商業知識，但一定有足夠的毅力彌補這一不足。他們永遠不會放棄，即使遇到困難，他們還是會忍受痛苦，直至比賽結束。

創業之初，如果能找到願意同行的優秀人才，你就會很開心了。但伴隨着公司發展，你會發現，這些人就像美式足球的外接員，有的人像是石頭做的 —— 你把球扔給他們，球就會從他們身上彈開；有的人則像手上塗了膠水一樣，接球穩健、做事靠譜。因為你是體面人，你會覺得自己的任務就是連哄帶騙，讓不合格的員工將就着幹活，湊合着把問題解決。這些不合格的人是 6 分員工和 7 分員工。如果你留着這些人，那麼公司最終會無法正常運轉，你要一個人完成所有的工作，能陪你熬夜加班、成就事業的人屈指可數。

這時，你有兩種選擇：要麼繼續經營一家沒有前途可言的中等公司，要麼清除掉自己一手打造的平庸隊伍，讓公司獲得重生。如果你充滿雄心壯志，就必須為公司招募 9 分人才和 10 分人才，並委以重任。最後，創業要想成功，你必須是偏執狂，必須要認為自己的公司，無論現在規模大小，都始終是一家小公司。一旦你開始擴大規模、取得成功，挑戰者就會出現，他們會拚盡全力搶走你的客戶、打敗你的公司。你認為自己取得了成功的一刻，就是公司最容易受到衝擊的一刻。

一些創業公司的管理是創始人親自抓的，很多企業在從作坊式的初創企業向管理良好的公司機器轉型時，都遭遇了困難

和挫敗。創業者通常更願意相信自己的直覺，職業經理人則會利用更為有序的管理體系。創業者往往會抵觸這些體系，因為這會束縛他們從無到有打造公司的本能和能量。但最終，正是這些限制因素為下一階段的發展奠定了基礎。創業的初期，公司會跌宕起伏、充滿變數，而在發展到某一個階段後，創始人必須允許公司引入相關管理人才和系統，允許他人助推企業向前發展。

# 4

# 抓住每個跳動的音符

2006 年秋天的一個星期一，紐約辦公區的會議室，我坐到自己的座位上。會議桌很長，佔據了整個會議室。座位上坐滿了同事，有人甚至坐在靠牆的長椅上。嵌入牆壁的電視屏幕上顯示的是黑石在倫敦、孟買和香港的團隊。我們討論了政治、宏觀經濟和公司的業務趨勢。我們的會議室位於曼哈頓街道摩天大廈的 43 層，每當開會，我總有一種身處任務控制中心的感覺，彷彿自己駕馭着黑石，在變幻莫測的環境中左衝右突。但那天早上，我聽到的信息讓我心驚肉跳。

我們當時正在討論西班牙，公司準備在西班牙收購幾個街區的公寓。有人表示，西班牙南部現在房地產建設如火如荼，就算把整個德國的人口都轉移過去，還會有多餘的房屋。房地產開發商已經忽視了最基本的供求規律。

當歐洲團隊提出他們的擔憂時，一個不知何處傳來的聲音打斷了我們。「我們在印度也看到了同樣的情況。這裡未開發土地的價格在 18 個月內增長了 10 倍。」聽了這句話，我差點被一口咖啡嗆到。

「是誰？」我一邊問，一邊環顧房間。我以為每個人都是通過視頻電話接進來的，過了一會才意識到，這個聲音來自一個電話揚聲器。

「我是圖因・帕里克（Tuhin Parikh）。」這個聲音說道，「我剛剛加入公司，負責分析印度的房地產市場。」我們在印度設立辦事處還不到一年的時間，也沒有在那裡進行過房地產投資。聽到他的聲音，我感到非常意外。電話的通話質量也不高，發出吱吱啦啦的雜音。但圖因帶來的消息太讓人吃驚了，我又讓他重複了一遍。

「是的，史蒂夫。」他說，「在過去的 18 個月裡，我們看到土地價格上漲了 10 倍。價格太高了，現在已經漲瘋了。」印度是一個快速發展的新興經濟體，這也是我們決定在那裡開設辦事處的原因。但印度的經濟增速遠遠不能合理解釋土地價格的爆炸式增長。我開展房地產投資已有 15 年的時間，從來沒有見過價格在 18 個月內上漲 10 倍的情況。

更令人擔憂的是，這還只是未開發的土地。當開發商購買土地時，他們是在下注自己可以開發高價位的建築物，但這可能需要數年時間。開發商需要下注自己可以獲得必需的政府批

准；下注建設進展順利；下注在建設完工時，市場依然對此類建築物有需求；下注經濟形勢依然足夠強勁，可以獲得高於借款成本的收益。如果土地價格在一年半的時間內飆升了 10 倍，那麼可想而知，投資者已經進入某種癲狂狀態，已經完全無視所有顯而易見的風險。

我們當場決定不再推進西班牙的房屋交易。一些同事露出困惑的表情：印度的土地價格與西班牙公寓有甚麼關係？我有自己的邏輯——在日益全球化的經濟中，必須能夠找到一些 10 年前甚至兩年前不存在的關聯。現在，成本低廉、方便快捷的信貸幾乎是無國界的，這些信貸在全球各地尋求機會。如果西班牙和印度出現房地產泡沫，那麼其他國家也可能會出現。沒必要在過熱的市場買入價格過高的房地產。

接下來的一個週末，我在棕櫚灘的家裡，一邊吃早飯，一邊看報紙，報道稱棕櫚灘的房價已經上漲 25%，而棕櫚灘的人口增長率不可能超過 1% 或 2%，當地的報紙卻如此描述了當地房地產市場異常強勢的形態。與西班牙和印度一樣，美國房地產供需之間的基本聯繫也被打破了。

我一生都在用眼睛和耳朵感知世界的信息，探求規律。就好像以前的一檔電視節目《聽音識曲》（*Name That Tune*），知道的歌越多，就越有可能只通過一兩個音節就識別出這首歌是甚麼。你變得像一個經驗豐富的臨床醫生，在看到所有測試的結果之前，就可以知道患者身體出了甚麼問題。本週早些時候的

房地產會議引發的懷疑現在變成了對市場即將崩盤的徹底恐懼。坐在佛羅里達州的太陽下，我開始深深地擔心全球市場崩潰的風險。

從佛羅里達州回來後的星期一，我在早上 8 點半舉行了私募股權投資會議。會議的開始，我向大家詢問交易環境的情況。同事反饋稱，現在的環境很艱難。有一些值得研究的公司收購機會，但價格太高了。「我們沒有拿到交易，不是因為出價比對方低那麼一點點，」一個團隊告訴我，「而是他們比我們的最高估值還高 15%—20%。我們差太遠了。」

近 20 年來，我們一直在做私募股權交易。報價差距如此之大，要麼是因為我們忽略了一些因素（從我們的經驗和專業知識來看，這似乎不大可能），要麼是因為其他投資者承擔了太大的風險。

我問他們是甚麼類型的交易。他們說是剛剛接到兩筆房屋建築公司的交易。聽了這話，我幾乎從座位上跳了起來。

「我們不碰房地產。」我說。如果房屋建築商試圖向我們出售他們的公司，那麼他們可能已經看到了我所看到的情景。如果現在收購，時機就太可怕了。

在上午 10 點半與房地產團隊開會時，我表示，公司必須消除一切房地產風險敞口，不僅僅是西班牙的公寓，而且是全球其他任何國家、我們任何時期收購的房屋，也包括美國的房產。後來，我指示公司信貸部門減少所持房地產貸款或抵押貸

款支持證券的頭寸，而且不得再買入。我們的對沖基金團隊也得到了同樣的指令。他們聽從了我的警告。我的合夥人湯姆·希爾是公司對沖基金投資業務的負責人，他下注次級抵押貸款（即對信譽最差的借款人的房屋貸款）的價值將會下降。最終，他做出了正確的判斷和選擇，我們為投資人賺取了超過 5 億美元。

當然，在那天早上，如果我走出辦公室來到萊克星頓大道上，看到的依然會是美國經濟在強勢增長——商店門庭若市，股市創下歷史新高。人們已經習慣了自己的住房價值只朝一個方向變化，也就是一路上揚。即使在我自己的行業中，大家所討論的也都是無止境的增長。我們的競爭對手不斷報出超過我們的交易價格。他們看到的未來比我們看到的還要美好。

根據不斷變化的情勢調整自己的行為總是很難。特別是當人們正順風順水時，他們不想改變。他們選擇閉目塞聽，忽略和屏蔽不和諧的音符和曲調，因為他們覺得這些不和諧的信息會給自己帶來威脅，而他們又害怕變革的不確定性，害怕需要付出大量努力才能做出改變。出於這種傾向，他們會在最需要主動靈活的時刻變得被動僵化。

我一直把憂慮視為一種積極的心理活動，它可以開闊人的思路。由於憂慮，你在任何情況下都可以對不利因素進行準確識別，並採取措施消除其消極影響。我們建立了黑石，就是讓我們能夠有充分的原由去憂慮，有大量的機會搜集豐富的原始

數據，這樣我們就可以尋找異常情況和固有模式，不斷提升我們獲得、理解和運用知識的能力。在最好的狀態下，憂慮是一種有趣好玩、引人入勝的情感體驗，在這種時候，一個人的精力是高度集中的。

我對市場風險的擔憂涉及公司諸多的投資組合。我們不僅把持有的西班牙房產悉數出售，而且還徹底撤出了西班牙這個國家。我們房地產團隊發現公寓供應過剩，這表明信貸泡沫可能會拖垮整個西班牙經濟。沒有業務可以抗衡系統性崩潰，無論這個業務多麼強大。不久之後，我到馬德里拜訪朋友，去欣賞了畢卡索的油畫《格爾尼卡》(*Guernica*)。我們即將與普維投資 (Providence Equity Partners) 和 KKR 這兩家公司合作，完成對美國媒體公司科利爾頻道傳媒公司 (Clear Channel Communications) 的收購，這是一筆金額巨大的交易。我還記得，當看到那幅油畫時，我覺得我們不應該收購這家公司。也許是因為我身處西班牙而且非常懷疑西班牙經濟能支撐多久，也可能是因為畢卡索畫作的題材太可怕了，講的是在西班牙內戰期間法西斯對格爾尼卡小鎮的轟炸。但無論出於甚麼原因，我都感到強烈的不安。我乘坐雷納‧索菲亞博物館外面的電梯下樓，不安的感覺越發強烈 —— 似乎是證據和預感帶來的生理反應。當回到酒店房間時，我已經決定，黑石必須退出交易。我在普羅維登斯打電話給喬納森‧尼爾森 (Jonathan Nelson)。我告訴他，這不僅出於我的直覺，更是基於我的判斷。我們所

有人都被交易的熱情衝昏了頭腦，渴望完成任務。但如果這筆交易出錯，就可能對我們的投資人和公司造成嚴重損害。

　　從整個公司範圍來看，我們出售了在 2001 年科技泡沫破滅後收購、在經濟強勁復蘇期持有的資產。這些都是週期性公司，其命運的起伏取決於整體經濟的健康狀況。其中，德國化學品製造商塞拉尼斯（Celanese）是我們在 2003 年收購的。該公司曾被多次收購，也因此變得運轉不靈、效率低下。我們關閉了該公司的德國總部，將其轉移到了美國 —— 美國市場的銷售額佔其總銷售額的 90%。僅僅是把塞拉尼斯從德國公司變為美國公司這樣一個操作就逆轉了公司的股票倍數。當我們在 2007 年 5 月賣掉塞拉尼斯的最後一批股票時，我們賺到的錢是投資金額的 5 倍左右。那是我們當時最成功的投資。

　　2005 年，黑石 70% 的投資都集中在週期性業務。到了第二年，這一比例下降到了 30%。我們按預期計劃暫停了私募股權交易，把交易量減少了一半。我的目標很明確 —— 如果市場的確出現崩盤，那麼黑石的員工也不至於被捆住手腳，忙於應對不良交易造成的混亂局面。當然，雖然我們一直在縮減公司交易，但如果其間有機會不期而至，我們也不會與其失之交臂，這也體現了公司的另一個投資原則：不要錯過良機。

我們也不是唯一看到危機、做出調整的人。2006 年 10
月,我們得知我們的老朋友薩姆·澤爾——黑石的首位投資
人也正在考慮出售他的辦公室房產業務。從我們坐在空蕩蕩的
辦公室的地板上聊天那天起,我們兩個人就一直保持着聯繫。
1994 年,我們從他那裡收購了 GLDD 公司(Great Lakes Dredge
and Dock),我們的房地產團隊尤其密切關注他的動向。薩姆是
一個真正的企業家,從不滿足於現狀。自 20 世紀 90 年代初以
來,他一直在主張,公眾應該獲得進行商業房地產投資組合份
額買賣的能力。他創建了 EOP(Equity Office Properties)公司,
這是一個 REIT(房地產投資信託基金),也是首隻成為標普 500
指數成分股的房地產投資信託基金。當我們對 EOP REIT 進行
評估時,這隻基金已經在全美近 600 個樓宇中擁有超過 1 億平
方英尺的辦公空間,其中許多辦公室位於城市黃金地段,穩居
全球榜首。房地產行業的人都知道,這樣的資產集合相當罕見。

　　薩姆希望在市場觸頂的時候退出房地產行業。如果他覺得
現在是時候出售了,那就可以打賭,厄運將至。我們認為,在
交易中獲利的唯一方法就是在我們預期的崩盤來臨前,把薩姆
的公司拆分出售。

————————

　　時至今日，黑石的房地產業務已經完全不是當年的樣子。自從阿肯色州第一筆公寓樓交易以來，我們籌集並投資了數十億美元。房地產行業慣用的標準與我們的理念非常不同，但我們堅持公司文化，專注於維持聲譽、誠信經營。

　　公司在開始投資房地產的幾年後，有一次開會討論一個資產的定價。相關團隊的主管剛從一家房地產專業公司離職加入黑石。我讓他提供價格，他問道：「你想要哪一組數據？」

　　「甚麼意思？」我問。

　　「是這樣，我們有一組給銀行看的數據，一組給稅務部門看的數據，還有一組融資時用的數據，再有就是你自己相信的數據。」

　　我吃驚地看着那個人：「你有四套數據？你自己都不相信的東西，提供給別人？在黑石我們只有一組數據，無論是給銀行，給有限合夥人，還是給稅務部門。這些就是我們相信的數據。我們告訴別人自己相信的東西。我們不是在做詐騙生意。我們只做正確的事情。你真讓我吃驚，再帶團隊來的時候，給我看你相信的數據。我只想看這一組數據。」

　　當他離開會議室時，我對主管我們房地產集團的合夥人說：「這個人從哪冒出來的？你好好培訓他，不然我們就讓他捲鋪蓋走人。」

　　我們發現，房地產行業的另一種常見做法是「再次交易」。到交易談判的後期，在雙方已經就條款達成一致後，甚至在交易即將完成時，買家會威脅要退出交易，除非賣家降低價格。這種操作導致賣家進退兩難：為了雙方能坐下來談判，賣家可能已經同意在固定截止日期前完成交易，或者已經承擔了較高的交易成本，拒絕了其他潛在買家。現在，他們將不得不再從頭開始談判，不然就必須接受更低的價格。

　　如果我在做投行的時候採取過類似的做法，我就不可能獲得任何職業發展的機會。在公司買賣的交易中，確定甚麼價格，就是甚麼價格，除非發生重大變化。做人不能出爾反爾，不然就再也沒有人相信你說的話了。一直在房地產行業做的人告訴我，大家都會為了達成交易而高價競標，然後在交易即將達成時再砍價，這是一種正常操作。但我不接受這種做法。我們房地產交易和私募股權交易的要求標準是一樣的：都要進行嚴謹的分析，都要嚴守紀律，都要保持高度信任。我們可能會在短期內失去一些交易。但從長遠來看，我們維護了公司的聲譽——黑石是一家一諾千金、誠實守信的公司。

　　喬恩‧格雷（Jon Gray）於 1992 年加入黑石。2005 年，年僅 34 歲的他主管公司的房地產業務。他剛開始是做私募股權交易。1995 年，我們參與了環球廣場的競標（這是曼哈頓第八大道上的一整塊多功能街區），房地產團隊需要幫助。我們把喬恩派了過去。他擅長研究交易的複雜細節，助力交易圓滿達

成。他與約翰·施賴伯建立了密切的關係，開啟了個人作為房地產投資者的驚人之旅。

在此之後的幾年裡，喬恩提出了兩個重要的見解，加速了黑石房地產業務的增長。第一個見解是使用 CMBS（商業房地產抵押貸款支持證券），進行更大規模的收購。CMBS 是一種新型證券。在傳統操作中，如果在收購商業房地產時需要貸款，借款方可以從銀行或其他大型機構借款。而有了這種新型證券，借款方可以把一筆貸款和其他貸款一起打包成為可交易的證券，將其出售給投資者。這樣一來，貸款變成了一種更具流動性和可交易性的資產。銀行出售貸款的難度越低，他們提供的貸款就越多，同時收取的利息就越低。在實踐中，我們可以以較低的利率借入更多資金，來進行更大規模的收購。

喬恩的第二個見解是，持有大量房產的上市公司的估值往往低於其各部分的總和。房地產投資者往往是個人獨資企業或小型家族企業，並沒有類似黑石的智力資源和金融資源。他們可能通過幾十年的累積而持有了許多房產，每個房產的用途不同，維護狀態也不同。由於缺乏人才或耐心，他們不會仔細分析整個投資組合，不會研究每一部分的確切價值，也不會找到願意支付最高價的不同買家。因此，如果你在適當的時刻，提出以合適的價格把公司全盤收購，他們可能就會接受這個價格。而黑石正好擁有相關的專家，可以評估每個房產的價值，也可以對房產進行修復，然後從我們的關係網絡中找到完美買

家。我們也有足夠的資金，可以耐心等待。其他業主不能做或不會做的所有工作，黑石都可以完成。我們通過嚴謹的分析，確定每個房產的確切價值(我們稱之為「篩選價」)，這樣我們就能賺取「黑市價」和「篩選價」之間的差價，如此一來，既能提高我們的回報率，又降低了風險。

當我們任命喬恩擔任黑石全球房地產業務聯席主管時，我們再次表現出對未來一代的信賴和信心。與其他公司的同行相比，他可能年紀尚輕、經驗不足，但他體現了我們的文化，憑實力贏得了這個職位。2006 年 6 月，他關閉了黑石的第五隻基金，這是有史以來最大的房地產基金——52.5 億美元的承諾資本。

隨着薩姆‧澤爾 EOP 公司交易的發展，我們需要喬恩的領導力、我們獨特的文化、我們的融資方式、我們的交易天賦以及 60 億美元基金中的大部分資金。與此同時，一場史無前例的金融風暴正在醞釀，而我們即將一頭扎進風暴眼中。

# 5

## 規避風險，穩賺不賠

　　EOP 公司的房地產規模比黑石以往任何房地產交易的規模都大六七倍。由於規模龐大，如果對形勢的判斷有誤，就可能會帶來災難性後果，公司也會承擔巨大的風險 —— 無法出售物業、無法償還債務。但如果我們投資正確，那麼帶來的收益也將是極為豐厚的。喬恩權衡利弊，決定頂住壓力、迅速行動。我們必須進入 EOP 內部，搶在競爭對手之前了解這家公司，這意味着我們的競標金額必須能夠體現我們慎重和誠懇的態度。2006 年 11 月 2 日，我們提出了比市場價格高出 8.5% 的溢價，於是 EOP 向我們提供了各類財務數據。整個房地產行業都躍躍欲試，各種各樣的投資者聚集在一起，試圖超過我們的出價。薩姆得其所願：現在有多個競標者在參與拍賣。

　　在這樣的交易中，潛在買家通常會與賣家商定「分手

費」——如果賣家最後決定賣給其中一個潛在買家，則會賠償
其他潛在買家參與競標的相關費用，包括時間成本、法律成
本、會計成本和盡職調查成本等。如果市場對交易反應冷淡，
參與競標的少，賣家可能會同意支付高額分手費，以此吸引不
願承擔風險的買家。如果市場反應強烈，參與者眾多，賣家就
可以支付較低的分手費。類似交易分手費的標準費率是總交易
規模的 1%—3%。由於市場上對 EOP 感興趣的買家非常多，
薩姆堅持將分手費率定為交易規模 1% 的 1/3。

　　各方競相報出更高的價格，因此我們要想辦法繼續參加競
標。價格越高，我們就越要調動一切資源，這樣才有可能獲得
利潤。我們要求薩姆允許黑石預售 EOP 的房產。因為如果我
們現在可以鎖定某些房地產的買家，我們就會更有信心為整個
投資組合支付更高的價格。薩姆拒絕了這一要求，因為他想徹
底轉讓 EOP，把幾十年的辛勤工作換成一張大額支票，他不希
望在銷售完成前把公司拆解。我們要求他將分手費從 1 億美元
（相當於交易額 1% 的 1/3）提高到 5.5 億美元左右（相當於交易
額 5.5% 的 1/3），因為這一數額更為合理，可以支付交易所產
生的所有費用，並為我們的投資人提供回報。他勉強同意了。
就像我們需要正當理由才能提高報價一樣，他也需要讓我們繼
續參與談判。

　　對於這種體量的交易，我們需要從主要銀行進行大量融
資，大約 300 億美元。我們無法僅從一家銀行那裡拿到這麼

多錢，所以我們去跟幾家銀行談判，並採取了黑石的標準做法——讓他們承諾只單獨為黑石一家的出價提供資金，享用他們的資源。當薩姆聽說其他競標者無法從同意借錢給黑石的銀行那裡獲得資金時，他把喬恩叫去了華爾道夫酒店，情緒激動地表示，如果黑石把銀行鎖定起來，他就饒不了喬恩。

　　最終，其他競標者都退出了，只剩下黑石和沃那多（Vornado）。沃那多是一家大型的房地產上市公司，所有者是薩姆的朋友史蒂夫・羅斯（Steve Roth）。我和喬恩、托尼、約翰・施賴伯一起開會研究對策：我們是收下 5.5 億美元的分手費，不再參與競標，還是繼續參與呢？畢竟，對我們的投資人來說，5.5 億美元也是一個不錯的結果。但是，如果能成功拿下 EOP，那麼其價值回報要比分手費高太多。我們決定將出價提高到每股 52 美元，比我們最初的出價高 9%，但我提出了一個嚴重的警告。「這筆交易非常危險，」我告訴喬恩和他的團隊，「我想立即出售 EOP 一半的房產，先賺到錢，這樣剩餘房產的價格可以相對保守。我要在交易達成的當天完成出售。我不希望過夜。我們需要在收購的同一天執行出售的交易。」參會的每個人都目瞪口呆。甚麼樣的公司會進行這樣的操作？光是這樣一個想法，就已經顯得非同尋常了。但我不是在開玩笑，因為這筆交易可能會使黑石破產。

　　「那我們該怎麼做呢？」有人說，「薩姆永遠也不會同意讓我們提前出售資產。他說過不會讓我們預售的。」

　　我已經認識薩姆 20 年了，了解他的做事風格。我知道他希望拿到最高的出價。既然我們現在已經接近最高價了，他也不會太計較細節。無論他在早些時候進行過怎樣的表態，那都是一個戰術問題，而不是原則問題。我們提出的這個要求對黑石來說至關重要，也完全符合他對公平的訴求。

　　「去告訴他，」我說，「如果他想要我們繼續競標，就必須允許我們預售。我們預不預售，跟他有甚麼關係呢？多給他點兒錢，他就同意了。」

　　果不其然，他同意了。在下一輪競標中，沃那多公司的出價超過了我們。但我們的預售權改變了一切。紐約房地產巨頭哈里・麥克洛（Harry Macklowe）提出以 70 億美元的價格購買紐約 7 座優質寫字樓，接近我們總價的 18%。從西雅圖到三藩市再到芝加哥，買家從全美各地來到黑石，他們都渴望得到薩姆帝國的房產。我們認為市場已達到頂峰，千年一遇的洪水即將來襲，但這些人不認同我們的觀點，他們認為 EOP 的解體是獲得優質房地產的難得機會。

　　黑石和沃那多公司又經過幾輪較量，直到 2 月 4 日超級碗星期天 ①。沃那多公司的出價與我們相同，但條款更具吸引力。在超級碗比賽的開場時間，喬恩接到了電話，我們需要他完善

① 超級碗星期天，美式足球年度冠軍總決賽，一般在每年 1 月的最後一個星期天或是 2 月的第一個星期天舉行。超級碗多年來都是全美收視率最高的電視節目，並逐漸成為一個非官方的全國性節日。── 譯者注

出價。喬恩在芝加哥郊區長大，是芝加哥熊隊的終身粉絲。熊隊當天的對手是印第安納波利斯小馬隊，在小馬隊率先開球後，熊隊的德溫‧赫斯特（Devin Hester）便完成了一個回攻達陣。面對如此重要精彩的比賽，喬恩不得不強迫自己離開電視機，去處理公務。

星期一早上，我和喬恩、托尼、約翰決定每股出價55.50美元，這比競標開始時的市場價格高出約24%。我們最終給EOP的總估價為390億美元（包括其債務在內），以現金形式支付。沃那多公司的報價是現金加股權。我們知道薩姆出售EOP的目的是離開房地產市場，他最不想要的就是另一家房地產公司的股票。喬恩那天下午提交了我們的報價。沃那多公司棄牌，我們贏了。

但還沒到慶祝的時間。

我堅持要在交易達成後，立刻出手EOP房產組合中的一大部分，不能過夜。房地產團隊的每個成員都擠在會議室，等待這一刻。他們已經在會議室裡待了好幾天，與買家接洽，準備相關文件。既然與薩姆的交易已經結束，那麼現在是時候售出價值數十億美元的房產了。在交易完成前，誰也不能回家，誰也不能睡覺。

每個交易都很大，而這些交易加在一起，足以震撼市場。我們剛剛完成房地產歷史上最大的一筆收購，就在同一天，我們又努力實現一系列巨額銷售。會議室裡的氣味刺鼻，大家都

幾天沒洗澡了。樓道裡、電梯裡，送信員上下奔波，馬不停蹄，一派繁忙的景象。

我們與哈里‧麥克洛完成了交易。交易時間非常緊湊，其實相當於哈里直接從 EOP 公司購買這些房產 —— 黑石並沒有實際擁有過它們。我們以 63.5 億美元的價格出售了西雅圖和華盛頓 1100 萬平方英尺的房產，出售了洛杉磯價值近 30 億美元的房產，三藩市也是如此。另外，我們在波特蘭、丹佛、聖地牙哥和亞特蘭大都出售了價值約 10 億美元的房產。我們迅速收回了一半以上的收購資金，而且與我們計算的房產價值相比，我們還大賺了一筆。

然後，我們休息了整整兩天。每個人都回家洗澡睡覺。但在這兩天的時間裡，我依然思緒萬千、難以平靜。

————————

在我們完成 EOP 交易一週後，我 60 歲了。在朋友過生日的時候，我會給他們打電話，唱「生日快樂歌」給他們聽。如果他們沒在家，我就在他們的電話答錄機上留下我的歌聲。我的外祖父 40 多歲就去世了，我也經常以為自己會英年早逝。十幾歲的時候，我曾經歷過兩次致命的交通事故。1992 年，我在中東旅行中得了結核病。如果沒有現代醫學，那麼肺結核也足以致命。1995 年，我得了靜脈炎，我的祖父就是因為靜脈炎去

世的。在 2001 年，我的心臟血管堵塞達 95%，我做了兩個支架來緩解堵塞。從那以後，我每天都要服用抗凝藥物可嘧啶。每個生日都提醒我，我還活着，而且身體健康。健康地活着，比甚麼都強。

　　克里斯汀為我的生活帶來了極大的快樂。她喜歡組織家人和朋友進行聚會、共度節日。我們決定在紐約慶祝我的 60 歲生日，舉辦一場值得回憶的聚會。我們不要蛋糕，不要祝酒，只是請我們在乎的 600 個人來共同慶祝。克里斯汀喜歡跳舞，所以她邀請了帕蒂·拉貝爾（Patti LaBelle），並說服我們最喜歡的歌手洛·史都華（Rod Stewart）來表演。我的父母，我的孩子，我的兄弟和他們的家人，來自高中、大學和紐約的朋友們都盛裝出席。這是一個美好的夜晚，儘管一些媒體的負面報道引發了對生日聚會的爭議，但對我來說，這一晚永遠值得回憶。

　　克里斯汀送給我一份禮物，是一本來自家人和朋友的回憶集。我的女兒吉比回憶説，在七年級時，學校給她佈置的作業是讀《共產黨宣言》。我拋開了自己對這一意識形態的認識，跟她一行一行地讀。我的兒子泰迪記得我晚上到他的房間説晚安。我會檢查他是不是已經裹好了被子，然後會使勁搖晃他的床，搖上 30 秒，我們把這個遊戲叫作「做奶昔」。泰迪會參加學校的體育活動，他的球隊經常表現得很差，但我還是會去看他們比賽，雖然只是坐在沙灘椅上，一直在打電話。

　　作為家長，你一方面要努力工作，取得事業成功，另一方

面還要陪伴家人，關心孩子的精神世界，兩者需要平衡。身處其中，你不知道自己做得好不好，因為多年以後才能看到結果。回顧我 60 歲的生日之夜，那些跟我最親近的人對我的記憶，我覺得自己做得不算差。

————————

當我們重返工作崗位時，我把房地產團隊聚集在主會議室裡。保潔人員一直在工作，會議室幾天來首次散發着清新的氣息。「你們付出了前所未有的努力，也取得了前所未有的成就。」我說，「這次的規模完全不同。你們的成績令人驚奇，值得慶賀。恭喜大家！」

我停下來，讓他們享受這一刻，然後說：

「現在，我們要再做一次。」

100 雙眼睛齊刷刷地盯着我。

「我們需要出售剩下的這一半房產。從長遠來看，我們賺的錢可能不是頂值，但我們會是安全的。我們的目標應該是只保留價值 100 億美元的最優房產。此時，我們已經進入市場，現在市場正熱得發燙，所以讓我們繼續把這些房產推向市場。水滿則溢，在市場火爆的背後，必然會隱藏天大的危機。」

在接下來的幾週裡，我們又出售了價值 100 億美元的房產。在兩個月內，我們購買了 400 億美元的房產，又售出了將

近 300 億美元房產——在 8 週時間內完成了總計 700 億美元的房地產交易。當所有這些交易完成時，意味着我們以每平方英尺 461 美元的價格出售了面積約 6500 萬平方英尺的房產。這樣一來，我們保留的 3500 萬平方英尺優質房源的最終成本價僅為每平方英尺 273 美元。我們已穩賺不賠。在這次史無前例的交易中，我們行動的規模和速度在全球房地產業是絕無僅有的，我們憑藉果敢和機敏搶佔了收購先機，規避了投資風險，為投資人賺取了極為豐厚的收益。

# 6

## 推進上市

在薩姆打來電話的時候，黑石正在進行另一項重大變革。2006 年 5 月，一個星期六的上午，花旗銀行投資銀行業務負責人之一邁克爾·克萊因（Michael Klein）給我打電話，說自己有一個想法。他表示，因為這個想法實在讓人興奮，所以他想當面告訴我。我邀請他來到我海邊的房子。我們在門廊上一起吃早餐，快結束的時候，邁克爾提出這樣一個建議：讓黑石上市。

截至當時，還沒有一家私募股權公司選擇上市。當年 5 月，KKR 在荷蘭發行了一隻投資基金的股票，為這隻基金募資，這是最接近上市的一個行為，是一項創新舉措。像我們這樣的公司，其傳統操作就是從機構投資者那裡籌集資金，並承諾在幾年後將資金歸還。而現在，KKR 從公開市場籌集了 54 億美元資金，他們可以用這些錢進行投資，但永遠不用把錢還

給投資者。他們選擇在荷蘭上市，也避開了美國監管部門的那些嚴格的申報程序。

　　KKR 的每個同行和競爭對手都研究了這一做法，看自己公司是否也能進行類似的操作。邁克爾建議黑石要更進一步：我們不應該簡單地為某一隻投資基金籌集資金。我們應該提供黑石集團的股票，也就是把黑石旗下所有基金以及所有諮詢、信貸和其他投資服務業務的管理公司都打包納入其中。這是一個重大決策，標誌着我和彼得在 1985 年創立的公司的轉型。成功的上市可以募集永久性資本，用於投資公司，並擴大黑石的業務範圍。就算市場轉向，我們也無須擔心繼續募資的問題。上市後，我們的合夥人如果願意，也可以逐漸出讓他們的股權。

　　但是，上市會帶來控制權和所有權問題。我們必須公開公司的情況，接受公眾的審查。在此之前，黑石一直享有私營公司的靈活性和自由裁量權，我們只對自己和有限合夥人負責。而在成為一家上市公司後，無論黑石的長期表現如何，如果在某個季度未能達成盈利目標，或公司股價因為任何原因下跌，我們都會受到審查、質疑甚至受到攻擊。我們將面臨公共市場的非理性壓力，公司可能會被迫做出糟糕的短期決策。但如果我們能成功上市，就可以把競爭對手甩在身後。

　　我沒有把邁克爾的建議告訴其他人，而是獨自認真地進行思考。日興證券跟黑石順利合作了十幾年，但在 1999 年，由於監管原因，他們不得不出售自己的股權。於是，我們將黑石 7%

的股權出售給 AIG（美國國際集團），這是公司最可靠的投資人之一。根據當時的規模和出售價格，黑石的估值為 22.5 億美元。2006 年，邁克爾計算後認為，黑石的價值為 350 億美元。如果計算結果正確，那麼 AIG 在黑石的投資價值在 7 年內上漲了 15 倍以上。

當我把上市的設想告訴托尼時，他立即表示支持。他認為，我們可以利用股票進行收購，並吸引和保留最優秀的人才；我們可以用公司股票來獎勵我們的團隊，而不必再給他們發放與各自業務的業績相應的獎金。這種激勵結構將加強黑石「一家公司一條心」的文化。而且，如果我們預計的金融風暴真的到來，上市募集的資金也會減輕我們經濟和心理上的壓力。另外，我們還可以用股票來犒勞即將退休的彼得。

關於上市問題，我討論的第二個對象是公司的首席財務官邁克·普利西（Mike Puglisi）。他表示，黑石尚未建立上市所需的內部系統。打造內部系統的工作量很大，而我們的人已經在滿負荷運轉了。他建議，如果我們是在認真考慮上市，就要組建一個小團隊，遠離總部，私下進行推進。

要確保公司成功上市，首先，必須確定一個能夠平衡各方期待和利益的股權結構。作為一家私營公司，我們對我們的有限合夥人——那些把錢交給我們投資的人負有信託責任。我們的有限合夥人都是成熟的投資人，具備明確的戰略和長期視角。但作為一家上市公司，我們又額外增加了一項對股東的責

任。有限合夥人習慣於把錢交給黑石投資，然後靜等幾年的時間，坐收回報。但上市公司的公眾股東不一樣，他們會每天追蹤股價，時時關注自己所持股票的價值，兩類股東的利益有時會出現衝突，而我們的責任是平衡他們的利益。

托尼的態度非常明確，他認為這個計劃絕對不能聲張，需要冷靜地研究其中的技術細節。公司上市會給很多人帶來意外收穫，他不希望任何人因為這個可能性而分心，也不希望在未來幾個月黑石出現各種辦公室政治和八卦。在托尼的建議下，我們又邀請了公司總法律顧問鮑勃·弗里德曼（Bob Friedman）一起去見邁克爾。我告訴他們我還是有點猶豫。如果我們的確要認真討論如何上市，那麼我有三個不可談判的條款，我認為這三個條款可以讓我們在不同的利益中取得平衡。

第一，我們對有限合夥人的責任與對公眾股東的責任之間不能存在衝突。第二，我和彼得用 40 萬美元起家，打造了一個價值數十億美元的公司，我不希望別人指揮我如何進行公司運營。現在的黑石，已經完美地融合了我的創業精神和托尼的組織運營才能。我們的文化是神聖不可侵犯的，如果上市有可能破壞我們的文化，那麼我們對此不會予以考慮。第三，我想保持 100% 的控制權。我要以創始人的身份確保黑石的戰略願景。此外，我認為掌握公司的控制權是維持公司團結一致的最可靠的方式，可以防止公司四分五裂、各自為政、重蹈雷曼兄弟的覆轍。如果我繼續掌控對人才體制和薪酬機制的最終決定

權，我相信黑石員工會團結一致，黑石會蓬勃發展。如果我們
滿足這三個條款，就可以考慮上市，如果不能滿足，就絕對不
能上市。我讓托尼、鮑勃和邁克爾私下推動解決這三個問題。
如果必須聯繫公司以外的人，對外的口徑是黑石正在研究投資
組合公司這一想法。因為我擔心一旦消息泄露，會造成致命性
影響。

　　幾週後，邁克爾和鮑勃滿面笑容地來找我和托尼。他們通
過認真研究，終於找到了解決兩個控制權問題的方案：我們可
以在發行公開交易證券（相當於股票）的同時，保持有限合夥
制。普通合夥人和董事會成員任命的權力歸我，外部人士不具
有任命普通合夥人或董事會的投票權。當然，我們需要為此給
審計委員會任命獨立的外部董事。但即便這樣，我仍然可以保
持公司的完整性，並按照我認為合適的方式運營。

　　我們需要優先考慮公司對有限合夥人的承諾，而這一問題
的解決方法更為簡單，那就是「披露」。我們會告訴未來的股
東，公司最重要的職責是對基金投資人負責。如果我們履行了
這一職責，股東自然就會獲得收益。由於我是最大的股東，購
買黑石股票的人不必擔心我的利益與他們的利益相悖。這種一
致性比任何複雜的法律承諾都更有效力。我為黑石的上市設置
了幾個很高的門檻，而邁克爾和鮑勃已經清除了這些門檻，令
我略感驚訝。雖然我還是覺得上市未必會成功，但我們似乎至
少應該嘗試一下。

　　我強調，上市採取的方法應當與投資方法相同：提出想法，展開討論，提出批評，質疑想法。只有在能夠完全確定的情況下，我們才能做出決定。需要做的工作太多了。公司的會計師必須重新梳理財務狀況，以符合上市公司的監管標準。我們的律師必須重組整個公司。我們必須準備投資者材料，獲得美國證券交易委員會的批准，然後進行路演，達成銷售。這些工作至少要花上一年的時間。

　　我們不是唯一一家正在研究上市的同類公司。但如果要上市，我們就必須得是第一個。第一個進入市場的公司會吸引最多的資金，其他公司只能搶殘羹冷炙了。

　　我希望還能像往常一樣，能繼續不動聲色、低調安靜地經營公司，同時秘而不宣地推動上市前的財務準備工作，調整公司法律架構。我們每天都在正常評估私募股權、房地產、另類信貸和對沖基金等各個行業的主要交易。即使我們正在後台重新構想未來，但在經營方面也必須保持專注。為了完成上市前的準備工作，邁克爾從他的團隊派遣了幾名成員到德勤會計師事務所，公司的律師則到盛信律師事務所工作，公司其他人都見不到他們。

　　到 2006 年底，托尼表示，是時候開始攻克上市前最難的一個環節了，也就是研究清楚我們每個人所持股權的價值。當時，不同業務線約有 100 個合夥人，黑石就是這些合夥人的聯盟。一些業務線存在交叉，另一些完全沒有關係；一些業務有

完結日期，另一些則沒有。所有的業務都處於不同的軌道——大多數業務都在強勁增長，而有些業務呈走平態勢，有些業務的規模甚至在縮小。公司的資金一部分已經放在了基金裡，另一些已承諾進入不同的基金，但都尚未進行投資。我們需要對所有這些權益進行估價，並分配給合適的所有者。股權估價必須考慮到公司的每個人，從我到送信員，從加入公司 20 年的高級董事、總經理，到剛入職擔任經理助理的大學畢業生。

這是一項艱巨的任務，而托尼只能單兵作戰，獨自在私下完成這項工作——他擔心一旦被人發現，他會被生吞活剝。他的目標是確保一旦公司上市，每個人持有確認的股票價值，黑石能以同類公司為基準，提供一個透明且具有競爭力的薪酬體系，確保業務的長期健康發展。他想犒勞過去和現在的合夥人和員工，也想為未來數代人留下足夠的資金。這一工作需要海量分析，也需要明智的判斷，托尼需要理解人們的想法和感受，不讓大家感到受到的待遇存在差異。他之前在帝傑證券公司應對過類似的流程。雖然帝傑證券公司的員工人數是黑石的 10 倍，但黑石局勢的複雜性和新穎性使這項任務艱難了 10 倍。黑石上市的權益分配問題正是托尼擅長解決的多維問題。

2007 年 2 月，托尼在一心一意地計算權益，黑石的律師和會計師也在埋頭苦幹，此時，另一個規模小得多的資產管理公司申請上市了。福帝斯（Fortress）是一家對沖基金公司，也做自營投資。公司的資產管理規模僅為 300 億美元，大約是黑石

當時管理的資產的 1/3 。但從結果來看，福帝斯的 IPO 一舉成功。市場興趣濃厚、需求旺盛。福帝斯的成功迫使我們加快了速度。我可以想像，我們的競爭對手現在都朝着同一個目標努力，都想成為同類公司中第一個提交上市申請的人。而我絕對不甘於當亞軍。

我們向美國證券交易委員會告知了黑石的意圖。我打電話給摩根士丹利，討論承銷問題。我們一直使用的是邁克爾‧克萊因對黑石潛在市場價值的原始估計。而現在，我想要聽聽其他銀行的意見。摩根士丹利的公司融資人員頗為傳統，也為黑石的幾筆債務交易提供了很好的服務。他們派來兩位資深的銀行家，一位是後來成為谷歌首席財務官的露絲‧波拉特（Ruth Porat），另一位是特德‧皮克（Ted Pick）。露絲和特德都說這項決策看起來很棒，也提出了一些經過深思熟慮的建議。他們積極開展工作，把建議變為現實。

現在一切都準備就緒：法務結構和財務結構，內部變更和薪酬計劃，承銷商——摩根士丹利、花旗銀行和美林證券（Merrill Lynch）。我親自完成了招股說明書中的一個章節，叫作《我們準備成為一家與眾不同的公司》（"We Intend to Be a Different Kind of Company"）。其中，我介紹了公司的長期視角、合夥人關係管理結構和員工廣泛持股的計劃，並表示，黑石計劃保留自己的企業文化，我還承諾，黑石將把 1.5 億美元的股權投入新成立的黑石慈善基金會，這個基金會會負責監督黑石

未來的企業捐贈。「鑒於黑石的業務性質，以及我們對企業長期經營和管理的關注，」我寫道，「黑石普通股應該由希望能多年持有的投資者持有。」

隨着我們提交上市備案材料的日期臨近，我擠出一個晚上去看《身在高地》（*In the Heights*）。這是林‧曼紐爾‧米蘭達（Lin-Manuel Miranda）的首部音樂劇，是在《漢密爾頓》（*Hamilton*）之前創作的。我敢肯定，音樂劇一定頗為精彩，但我一點都沒看進去，因為我的腦子一直在想別的事情。在我們離開公司時，我剛剛拿到黑石招股說明書的最終草案。我在劇院裡坐立不安，試着在黑暗的光線中閱讀。最後，我還是拿着招股說明書離開了劇場，來到了大廳。這是一份 221 頁的說明書，數據翔實，圖表清晰，語言富有感染力和說服力。我讀完後心想：「這家公司太了不起了！我會立馬買這家公司的股票。」

在我們向公司宣佈上市計劃之前，我需要跟彼得談談。在過去 35 年的大部分時間裡，我們兩個人並肩奮戰。我們在梅菲爾酒店吃早餐，花了很長時間討論和設計黑石。我們共同忍受了籌集第一筆資金的痛楚，一筆交易、一筆交易地建立起公司。彼得從一開始就積極參與公司的併購工作，只要我需要建議，他總是不厭其煩，傾囊相授。近年來，他對公司事務的參與逐漸減少。他忙着出書，寫的是自己最喜歡的事業。他在華盛頓待的時間也越來越多，在推動削減聯邦赤字和創建一個致

力於國際經濟學的研究院。我還沒有告訴他黑石的上市計劃，因為我一直在處理公司財務方面的事務，而彼得往往很難保守秘密。我也知道我一旦告訴他這件事他會說甚麼：「真的嗎？你認為這是個好主意嗎？」

果真，在我把這個計劃告訴他之後，他列舉了反對上市的一系列理由，而這些理由也是我們這幾個月一直在致力於解決的問題——對股東的責任和公眾監督的風險。他又補充說：「上市後，你就會成為一個公眾人物，被人當靶子是很不痛快的事情，你一定不喜歡。」

我告訴他，他說的都對。但是，上市將為公司提供永久性資本，這些錢可以用來購買資產和證券。上市將把黑石變為一個全球品牌，為我們帶來交易、新的有限合夥人和新機遇。上市既能助力黑石開拓新的業務線，同時又能加強黑石「一家公司一條心」的文化。最後，我的直覺告訴我，這個世界正在走向瘋狂，因此公司需要盡快儲備現金，我覺得我們不能再等了。為了實現這一目標，如果我必須成為一個供大家玩耍的皮納塔①，那也是我應該付出的代價。

「22 年前，我們一起白手起家。」我說，「上市對我們的家庭來說意味着財富，是一個很誘人的經濟事件。」

我知道，彼得的數學技能一直很好，他會把這筆賬算得很透。

---

① 皮納塔，陶製或布製玩具，裡面放有玩具和糖果，以棍擊碎，以此慶祝節日。——譯者注

2007 年 3 月 21 日，即我們提交上市備案的前一天，我們舉行了公司全體人員會議，宣佈了這一消息。很多人一時沒有反應過來。由於之前完全沒有任何蛛絲馬跡，現在大家都目瞪口呆。而在我們按下按鈕的那一刻，整個金融圈都被點亮了。

--------

我們的 IPO 計劃是籌集 40 億美元，公司估值為 350 億美元，但一通電話改變了我們的計劃。在我們提交上市備案材料後不久，有一天晚上，我正在家裡邊觀看電視劇《律政風雲》（*Law & Order*），邊翻閱投資委員會的備忘錄，梁錦松給我打來電話。幾個月前，我們聘請了梁錦松擔任黑石中國的合夥人。他曾擔任摩根大通亞太區主席、花旗集團中國內地和香港分行主管，之後成為香港財政司司長。與他的交易經驗相比，我更看重他的人脈。我對他的能力有一種預感，決定請他為黑石在中國開展資產管理業務。

我和家人於 1990 年首次來到中國。當時的中國與現在迥然不同，仍在探索市場經濟之路。大街上都是單車，汽車很少。1992 年，黑石研究一個中國的交易，我驚訝地發現，中國竟然還沒有全國匯兌系統，人們無法在一個地方開具支票、在另外一個地方兌現。因此，我們不得不放棄了在中國的交易。在接下來的 15 年裡，我看到中國的後續發展越來越受到關注，但作

為一家公司，黑石正集中精力開拓美國、歐洲和日本市場。梁錦松於 2007 年初加入我們，這是我們首次真正進入中國市場。

那天晚上，他告訴我，他剛剛參加完中國工商銀行的董事會議。中國工商銀行是全球最有價值的銀行之一。會上，兩名中國政府前任高級官員與他接洽，表示中國政府正計劃建立一個主權財富基金，即歸政府所有的投資基金，並希望黑石成為他們的首筆大型投資的對象。他們喜歡黑石此前的交易和業務，也認同我們的經營理念。我們 IPO 準備募集 40 億美元，他們想在其中投資 30 億美元。全球下一個超級大國要選中黑石了，而我們甚至還沒有去做推銷。第二天早上 8 點半，我到公司找到托尼，對他說：「我要告訴你一個爆炸性消息。」

如果上市的主要目的之一是募集資本，那麼資本自然是越多越好。托尼毫不猶豫地說：「那就收下這筆錢。」我們建議，中方出資 30 億美元，購買略低於 10% 的無投票權股票，至少持有 4 年。4 年之後，他們可以在此後三年內每年出售 1/3 的股份。這一策略可以確保中方、黑石和黑石基金投資人的利益是一致的。這筆交易意向需要得到中國核心權力機構的批准，令我驚訝的是，我們只花了幾天時間就收到了回覆。在美國或歐洲，這種決策可能需要數月或更長時間。中國政府的行動速度向我表明，這一定是一項重大的金融決策，具有深遠的意義。

我們接受的這筆投資，是中國政府自第二次世界大戰以來的首筆外國股權投資。中國新成立的國有投資公司還沒有開始

運營，這筆投資就已經到位了。

───────

　　彼得曾經警告過我，我將會痛恨公眾審查，而現在我要初次嘗試個中滋味了。6 月初，參議員查克‧格拉斯利（Chuck Grassley）和馬克斯‧鮑卡斯（Max Baucus）提出了一項法案，建議修改針對 2007 年 1 月以後上市的合夥企業的稅法。人們開始稱之為「黑石稅」。如果法案生效，那麼其將迫使我們重新審視上市的所有風險。在最好的情況下，我們必須重新計算黑石在提交上市備案材料一年中的所有稅務數據；最壞的情況則是我們的上市就這樣泡湯了。我和托尼跟韋恩‧伯曼（Wayne Berman）進行溝通，他是我們的長期政府關係顧問，擔任奧美集團（Ogilvy & Mather）的副主席。在跟韋恩討論了法案之後，我們認為這個法案不太可能通過。即使能通過，其也需要很長時間才能成為法律、正式生效。因此，這個法案應該不會影響黑石上市。

　　幾天後，美國勞工聯合會－產業工會聯合會的會長約翰‧斯威尼（John Sweeney）致信美國證券交易委員會，要求委員會暫停我們的上市，直到工會完成對黑石投資組合公司員工待遇的調查。美國證券交易委員會後來也趁火打劫，表示他們正在修改會計規則，根據新的會計規則，黑石的重組上市看起來更

像是在收購新公司。而這一規則的調整將產生大量的額外成本。

　　美國證券交易委員會表示，我們把黑石員工在黑石旗下不同合夥企業和實體中的權益轉換為一家公司的股票，這種操作看起來好像是我們在買斷員工的股權。轉換不是買斷，如果我們是買斷員工股權，那麼我會知曉的，因為我需要給他們開支票。公司所有者依然還是公司所有者。我認為美國證券交易委員會的做法完全基於其主觀臆斷，毫無根據和道理，但他們明確表示他們有最後的決定權。

　　此外，我們還遇到了更多的阻力。弗吉尼亞參議員吉姆·韋伯（Jim Webb）要求黑石就中方持股的問題做出解釋。雖然我們已經完全符合外國投資的法律和監管要求，但他依然表示，中方持股可能對美國國家安全構成威脅。他的質疑最終也是毫無根據、站不住腳的。

　　黑石一方面跟這些政治伎倆做鬥爭，一方面還要把公司的成長故事講解給潛在投資者。金融行業把推銷的過程稱為「路演」。通常情況下，路演是由公司的高級管理人員組成團隊，逐個或小範圍拜會投資人，進行推介。我們決定採取另外一種方式進行，我們希望在全世界同步路演，以期一鳴驚人。我們先一起去了主要投資客戶所在的城市——紐約、波士頓和其他城市，然後又分頭行動。托尼帶領團隊前往歐洲和中東，我們的首席財務官邁克·普利西帶隊前往亞洲，我負責美國最大的客戶，湯姆·希爾和喬恩·格雷則負責相對較小的客戶。

　　我舉辦的首次路演活動是在紐約第五大道的皮埃爾酒店，我們預訂的宴會廳已座無虛席，餘下的人只得去了隔壁的幾個房間，他們可以從房間的視頻屏幕上看到我。現場到處是氣球，給活動增添了馬戲團的氣氛。我剛開始演講，手機就響了。我的女兒吉比從醫院打來電話，就在剛剛，我榮升為一對雙胞胎的外祖父。往事彷彿就在昨天剛剛發生，我還在給上小學的女兒輔導家庭作業，在她的床上向她演示冰川如何移動，她在夏令營的每一天我都會給她寄明信片。而此時，我竟然已經成了外祖父！我連忙把演講台交給了托尼，直奔醫院，去看吉比。我就這樣與紐約這場精心編排的路演活動失之交臂。

　　我們在波士頓和芝加哥路演活動的場面也是火爆異常，熱鬧非凡，投資者似乎並不關心監管機構的政治問題。幾天之內，摩根士丹利表示，黑石的股票遠遠不能滿足市場需求。

　　我正在芝加哥主持路演，托尼團隊的一個成員打電話告訴我，托尼剛剛被送往科威特的醫院。他異常疼痛，但醫生們找不出病因。我打電話給我們在倫敦的高級合夥人戴維·布利澤，告訴他暫時放下一切事務，飛往科威特，必要時可以租一架飛機，只要能確保照顧好托尼。路演可以先停一停。我打電話給托尼，令我驚訝的是，他接了電話。

　　「我會沒事的。」他說話的語氣像往常一樣冷靜，「別擔心。」

　　「托尼，我讓布利澤去找你了。我不希望你因為路演而強

行支撐，把身體拖垮。」

「史蒂夫，我不需要他來。我告訴你，我很好。」

但他聽起來很虛弱。我再次打電話給戴維：「把這個人綁也要綁在醫院，我不希望他不顧惜自己的身體。」

戴維坐了最早的航班前往科威特，可是當他趕到的時候，托尼已經自行出院了。醫生診斷托尼患有腎結石，結石直徑很大，病發會令人疼痛難忍，但沒有生命危險。結石還沒有排出來，托尼卻已經出院了，還帶着一整盒嗎啡注射液，以便在等待排石期間鎮痛。他非常頑強，堅持要繼續進行路演。

布利澤現在也加入了這支隊伍，托尼的團隊完成了科威特的演講，轉戰沙特阿拉伯和杜拜。托尼拒絕注射嗎啡，寧願忍受痛苦。他深受疼痛的折磨，但在這三天裡，他從未缺席任何會議。在杜拜，他再次入院治療。而當病情剛剛有所好轉時，他租了一架飛機，準備把自己和團隊帶到倫敦。

就在我剛鬆一口氣的時候，我又接到了一個電話——托尼的飛機出了問題，其中一台引擎在伊朗領空出現故障，而這架飛機的飛行員沒有申請飛越伊朗的許可。根據飛行手冊的建議，飛機需要在距離最近的飛行跑道緊急降落，但由於飛機沒有獲准飛越伊朗的領空，飛行員認為半夜把一架滿載美國人的飛機降落在伊朗是非常冒險的行為。另一種選擇是只靠一台引擎，看飛機能不能成功堅持到雅典。托尼在飛機後艙的一張小床上躺着，依然疼痛難忍。他堅持讓飛行員試着飛到雅典。

一時間，我心情高度緊張，滿腦子想像着我的同事和朋友要麼在伊朗墜機，要麼在伊朗緊急迫降。當時的伊朗由馬哈茂德·艾哈邁迪·內賈德領導，他痛恨美國和以色列。他認為「9·11」恐怖襲擊事件是美國一手策劃的，美國想以此作為反恐戰爭的藉口。他也認為大屠殺①是子虛烏有的事件。鑒於此，我們認為在伊朗迫降是一件極其危險的事，都同意飛行員應該飛往雅典。後來，飛機終於僅靠一台引擎有驚無險地抵達了雅典。接着，托尼及其團隊馬不停蹄地又另外包機前往倫敦，完成了一整天的會議，然後乘飛機回到紐約。回來之後，托尼以自己一貫輕描淡寫的方式説，自己當時確實有點緊張，他説：「這是一次驚險而艱難的旅行。」

———————

到6月中旬，我們的路演計劃才進行了一半，就已經被超額認購了15倍。我們將此次發行定價為31美元，是我們預期範圍的最高值，並增加了我們發行的股票數量。6月24日，我們賣出了1.333億股，加上來自中國的投資，我們的籌資總額超過了70億美元，這是谷歌上市10年內的第二大IPO。

———————

① 大屠殺，第二次世界大戰期間，德國納粹及其幫兇共殺害了大約600萬名猶太人。這種有組織的、官僚的、國家支持的迫害和謀殺活動被稱為大屠殺。——譯者注

為交易定價的當天晚上，我回到了家。家裡空空蕩蕩，一個人也沒有。克里斯汀帶着她的女兒梅格和侄子侄女在非洲旅行。我感到筋疲力盡，洗了個熱水澡，換上牛仔褲、馬球衫和拖鞋，把晚餐放在托盤上，坐在椅子上。我打開電視，嚇了一跳——我在電視上，是 CNBC。我太疲憊了，換台的力氣都沒有，只是坐在那裡，像被施了魔法。我盯着電視裡的自己，想知道自己還能不能逃離這次瘋狂的上市。

《紐約時報》報道稱，黑石的股票「幾乎像谷歌一樣神秘」。根據這家報紙的觀察，所有可能導致上市失敗的挑戰並沒有影響到我們。「黑石繼續主宰市場。」記者寫道。成為上市公司的第一天早上，我本可以到證券交易所敲響開盤鐘，但我沒有去，而是請彼得和托尼去了。相反，我去了公司，獨自坐在自己的會議室裡。

上市應該是任何企業家立身揚名的制高點，我現在卻有一種異樣的感覺。在 20 世紀 90 年代初期，我們看到了投資房地產的機會，當時房地產價格處於歷史低位，我們卻缺乏資金，又受到投資者焦慮的限制。他們的非理性恐懼阻礙了我們，導致我們在籌集資金的過程中錯失良機。而現在我們不會再遇到同樣的問題。我們的投資基金擁有充足的鎖定多年的資金，而上市籌集的資金意味着我們可以繼續對公司的業務進行投資，以確保公司擁有的人才和資源，無論何時何地都能爭取最具吸引力的機會。

也正是那天，黑石的辦公室沒有了往日的熙熙攘攘。走廊空無一人，整個辦公區域都安靜無比。我打開電視，調到CNBC，看市場開盤。「早上好。今天我們為您帶來黑石IPO的全天報道。」我盯着電視看了一個小時，感覺半夢半醒。我又一次在電視裡看到了自己，似乎無處可以藏身。電視裡的我在接受採訪，而我甚至對這個採訪毫無印象。我把電視關了。太不可思議了，一切都雲遮霧罩。我以為我已經了解了上市後自己需要面對的處境，但在公司真正上市後，一切又與我的想像截然不同。

———

上市後不久，我們接到了槓桿融資專業公司GSO Capital Partners聯合創始人班尼特·古德曼（Bennett Goodman）的電話。自2001年加入黑石以來，托尼一直有興趣擴大黑石規模相對較小的信貸業務。幾年來，我們一直試圖從帝傑證券公司招募班尼特的團隊，均遭到拒絕。但在上市之後，班尼特打電話說他準備將GSO與黑石合併。他和他的合夥人認為黑石成長的速度和關係的廣度極為驚人。他們認為，雙方的合作可以大大推動GSO的發展。事實證明，他們的判斷和決策是正確的。雙方合併後，我們創建了最大的另類資產管理業務信貸平台，在上市後的10年間，GSO的規模最終增長了15倍以上。

# 第四部分

---

# 準　則

## SPRINTING
## DOWNFIELD

# WHAT IT TAKES

Lessons in the Pursuit of Excellence

# 1

## 做市場的朋友

在黑石完成上市的時候，市場已經開始躁動不安。2007年2月，房地美宣佈不再購買次級抵押貸款。次級抵押貸款是為信譽較差的借款人提供的抵押貸款，正是這些借款人支撐了房地產市場的繁榮。而當時，專門提供次級抵押貸款的機構日益陷入困境，他們的問題最終會影響到整個信貸市場。

幾週後，我接到了貝爾斯登銀行 CEO 吉米·凱恩（Jimmy Cayne）的電話，他說自己需要幫助。他的兩隻對沖基金陷入困境，他需要外部人士提供參考意見。我派了幾個人去研究基金現狀，他們帶回來的消息令人擔心。

第一隻基金全部投資在以次級抵押貸款作為抵押品的證券中。這些證券沒有公開交易，所以其價值很難確定。隨着越來越多的借款人開始拖欠抵押貸款，我們基本可以預料，這些證

券的價格會出現暴跌，也不會再有買家。然而根據基金條款，投資人可以每月贖回一次投資。

情況好像令人難以置信，但確實千真萬確：這隻基金投資極不透明，正在快速貶值，卻依然承諾給投資人確保每月的流動性。貝爾斯登第二隻基金的情況與第一隻基本相同，但是加了槓桿。這意味着，如果第一隻基金崩盤，那麼第二隻基金也會令人驚訝地崩盤。

我打電話給吉米，告訴他這兩隻基金將會徹底崩盤，投資人的錢會一分不剩。我建議他把損失自行承擔，把錢還給投資人。雖然從法律角度來看，這種讓步並不是必需的，但這兩隻設計不周的基金會對貝爾斯登的聲譽造成嚴重打擊，相比之下，還是自負損失的代價更小。

「我愛你，史蒂夫，」吉米說，「但你到底在說甚麼呢？我才不會開支票。投資本來就是成年人玩的遊戲，我們已經提供了認購說明書，投資有輸有贏，風險要自己承擔，贏得起也要輸得起。」

我告訴他，這一邏輯並不適用於像貝爾斯登這樣的大公司，因為很多事利害相關，他需要考慮公司整體的聲譽。在貝爾斯登總裁的監督下，公司最好的經紀人推薦了這款基金。如果基金崩盤，公司的銷售能力將受到毀滅性打擊。如果投資人覺得遭受了不公正對待，他就必須補償他們的損失，否則整個公司和數千名員工的生計將會受到威脅。

「我不用給任何人開支票。」他說,「市場就是這樣運作的。」

「我不了解市場,」我說,「但有時你就是需要承擔責任,開出支票。你必須告訴客戶失誤在你,因為如果你不這樣做,他們就再也不會相信你。」在埃德科姆交易失敗後,我已經感受到了這種困境的痛苦,因為我必須確保黑石把貸款還給銀行。如果當時我們沒有以完全正確的方式來處理這個問題,那麼在以後的交易中,我們會花費更多的時間和金錢,才能贏回信任。

在黑石,自 EOP 交易和上市之後,大家依然處於腎上腺素激增的興奮狀態。股票價格繼續上漲,大多數投資者持續鎖定倉位,抱着僥倖心理和賭徒的心態,對信貸市場的負面數據視而不見,拒絕接受變化,拒絕因勢而動。而我們看到,預期中的市場錯位已經越來越近了,於是黑石做好了充分準備。許多人錯誤地認為市場崩潰的時刻是風險最高的時刻,而實際情況恰恰相反。

在金融危機前夕,黑石從 IPO 中獲得了 40 億美元的現金,另外獲得了 15 億美元的循環信貸額度,可以在急需時調用。在我和托尼的堅持下,黑石的淨債務始終為零,這是企業經營的基本宗旨,也部分體現了我們對風險的防範意識。我們有超過 200 億美元的承諾資金,鎖定期為 10 年,所以一旦出現變故,我們可以順利渡過難關,不必擔心客戶擠兌資金。賴於我們強大的資本實力,我們能夠照常營業,同時,賴於公司嚴謹的投資流程,我們也避開了一個最終將成為金融災難的重大交易。

從 20 世紀 90 年代末到 21 世紀初，我們觀察到兩股力量正在改變美國能源行業，於是加強了對這一行業的關注。第一個因素是監管逐漸放寬，越來越多的能源產業被規模較小的私營企業掌控。第二個因素是安然公司 (Enron) 的倒閉，導致許多公司迫於金融壓力以低價出售資產，包括鑽探權、煉油廠、管道等。

這期間，我們以小筆投資為起點，花費數年時間積累我們的知識、經驗和關係。這樣，我們就可以在經濟週期的多次變向中把握時機，最大限度地提高收益、降低風險。

2004 年，黑石和另外三家私募股權公司赫爾曼·弗雷德曼 (HF)、KKR 以及德克薩斯太平洋集團 (TPG) 合作，收購了德克薩斯發電公司，該公司擁有位於德克薩斯州的一組發電廠。一年後，我們 4 個投資方將德克薩斯發電公司出售，分享了約 50 億美元的股權收益。這是有史以來最賺錢的私募股權投資之一。當時，監管機構已經把電價與天然氣價格掛鉤，而我們的利潤來源是電價上漲。德克薩斯發電公司基本用煤炭和核能發電，成本比天然氣發電要低得多，因此隨着天然氣價格的上漲，電價上漲，公司的利潤率也隨之大大增加。KKR 和德克薩斯太平洋集團在 2007 年又進行了一次類似的交易，但規模要大得多。他們準備斥資 440 億美元收購德克薩斯州另一家 TXU 能源公司。我問黑石能源基金負責人戴維·福利 (David Foley)，為甚麼我們要錯過這個機會？

戴維剛從商學院畢業時，我就把他招到了黑石。在我們推

出首隻基金時，他還完全沒有能源行業的背景和經驗，但他全身心地投入了行業研究中。他向投資委員會詳細介紹了 TXU 交易的數據和模型，解釋這一交易為甚麼荒誕不經。能源與房地產一樣，都屬於週期性行業。投資人必須要清楚，週期的低谷可能會很深很長，當市場達到頂峰時，也不能忘乎所以。TXU 的買家耗資 440 億美元，其中借款佔比超過 90%，因此幾乎沒有犯錯的餘地。他們篤信天然氣價格以及受監管的電價將多年居高不下，電廠可以一直向消費者收取高昂的電費，同時電廠只需支付較低的燃煤發電成本，進而從中賺取高額利潤。但他們沒有意識到，如果天然氣價格下跌，消費者的電價也會隨之下降，TXU 所有者售電的利潤將會降低，到那時，他們的債務就難以償還。戴維一再強調我們不應該參與投標。

形勢的發展需要一段時間。到 2014 年，隨着天然氣和電力價格的崩潰，主營煤電的 TXU 慘遭破產。投資人在一個週期的頂部買入，並為此付出了沉重的代價。

————

正當黑石因勢而謀，揚棄了市場上的大部分交易時，希爾頓（Hilton）的 CEO 史蒂夫 · 博倫巴赫（Steve Bollenbach）給我們打來電話。幾個月前，我們考察了他的公司，想進行收購，並提出報價，但遭到了史蒂夫的拒絕。而現在他已經做好出售

的準備了。他想退休，無論是在經濟層面，還是在個人層面，出售公司將成為他職業生涯的頂點。或許他像薩姆・澤爾一樣，知道如果自己現在猶豫不決，可能就需要再等待幾年的時間，才能看到市場反彈。

自 1993 年以來，黑石一直在進行酒店收購和出售的交易，包括美國的拉昆塔 (La Quinta)、長住 (Extended Stay) 等連鎖酒店，倫敦的薩伏伊集團等。我們知道購買的時機和運營的門道，也了解勞資關係——這是成為酒店所有者的關鍵一環。希爾頓在美國和全球各地開展了一系列令人矚目的業務。多年來，希爾頓的國內業務和國際業務是分開運營的。兩個業務線最近重新合併，梳理和整合仍需時日。希爾頓國內業務總部位於比弗利山莊，國內的酒店年久失修，老化嚴重。4 個不同的部門職能交叉、成本重複、效率低下，這些因素導致希爾頓的利潤率低於競爭對手。公司的經理似乎不知所措，公司的辦公室週五中午就關門休息。最重要的是，他們保留了昂貴的公務機。我們看到了很多管理漏洞，想到了很多增加公司價值的方法。

希爾頓國際業務的總部位於倫敦，這個業務更加讓人困惑。我們感覺希爾頓國際酒店像酒店行業的瑞普・凡・溫克爾[1]，在世界蓬勃發展的時候酣然大睡。希爾頓在 20 年內沒有

---

[1] 在美國作家華盛頓・歐文創作的短篇小說中，主人公瑞普・凡・溫克爾 (Rip Van Winkle) 在山上睡了 20 年，下山後人世滄桑，一切都十分陌生。——譯者注

增加任何新房產，也幾乎沒有進入中國、印度和巴西等快速崛起的市場。任何人都能看出，隨着新興經濟體變得更加富裕，國際差旅和出遊將出現大幅增長。希爾頓是世界上最知名的品牌之一，與可口可樂齊名。如果公司採取正確的發展策略，就一定會前途無量。希爾頓旗下擁有全球最好的一系列酒店：華爾道夫、紐約希爾頓酒店、倫敦柏寧希爾頓酒店、聖保羅莫倫比希爾頓酒店，等等。每個酒店單獨的價值加在一起，會遠遠超過整個公司的市值。然而，希爾頓合併國內和國際業務的舉措並沒有喚醒兩條業務線。希爾頓錯過了成長的機會，股價出現下跌。

根據我們的分析，希爾頓的收購價在 260 億—270 億美元之間，而我們剛剛在 EOP 交易中投入超過 100 億美元（扣除所有銷售收入之後）。但我們認為，希爾頓每年損失的利潤有 17 億美元。如果能夠改善酒店，找到內在的發展動力，出售非核心資產，我們就可以把年均利潤提高到 27 億美元，這樣我們可以提供比競爭對手更高的報價，並依然可以提高贏利水平。EOP 的交易好像矯健的兔子 —— 我們以令人驚歎的速度達成協議，在白熱化的市場中實現價值最大化，而希爾頓的交易就像慢騰騰的烏龜，需要付出多年的心血和努力。

我們的第一步是招募克里斯．納塞塔（Chris Nassetta）。他是喬恩．格雷的老朋友，當時是東道主酒店（Host Hotels）的CEO，東道主酒店旗下擁有萬豪等連鎖酒店。克里斯是酒店

業的大師。如果全世界只有一個人能改善希爾頓，這個人就是他。他承諾，如果黑石能贏得這筆交易，他就願意擔任 CEO。這一承諾進一步增加了我們的信心。當然，這筆交易還存在一個假設性風險：如果再次出現類似「9・11」恐怖襲擊的重大事件，或像 SARS 一樣的國際病毒，旅遊行業就會凍結。但如果整個世界都不得不停止出行，那麼我們會面臨更大的麻煩。

我們剛結束 EOP 交易就開始準備收購希爾頓，感覺好像剛完成一場奧運會決賽，就馬上報名參加另一個項目一樣。但黑石無法選擇交易的時機，只能做足準備。

在希爾頓股價的基礎上，我們提出了 32% 的溢價，博倫巴赫接受了這個報價，而此時黑石剛剛上市不足兩週時間。我們從黑石基金和共同投資人那裡募資 65 億美元，又從 20 多家銀行借入了 210 億美元，剩下的就是翹首以待交易達成。

希爾頓交易銀行財團的牽頭人是貝爾斯登銀行。就在我們等待交易達成的期間，我和吉米・凱恩討論過的對沖基金崩潰了。貝爾斯登銀行為這兩隻基金提供了 16 億美元的借款，用以維持基金運營，但到了 7 月底，基金已經山窮水盡、走投無路，只能被迫崩盤。

8 月 9 日，法國巴黎銀行（BNP Paribas）停止了旗下三隻基金的贖回，這些基金大量投資於美國的次級抵押貸款。他們表示市場上已經沒有流動性。就在同一天，美國最大的抵押貸款提供方全國金融公司（Countrywide）向美國證券交易委員會

提交季度報告，報告稱「目前市場形勢的嚴峻程度前所未見」。幾天之內，全國金融公司動用了所有的信貸額度，兩週後又接受了美國銀行（Bank of America）20 億美元的投資，以此維繫運轉。

大約在這個時候，我接到了吉米・李的電話。他讓我保密，告訴我摩根大通已經三天無法對商業票據進行展期了。商業票據是美國企業賴以生存的貸款，是用於業務經營的最具流動性的債務，也是最接近現金的債務。出問題的不僅僅是摩根大通，美國銀行和花旗銀行也無法展期。吉米告訴我，這幾個銀行想了辦法，向為他們提供借款的其他銀行和機構提供額外保護措施，以此解決這個問題。但如果連美國最大的銀行都必須爭分奪秒地拿到短期貸款才能支付賬單，那麼問題已經超出了次級抵押貸款的範圍。

我們在 10 月 24 日完成了希爾頓酒店的收購交易，這一天與黑色星期一前夕關閉第一個黑石基金時隔近 20 年，我們再次果斷出手、及時竣事。同一天，美林宣佈季度虧損 23 億美元。花旗後來表示正在減記 170 億美元的抵押貸款。到了 11 月的第一週，兩家公司的 CEO ——美林的斯坦・奧尼爾（Stan O'Neal）和花旗的查克・普林斯（Chuck Prince）雙雙宣佈辭職。整個金融系統進入心臟驟停狀態。

紐約聯邦儲備銀行位於自由街，我從 2007 年底開始參加銀行的系列午餐會，這是一個關於金融危機基本原理的不同尋常的速成課程。午餐會由紐約聯儲主席蒂姆・蓋特納（Tim Geithner）主持，參與人員往往包括美聯儲主席本・伯南克（Ben Bernanke）、財政部部長漢克・保爾森（Hank Paulson）、紐約各大銀行的 CEO 和主席、貝萊德集團的拉里・芬克，還有我。

儘管我在金融圈摸爬滾打了多年，但從午餐會上得到的信息依然讓我震驚。兩家美國政府贊助的抵押貸款巨頭房利美和房地美購買了美國一半的住房抵押貸款，並將其證券化，價值約為 5 萬億美元，這些我都知道，但我不知道這兩家公司目前瀕臨破產。參會的每個人都認為這是在劫難逃，可是我聽了之後確實還是感到驚詫不已。

美國金融系統存在兩個長期問題。第一個長期問題是次級抵押貸款。多年來，證券化提高了抵押貸款市場的流動性。自 20 世紀 80 年代以來，因為有像拉里・芬克這樣的人的努力，抵押貸款已經像股票、債券等證券一樣，可以打包，可以買賣。歷屆政府一直在向銀行施加壓力，讓銀行為以前無力購買房屋的人提供更多貸款。許多政客認為房屋所有權是實現美國夢的第一步。

在金融創新和政治壓力的聯合推動下，新型抵押貸款誕生

了，首付很低，甚至為零，最初幾年的利率也極低。監管不力導致不法貸款人利用借款人獲利——貸款人提供貸款，但不要求借款人提交相關材料，如收入證明或資產證明等。買家數量的增加推高了房屋價格，導致市場過熱。在 20 世紀 90 年代中期，次級抵押貸款只佔美國抵押貸款總額的 2%，而截至 2007 年，其比例增至 16%。稍有常識的人都能看出，如果經濟陷入衰退或房價因任何其他原因而下跌，次級貸款推動的房地產市場就會崩潰。

第二個長期問題是由監管機構造成的。從技術層面講，問題出在美國財務會計準則第 157 號（FAS 157）。這一準則旨在確保所謂的公允價值計量。但問題在於，這種監管規定既不公允，也沒有帶來科學準確的價值核算。2001 年安然公司倒閉以及 2002 年電信巨頭世通公司（WorldCom）倒閉的最重要教訓之一，就是公司可能會混淆資產和債務。他們可以使用會計技巧來提高資產價值、隱藏負債。一群有影響力的學者表示，解決方案就是提高透明度。如果所有相關方始終能掌握全部信息，就不會出現像安然公司這樣的醜聞。於是，逐日盯市——也就是以當天的市場價計算公司資產和負債的價值就成了應對公司欺詐行為的靈丹妙藥。

然而，這一方法雖然理論上可行，但在現實生活中沒辦法操作。以股票為例，人們買入股票，是為了確保退休後的收入來源。假設現在距離退休還有 20 年的時間，你以每股 100 美

元的價格購入 10 股。股價有時上漲至 120 美元，然後回落至 80 美元。但你並不在意，因為你想的是 20 年以後的事，你認為這隻股票是一項良好的長期投資。股價的波動只是季度報表中的數字變化而已。

但想像一下這樣的情景：每次股價上揚，你都會收到支票，獲得差價；每次下跌，你就得開出支票，彌補差價。此外，你還要通知自己的每個債權人，從抵押貸款提供方到車貸公司，讓他們根據新的股票價值重新評估你的信譽。你在乎的是 20 年以後的事情，但他們會根據每天最新的市場變化評估你的價值。如果發生這樣的事情，你會不會覺得不勝其煩？

在 20 世紀 30 年代後期，受經濟大蕭條的影響，美國政府禁止使用盯市會計方法。他們發現，在任何正常的年份，幾乎所有資產類別，包括股票和債券，都將上漲或下跌 10%—15%。而如果這一年恰逢經濟繁榮或經濟危機，波動幅度會更大。如果公司像《四眼雞丁》(*Chicken Little*) 的主角一樣，不斷根據當天的市場變動重新平衡其資產或負債，而不是保持長期視野、冷靜沉着地管理公司，將非常不利於整個經濟的健康發展。

在 20 世紀下半葉，銀行的負債一般是所有者權益的 25 倍，他們借錢向客戶提供貸款。如果銀行能以高於其借入利率的利率放貸，則可以獲利。成功的銀行往往擅長貸款，會選擇有還款能力的客戶，因此，監管機構並不要求銀行持有大量緊

急現金。但是，如果出現緊急情況，監管機構也不會要求他們
火速甩賣所有資產，以此來籌集現金。

1972 年，我進入金融圈開始發展自己的事業。在 1975 年，
我曾見證美聯儲和貨幣監理署如何應對房地產和航運貸款的雙
重危機。他們沒有強迫不良貸款的所有者以當時的市價計算資
產價值。相反，他們給了所有者幾年的時間，或等待貸款價值
恢復，或按季度沖銷貸款。這就是現實世界解決問題的方式：
在遇到問題時，不是驚慌失措，急於宣佈進入緊急狀態，而是
呼籲各方保持冷靜，給大家一點時間，共同尋找解決問題的辦
法和途徑。

而美國財務會計準則第 157 號的要求恰恰相反。這一規定
打着「增強透明度」的旗號，卻導致金融機構的資產負債表顯
得極不穩定。金融機構打造了準備長期持有的資產組合，而就
在資產價格崩潰的時候，卻必須盯市計價；在現金稀缺的情況
下，監管機構卻要求金融機構增持現金。不負責任的次級貸款
和第 157 號規定導致市場混亂、銀行破產。

2008 年初，我與摩根士丹利 CEO 約翰·麥克（John Mack）
共進晚餐。他愁雲滿面，茶飯無心 —— 摩根士丹利剛剛公佈
季度虧損 70 億美元。我問他，怎麼會賠這麼多錢呢？他說這
其實不是實際出現的損失，而是賬面上的損失。摩根士丹利持
有 4 年前發行的次級抵押貸款證券組合。2004 年所發行證券
的相關抵押貸款違約率約為 4%，2005—2006 年的違約率為

6%，2007 年約為 8%。雖然違約率都在 10% 以下，但這些證券的市場已經消失了——沒有了買家。其實，每 10 個美國人中，無力償還這些證券相關抵押貸款的人還不到 1 個，市場卻對這些證券避之唯恐不及。在安然和世通的會計醜聞爆出後，美國於 2002 年出台的金融改革法案《薩班斯－奧克斯利法案》（Sarbanes-Oxley），旨在保護投資者。根據這一法案，金融機構不能承擔虛假陳述任何資產價值的風險。所以約翰請貝萊德集團來為其投資組合估值。貝萊德集團估算後認為，損失在 50 億—90 億美元之間，約翰取了中間數，而實際上，報告中的損失遠大於實際違約的證券價值。這樣一來，突然之間摩根士丹利的健康狀況讓每個人都感到惶恐不安。

在我的老東家雷曼兄弟，問題更是堆積如山。雷曼兄弟的 CEO 迪克·富爾德（Dick Fuld）和我在 20 世紀 70 年代早期一起加入雷曼兄弟，我們兩個人都在 1978 年成了合夥人。大學期間，迪克的成績勉強及格，因為他大部分時間都在滑雪和參加派對。他之後獲得了紐約大學的 MBA 學位。迪克經常開玩笑説，雷曼兄弟在 1994 年任命他為 CEO 的唯一原因就是其他聰明人都跳槽了，只有他堅持了下來。我們私交並不十分親密，但會在各種各樣的社交場合遇到，每年帶着各自的妻子一起吃一次飯。

遺憾的是，雷曼兄弟內部的人很難看到他溫暖謙遜的一面。迪克是一位專制的領導者，大家對他的恐懼多過愛戴。

2008 年，迪克導致雷曼兄弟陷入困境。那年春天，黑石的房地產團隊看到雷曼兄弟的房地產投資組合出現嚴重問題。雷曼兄弟持有大量不良抵押貸款以及一些優質住宅資產，例如公寓樓主要投資機構阿奇斯通公司（Archstone）。雷曼兄弟在金融危機之前購入了大量商業地產，但未能趕在危機前及時出手。現在這些商業地產的債務給他們帶來了壓力。在健康的市場中，雷曼兄弟投資組合的總價值可能是 300 億美元。但由於買家已經逃離了市場，所以價值無法估計。我們提出出資 100 億美元，收購雷曼兄弟的這些房產。我們有實力、有耐心待價而沽。但迪克拒絕了我們，他寧願繼續掙扎，也不想權益受損。

不久之後，3 月 16 日，受美國政府指令，摩根大通同意收購貝爾斯登。現在所有的目光都集中在雷曼兄弟身上，想知道它是否會成為下一個倒閉的銀行。迪克正在尋找買家，而抵押貸款危機的加劇讓這一任務更為艱巨。儘管他開玩笑說自己在雷曼兄弟的升遷都是僥倖，但其實他對公司懷有極深的感情。目前的價格太低了，他難以接受。8 月初，迪克告訴我，在公司 6750 億美元的資產中，有 250 億美元與房地產不良貸款掛鈎。剩下的 6500 億美元的資產毫無問題，為公司賺了很多錢。我建議迪克把兩者分開，把價值 6500 億美元的資產變成「老雷曼」，繼續經營，不受房地產業務的影響；成立新的雷曼房地產公司，把 250 億美元的資產池轉移到這家新公司，並為其提供足夠的資金，撐過當前的週期。也許 5 年時間，也許更長，

但房地產的繁榮總有一天會再次出現，因為這是行業規律。股東仍然擁有兩家公司 100% 的資產，只是把風險和回報脫鈎，以應對目前的房地產行業現狀。如果公司分立能降低雷曼兄弟對市場造成的負面影響，減少市場的不確定性，政府就可能不會反對。

迪克贊同這個想法。只是他想知道，如果雷曼兄弟分立，黑石是否可以出資幾十億美元購買老雷曼的部分權益。我說可以，但必須進行盡職調查。但在這之後，我們討論的進展緩慢，憂慮已經讓迪克六神無主。雷曼兄弟的財季將於 9 月 30 日結束，屆時，雷曼兄弟必須把公司房地產資產的價值減記至當前的市價。最後，由於迪克的痛苦和焦慮，我們也沒時間完成盡職調查、提交委託書，也未能讓美國證券交易委員會接受公司分立方案。我替他感到非常難過，他一直在努力為雷曼兄弟尋找買家，不停地討價還價，但在這個時間節點，價格根本不是核心問題。雷曼兄弟股價深受空頭衝擊，如果迪克能夠創造兩個獨立的證券公司，一個經營房地產證券，一個接管雷曼兄弟其他業務，就可以挽救雷曼兄弟。金融危機將持續下去，而剝離了不良資產的雷曼兄弟會被隔離起來。但迪克沒有做到，這導致雷曼兄弟倒閉，成為美國歷史上最大的破產案，他本人則成為自毀長城的標誌性人物。

雷曼兄弟於 9 月 15 日星期一破產。第二天，貨幣市場基金出現近年來的首次下跌，投資於此類基金的 1 美元價值跌至

97 美分 (此類基金通常被視為風險極低的投資，幾乎相當於現金)。9 月 17 日星期三，美國國債收益率跌入負值區間。儘管如此，在市場一片恐慌的情況下，人們明知會虧本，卻依然選擇買入美國政府證券，這是因為這時國債的安全性似乎高於其他任何資產。

由於危機前的上市和積極籌款，黑石的財務狀況非常強勁。但在雷曼兄弟倒閉的那一週，我還是調用了全部的銀行信貸額度——核冬天 ① 即將來臨，在我蜷臥過冬之前，我想要把所有的現金都握在手裡。很多陷入困境的公司會拋售資產，屆時黑石一定要做好收購的準備。


9 月 17 日星期三下午 3 點半，克里斯汀打來電話。

「親愛的，你今天過得怎麼樣？」她像往常一樣問道，「晚飯想吃甚麼？」

「今天過得一點兒都不好。」我說。

「我很遺憾……怎麼了？」

「這麼說吧，大廈將傾，危在旦夕。美國國債收益率為負。共同基金已經破產。各類公司都在調用銀行信貸額度。整個金融體系即將崩潰。」

「太糟糕了。」她說，「你打算怎麼辦？」

---

① 核冬天，專指在核戰爭爆發後的大地上煙塵瀰漫、遮天蔽日、天寒地凍的狀態。——編者注

「我打算怎麼辦？我也在調用銀行額度。」

「不，我的意思是你打算怎麼救大廈於將傾？」

「親愛的，我沒有這個能力。」

「你認為漢克知道這一切嗎？」

「是的，我確定他知道。」

「你怎麼知道他知道這一切？」

「因為如果我都知道，那麼他肯定已經知道了。他是財政部部長。」

「但如果他其實不知道，那該怎麼辦呢？如果他甚麼都不做，整個系統就崩潰了，那該怎麼辦？」

「他不可能不知道。」我說。

「但是，如果他不知道呢？你可以做點甚麼，比如警示他一下？我覺得你得給漢克打個電話。」

「親愛的，我覺得漢克一定在開會。美國正在發生危機。我打電話找不到他的。」

「你試試呢？打個電話又沒甚麼害處。」

「但這樣做太荒謬了。」

「但你應該給他打電話。」

聊到這時，我意識到，除非我同意打電話給漢克，否則她是不會掛斷電話的。

「好的。」我說，「我會打電話給他。」

「順便說一句，」克里斯汀補充道，「在打電話的時候，你

應該提供一些解決方案來幫助他。對了,晚飯是你最喜歡的咖喱!」

我給漢克打了電話。

──────────

「我很抱歉,施瓦茨曼先生,」漢克的助手說,「保爾森部長正在開會。」果然不出所料。

「這是我的號碼。」我說,「請告訴他我打過電話。」

一小時後,他回了電話,這確實在我的意料之外。當漢克擔任高盛的董事長兼 CEO 時,黑石集團一直是高盛的主要客戶,有時也是其競爭對手。漢克給我的印象一直是聰明堅定、邏輯縝密、果敢堅毅、誠懇公正,對金融有着深刻的理解。他是一位善於傾聽的人,銷售能力出色。最重要的是,他具有極高的道德標準,值得信賴。

「漢克,」我說,「你今天過得怎麼樣?」

「不怎麼樣,」他說,「你有甚麼事?」

在整個危機期間,漢克及其團隊一直與華爾街各大金融機構像我一樣的高管保持溝通,以便實時了解事態的最新進展。因為黑石的業務,我們比他更接近市場。我知道他會感謝我提供誠實直接的觀察和建議。

我告訴他,各公司都正在動用它們的銀行額度,而且按照

目前的發展速度，銀行將會破產。週一早上它們很有可能就無法營業。

「你怎麼能這麼肯定？」他問道。

「因為恐慌情緒已經四處蔓延，很快一切都會灰飛煙滅、化為烏有。」

「你需要阻止市場恐慌。」我說。我把目前的形勢描述成一部老派的西部片：牛仔的漫長之旅剛剛結束，他們進城，喝了個爛醉，在街上開槍。治安官是唯一能阻止他們的人。漢克就是治安官。他必須戴上帽子，拿起霰彈槍，走到街上，直接朝天空開槍。我告訴他：「這就是你阻止市場恐慌的方法。你要讓他們留在原處，不要再輕舉妄動。」

「那我怎麼讓他們留在原地呢？」漢克說。

「首先，你要讓市場參與者失去做空金融股的能力。」我說。大家可能會說這是一個糟糕的政策，但這一政策將發出信號，告訴他們市場遊戲規則不再可靠。每一個試圖通過壓低銀行股票來賺錢的對沖基金和賣空者都會擔心美國財政部下一步要做甚麼。

「好的，」漢克說，「我贊同這個提議。還有甚麼？」

「信用違約掉期。」我說。人們預期銀行會出現債務違約或破產問題，因此購買相關保險，進而給金融機構造成壓力。漢克應該讓這些信用違約掉期不可執行。

「這是一個好主意，」他說，「但不在我的法律能力範圍內。

還有甚麼？」

　　我了解到，自本週早些時候雷曼兄弟申請破產以來，投資人正在瘋狂地把經紀賬戶轉移至唯一一家他們認為可以安然無恙的銀行：摩根大通。這些投資人正在關閉公司在摩根士丹利和高盛的賬戶，這些舉措加速了這些機構的倒閉，而摩根大通正在努力處理所有要求。我建議漢克禁止投資機構轉移賬戶。

　　但他再次表示沒有權力採取這一做法。「還有嗎？」他問。

　　我告訴他，最重要的是市場需要得到「金融系統不會崩潰」的保證。阻止恐慌的唯一方法就是有機構火速提供海量資金，讓各方目瞪口呆，繼而歸於冷靜。而這個機構必須是美國政府。政府注資可以叫停一切瘋狂行為。漢克需要在明天就採取這一做法。

　　「如果你明天不宣佈，那就太晚了。銀行系統將會崩潰，週一無法開門營業。」我說。當時是星期三下午4點半左右。

　　「我已經對美國的金融系統失去信任了。」我說，「過去幾天，我目睹了雷曼兄弟的倒閉，看到美國銀行在最後一刻通過合併拯救了美林證券。如果沒有你的干預，那麼AIG會在昨天破產，而房利美和房地美必須在8月獲得救助。沒有甚麼是神聖不可置疑的。大家的信心都被擊垮了，美國的金融系統無法承受這種不信任。你需要提供極大的資金池，才能讓市場相信系統不會崩潰。現在的事態急轉直下，每等一個小時，所需要的救市資金就會增加許多。你必須明天宣佈，越早越好。」

「你一兩個小時內還在嗎？」

「當然。世界末日都要來了。我還有甚麼非去不可的地方嗎？」

後來我了解到，漢克已經在努力說服美國證券交易委員會下令暫停賣空。而至於其他措施，財政部需要國會批准，才能以所需的速度和規模進行干預。在危機加深的幾個月裡，漢克曾考慮過申請國會批准，但他擔心民主黨控制的國會會拒絕向共和黨控制的行政部門提供這麼大的權力。在雷曼兄弟倒閉的那個晚上，漢克及其團隊已經別無選擇，他們必須要採取行動了。他們決定申請國會的批准，採取必要措施提振市場。

週五，布殊總統在白宮玫瑰園宣佈，財政部部長已要求國會劃撥 7000 億美元的緊急資金來遏制危機。這一措施被稱為不良資產救助計劃（TARP）。我希望計劃的資金規模再大一些，但 7000 億美元已經相當可觀了，應該足以叫停市場的瘋狂。同一天，美國證券交易委員會還宣佈禁止賣空操作。

我想，這應該會引起市場的關注了。空頭和其他渾水摸魚的人現在需要自問，他們想要參加與政府抗衡的遊戲嗎？在這場遊戲中，政府會不惜一切代價保護整個系統。一旦國會通過不良資產救助計劃，我們就會走上重生之路。

10 天後，即 9 月 29 日，我在瑞士蘇黎世。我剛在酒店辦好入住，打開電視，就看到美國眾議院在就不良資產救助計劃立法進行投票。投票結果是 228 票反對，205 票贊同。投票支持法案的民主黨人數不足，而共和黨人否決了這一法案。我原本以為這個計劃可以拯救美國，但現在，恐慌捲土重來。

我坐在酒店房間裡，無法理解為甚麼會出現這種結果。在國會的要求下，漢克的團隊在不良資產救助計劃宣佈後不久就準備了一份三頁紙長的大綱，希望能在後期充分完善其中的細節。然而，他們的批評者認為這說明美國財政部準備不足、自以為是，想以此獲得 7000 億美元納稅人的錢，作為救市支出。正如漢克在他的回憶錄《峭壁邊緣》（*On the Brink*）中所寫的那樣：「我們因為這個提案而被人冷嘲熱諷 —— 尤其是因為其篇幅過短，在批評者看來，提案是草率出台的。事實上，我們是有意而為之，目的是給國會留出足夠的運作空間。」

最終的不良資產救助計劃長達 100 多頁，法案準備完成之際，美國的政治環境已經充滿了挑戰。當時距離總統和國會選舉僅有 5 週時間。政客們都在保衛自己的領土，各自為政。反對票反映的是意識形態，而非國家利益。

我極為擔心，於是給黑石的政府關係顧問韋恩·伯曼打了個電話。他是內部人士中的內部人士，所以我希望他可能會對

如何挽救局勢發表自己的想法。

「韋恩，我們必須通過不良資產救助計劃，」我說，「這是美國金融系統賴以生存的生命線。我們不能讓可怕的政治混亂阻礙這個法案的通過。」我建議我們召集所有在世的美國前總統——吉米·卡特、比爾·克林頓和喬治·H. W. 布殊在電視上發表全國講話，敦促國會通過不良資產救助計劃立法。韋恩說他會繼續努力。當晚睡覺的時候，我想到，財政部和美聯儲每個參與應對危機的人一定都在通宵達旦地工作，已經疲憊不堪，他們一定需要幫助。他們腦子裡要考慮 100 萬件事情：短期和長期的財政及經濟政策，這些政策後果和影響以及政治姿態、政治自尊、競選帶來的各種緊急情況等等。但我只有一個目標：防止美國金融系統重返恐慌狀態。

第二天，我和韋恩繼續關注總統在媒體上表達的想法。總統傳達的信息具有權威性和莊嚴性，我認為這可能是說服整個國家的唯一信息。了解了總統的意見後，韋恩向我保證，我們可以站穩腳跟了。「他們會解決問題，」他說，「不良資產救助計劃會通過的。」

漢克及其團隊和美聯儲主席本·伯南克緊鑼密鼓地展開工作，並與國會密切合作，不良資產救助計劃最終於 10 月 3 日通過。計劃首次被否決後，美股大跌，這一走勢也有助於各方關注問題重點。事實上，這是近期歷史上國會最後一次在兩黨合作的基礎上採取行動，通過一項利害攸關、頗具爭議的立法。

但是，當我閱讀重新起草的立法時，我發現其中存在一個嚴重的缺陷。這次克里斯汀沒有催我，我主動給漢克打了電話。

「恭喜你最終推動了計劃的通過，」我說，「現在只剩一個問題。」

「甚麼問題？」他問。

「你永遠無法買到不良證券。」

「甚麼意思？」

「每個投資機構都持有次級抵押貸款的打包組合，其中包含的都是房貸。以前我們會知道某條街上一棟房屋的價值，因為有類似藍皮書的統一標準。但如果同一條街上有 5 棟待售房屋時，就沒有人知道房子的價值了，所以沒有人知道如何對這些次級抵押貸款證券進行估價。你真的需要去考察每一條街有多少房屋待售。一棟房屋可能曾經賣 20 萬美元，但如果同一條街道上有 5 棟待售房屋，售價就會降低，可能降到 14 萬美元，甚至更低。但如果你連有多少待售房屋都不清楚的話，就沒辦法計算房屋價值和售價。賣家也不會知道。所以市場就不具備交易的前提條件，銀行也不會放貸。因此，如果沒有人能夠給這些證券估值，那麼證券永遠無法獲得流動性，你也就永遠不能購買不良證券。」

「所以你的建議是甚麼？」漢克說。

「把這 7000 億美元作為銀行的股權或有認購證的優先股。這樣可以確保銀行的穩定性。」有了穩定性，銀行就可以吸引

存款，而新增存款的規模要遠遠大於財政部提供的資金。銀行可以利用存款放貸，這樣既可賺取利潤，又可重振經濟。而在政府資金成為銀行股權後，政府可以從這樣的投資中賺取收益，銀行也能獲取資金，來應對危機、開展投資。銀行的槓桿率一般是 12 倍，這就意味着銀行會有 8 萬億—9 萬億美元的股本，這是火力巨大的彈藥庫。

其實，漢克、本・伯南克和紐約聯邦儲備銀行總裁蒂姆・蓋特納已經比我領先幾步了。他們已經討論了購買銀行股權的想法，甚至向布殊總統提出了這一想法，但他們擔心這會給銀行國有化帶來計劃之外的壓力。他們後來推出的解決方案獨具創意，最終也賺取了回報，那就是對 700 家美國銀行進行資本重組，包括健康銀行和問題銀行。漢克與我這樣的市場人士溝通，以此獲得思考此類複雜問題的角度。

「還有一件事，」我說，「如果大家把計劃稱為『救市』，那麼這會是非常可怕的事情。」漢克和財政部從未使用過這個詞，但「救市」一詞被政治家和媒體廣泛使用。「你不是在拯救任何機構。你借給他們錢，他們將來也會還錢。這只是一筆過橋貸款，納稅人將可以收回所有資金，連本帶利，並且還可能在銀行復蘇時獲得巨額利潤。如果被稱為『救市』，那麼這將帶來一場公關噩夢，因為會導致各方完全誤解政府的這一操作。」

漢克對此表示同意，但很明顯，其他事項更需要他的關注。他處於風暴之眼的位置，要應對來自國會、美聯儲、監管

機構、媒體甚至其他國家的種種要求，其難度是難以想像的。

------------

　　大約一個星期後，我還在歐洲。我到了法國土倫，剛下飛機坐到車上，電話就響了，是漢克的辦公廳主任吉姆・威爾金森（Jim Wilkinson）打來的。

　　「漢克讓我打電話向你致謝。大多數人跟我們溝通，都是為了做對自己有益的事情，而每次你跟我們交流，都是關心對整個系統有益的事情。你給我們的建議是我們得到的最好的建議。」

　　「謝謝你，吉姆，」我說，「我很榮幸。」我合上翻蓋手機，輕鬆愜意地坐在汽車座椅上。時間是晚上 8 點，外面一片漆黑。我只和司機在一起。我想，真是太神奇了。我提供了幫助，感覺特別棒。整個美國即將陷入比大蕭條更糟糕的境況，而沒有人知道該如何應對。感謝克里斯汀的堅持，我主動參與了解決方案的制訂。漢克也拿出時間聽取我的意見。後來他告訴我，是我的「使命感、緊迫感和堅定的信念，以及其他備受尊敬的市場參與者的積極參與，幫助我們確認了自己的判斷和即將採取的行動」。能夠幫助美國，我感到非常自豪，時至今日，我心依然。

─────────

2008 年，危機基本煙消霧散，我的直覺告訴我，最糟糕的情況已經過去了。但要恢復美國經濟，仍有大量工作要做。危機爆發前幾個月，我答應我的朋友，時任安聯（Allianz）首席財務官的保羅·阿克萊特納（Paul Achleitner）在慕尼黑技術大學發表演講，他的妻子安·克里斯汀（Ann-Kristin）在那裡擔任教授。我於 10 月 15 日抵達慕尼黑的一個禮堂。禮堂裡擠滿了學生和媒體人員，有人甚至坐在台階上。對於站在他們面前的美國金融家——我，他們提出了一個問題：世界能挺過這場危機嗎？

「金融危機結束了，」我說，「你們都認為危機還在肆虐，但旨在終結危機的決策已經做出了。」其他國家正準備效仿美國的樣子，對本國銀行進行資本重組。金融系統是安全的。「我意識到，在雷曼兄弟倒閉剛剛 5 週後就做出這樣的預測非常大膽，」我承認道，「市場環境目前的確非常糟糕，但你們不應該擔心。我並不擔心，因為我的優勢在於了解現狀和實情。所以你們也都應該感到非常安全。」當我離開禮堂時，掌聲雷鳴，數百個人向我致謝。但當乘車去機場的時候，我又感到惴惴不安，我的預測是否過於樂觀？但無論如何，我已經在公開場合表明了自己的觀點，現在只希望這一判斷是正確的。

# 2

# 化危機為機遇

　　雖然黑石做好了應對全球金融危機的一切準備工作，但我們依然不可避免地受到波及。黑石股價從剛上市的 31 美元跌至 2009 年 2 月的 3.55 美元的低點。2008 年最後一個季度，我們把私募股權投資組合的價值減記了 20%，把房地產投資組合的價值減記了 30%。在 2008 年致黑石股東的信中，我明確表示，黑石與其他大多數金融服務公司不同：「我們是長期投資者，有足夠的耐心等待時機。也就是說，我們可以持有現有投資，直到市場走高、流動性增強、可以實現全價退出，而不是被迫在快速去槓桿化的市場進行拋售。因為這一特點，我們可以在蕭條的市場環境展開更為積極的操作，選擇合適的時機部署資本，以實現投資者利益的最大化。」的確，黑石持有 270 億美元的現金，可以環視每個行業，隨時都有可能發現機會，

但在此時的市場中，黑石只能看到未來數週或數月的低迷。

投資人出於與價值基本面無關的原因出售資產，他們要麼是需要現金，要麼是不得不滿足追加保證金的要求。有一天，我接到了一位投資人的電話，他要求我們不要再拿現金開展新投資，無論投資規模多大、多有吸引力。我意識到他要求我違反自己的受託責任，因為他讓我按兵不動的原因，不是沒有絕佳的投資機會，而是他需要保留現金。我告訴他，投資所有投資者承諾的資金是我們的信託義務，他的短期流動性問題不能決定我們的投資策略。

雖然不良資產救助計劃正在實施，但一些大型銀行仍然面臨着巨大的壓力。摩根大通將黑石的循環信貸額度削減了一半。黑石和摩根大通長期合作，在數百億美元的交易中取得了巨大的成功。我簡直不敢相信他們的決定，吉米‧李表示對此一無所知。於是我打電話給摩根大通的 CEO 傑米‧戴蒙（Jamie Dimon）。

「時局維艱，請多擔待。」傑米説，「我們還是會給你們提供信貸的。」

我提醒他，雙方已經建立了長期合作關係。「我們是你們的一部分。我們的信用記錄非常好。我們有 40 億美元的現金。」

「是的，我知道，」傑米説，「如果不是因為你們信用記錄好，我們會撤回所有信貸額度的。」

花旗銀行的情況不同。在不良資產救助計劃通過後不久，黑石在花旗銀行存了 8 億美元，讓他們提供一些承銷服務，他們還參與了我們的一個私募交易。在我們看來，花旗銀行是不會倒閉的。很多國家政府和公司都使用花旗的全球交易服務發工資和匯款。如果沒有花旗，全球的資金流動就會停止。

在我們存款後不久，花旗 CEO 維克拉姆·潘迪特（Vikram Pandit）來找我。花旗面臨巨大壓力，維克拉姆開玩笑說，也許我倆應該互換崗位，因為運營黑石看起來比運營花旗要容易得多。他後來又認真地表示非常感謝我們的支持，問能不能為我們做些甚麼。我把摩根大通的做法告訴了他，並問他花旗能不能代替摩根大通，為黑石提供信貸。維克拉姆毫不猶豫地答應了。我們在困難時刻支持了他，他也非常樂意提供幫助。生命之旅是漫長的，在他人需要的時候施以援手，這一偶然的善舉往往會以最出乎意料的方式回報你，因為每個人都永遠不會忘記那些在艱難時刻扶危濟困的朋友。

到 2008 年秋季，黑石的盈利出現下降，我們需要就股息派發的問題進行決策。在規劃上市時，承銷商堅持認為，上市的前兩年提供股息將有助於我們吸引更多投資者。事實證明此舉並不必要，因為黑石的股票被超額認購 15 倍。但既然我們已經做出了派息的承諾，現在是兌現承諾的時候了。

在金融危機的陰影中，黑石的盈利本身並不足以支付股息。這時，我們可以有兩種選擇，一是降低派息金額，二是借

款進行全額支付。我不想借款，從公司金融學的角度看，在市場波動、股價震盪的情況下，借錢支付股息是不科學的做法。而另一方面，如果我們削減股息，我們的投資者會不高興，但我們可以說這樣最符合公司的長期利益。由於我是最大的股東，如果削減股息，那麼沒有人比我的損失更大，所以沒有人可以指責我心存雜念、假公濟私。給我們一點時間，待股價恢復，大家都有錢賺，這樣不就皆大歡喜了嗎？

　　我在接下來的董事會會議上提出了這個問題。我預測中方會不高興——他們在黑石上市前夕投資了 30 億美元，還要再等兩年時間才能出售股票。但我認為，現在更重要的是保留資本，而不是支付我們承諾的股息。

　　最近以公共董事的身份加入董事會的迪克·詹雷特是第一個持不同意見的人。他提醒我們，這筆投資對中國人意義重大。這筆投資不僅是中國眾多投資中的一筆，而且是中國剛成立的主權財富基金在海外的第一筆重大投資。他們持有的黑石股票的價值出現下跌，這已經讓中國投資人吃驚了，如果我們再削減股息，那麼那些信任我們的人會對我們倍感失望。「如果你真的引發眾怒，」迪克說，「怒火是很難平息的，也會造成永久性傷害。如果我是你，我就會嚥下苦果，下個季度給每個投資人支付與上一季度相同的股息。」

　　「5000 萬美元就這樣打水漂了？」我說，「白白扔掉？」

　　「我理解，」迪克說，「但如果你不這樣做，就是犯下了

錯誤。」

　　另一位董事會成員傑伊‧萊特贊同迪克的觀點。他是我在哈佛的教授，時任哈佛商學院院長。由於投資價值的下降，中方投資人已經感到壓力了，削減股息會讓情況雪上加霜。除了購買黑石的股票，中方還投資了我們的基金。隨着時間的推移，雙方還會有更多的合作空間，未來中方的投資額可能高達數十億美元，雙方可能會建立合作夥伴關係。如果僅僅因為某個季度現金流有困難而影響了我們雙方的長期關係，則是非常不明智的。

　　一年前，我曾建議吉米‧凱恩開出支票，彌補貝爾斯登對沖基金投資者的全部損失。現在迪克和傑伊向我提出了同樣的建議。開支票雖然是件痛苦的事，但有時也是值得的。

　　在考慮成為上市公司時，我們就知道，黑石必須在為股東服務和為投資人服務之間取得平衡。傑伊和迪克擁有豐富的金融業經驗，他們精於交易，出於對黑石短期和長期利益的考量敢於提出不同的建議，而不是一味附和我的想法，這一點讓我非常尊重和珍惜。

　　「這樣做真的不容易。」我說，「但如果你們兩個都真的這麼想，那麼我們會支付股息。我雖然不喜歡這個決定，但沒關係，花 5000 萬美元，換一份聲譽。」作為黑石的最大股東，我明白，因失信而破壞寶貴的商業關係的成本是巨大的，因此，削減股息絕對會傷害公司的長遠利益。當然，利弊的顯現有時

需要幾年的時間，但隨着黑石在中國的業務和我在中國開展的越來越多的慈善活動，我意識到，這次支付的股息是黑石開出的最物有所值的支票之一。

———————

2008 年底，我前往北京參加清華大學經濟管理學院委員會會議。在此前幾年中，中方在美國公司投入了大量資金，僅是持有的房利美和房地美證券價值就超過 1 萬億美元，這是對美國住房市場的巨大賭注。美國借款人已經習慣了借中國人的錢，中方則看中了美國投資的便利性和有效性。現在，房地美和房利美已被美國聯邦政府接管，而中方還不確定美國政府會不會履行他們的義務。

自黑石上市以來，中方持有的黑石股票也損失了。黑石不是中國在美國的最大投資對象，但確實是關注度最高的一個。我雖然一再聲稱黑石的健康狀況良好，但是在當時的市場環境中，沒有甚麼能夠提高股價。中方為此快快不悅，這一點我在登上飛往北京的航班時就已經心知肚明。

在會議休息期間，曾任中國國務院總理的朱鎔基叫我過去。朱鎔基及同時代的傑出政治家跨越了中華人民共和國成立後的數個年代。他曾擔任上海市市長，是清華大學經濟管理學院的第一任院長，是中國的第五任國務院總理，在國家主席的

領導下工作，他在建設鄧小平提出的「中國特色社會主義」的願景中發揮了重要作用。

朱鎔基身材高大，臉部棱角分明，以精力旺盛、直爽果斷而著稱。美國財政部前部長、哈佛大學校長拉里·薩默斯（Larry Summers）曾經估計，朱鎔基的智商有 200。在擔任上海市市長和國務院總理的時候，朱鎔基意志堅定、敢想敢幹，為了實現目標，他敢於打破政治結構和官僚規則。卸任總理職位 5 年後，朱鎔基依然透射着一位卓越政治家的權威感。

在我們聊天的時候，他向自己的助手樓繼偉招了招手，讓他過來。樓繼偉是中國投資黑石的負責人，後來成為中國的財政部部長。

「過來見見蘇世民。」朱鎔基説，「這傢伙把你的錢都賠了。」他只是半開玩笑，但我們必須努力恢復他的信心。

————

12 月，我在德國駐華盛頓大使官邸舉行的一個節日派對上遇到了本·伯南克。我們遠離人群，找了個安靜的地方聊天。他問我對市場有甚麼感受和意見。我告訴他，由於美國證券交易委員會在 2006 年 9 月發佈了盯市會計規則，許多金融機構都在去槓桿化。由於不良資產價格暴跌，這些金融機構不得不拋售優質資產。現在市場上各種優質資產俯拾皆是，卻無人問

津，因此所有資產的價格都在急劇下跌。

　　本‧伯南克正在考慮美聯儲是否應該介入，並購買這些多餘的資產。我告訴他，這是恢復金融體系信心的唯一途徑。2009 年春，美聯儲開始購買銀行債券、抵押貸款債券和國債，把現金注入金融市場。

　　不過，美聯儲的行動需要政府的支持，而我擔心新任總統在鼓勵經濟參與者、激發市場信心方面做不到位。2009 年 3 月 8 日星期日晚上，我在甘迺迪表演藝術中心的一次活動中碰到了奧巴馬總統的第一任辦公廳主任拉姆‧伊曼紐爾（Rahm Emanuel）。在中場休息期間，我們走進了靠近座位的包間。我向拉姆建議，總統需要傳遞一些更為積極的信息。自總統 1 月就職以來，美股已下跌了 25%，他卻專注於醫保工作。他正在破壞美國經濟中所剩無幾的商業信心。

　　拉姆剛開始很有禮貌，但很快就開始對我叫嚷：「史蒂夫，你代表了我們痛恨的一切—— 富有的共和黨商人。」他的話讓我非常震驚。我的一切目標就是幫助美國金融系統挺過危機。我們爭論了 25 分鐘。克里斯汀兩次從門口探頭，告訴我必須出來見見總統，但是我揮了揮手讓她走開，繼續跟拉姆探討。最後我不得不離開包間，跟總統握手，觀看下半場演出。

　　第二天早上，拉姆打來電話道歉。他沒有想到我們之間的討論會如此激烈。他在新政府裡要處理的事務太多了，他根本不想在週日晚上看演出。我感謝他打電話道歉，跟他說我能理

解。他告訴我，那天早上，他已安排包括總統在內的所有高級政府官員在電視上就美國經濟中的「復蘇綠芽」發表演講。那一週，美國股市探底。

在黑石，我們也遇到了自己的挑戰，我們的年輕員工特別擔心這種情況會一直持續下去，精神萎靡不振。每年，我們都會組織各個業務部門的新人去外地團建，我們便想利用這個機會請托尼來鼓勵他們，告訴他們一切都會好起來的，給他們以信心，讓他們振作精神。但這不是托尼的風格，相反，他告訴這些新人，他們非常幸運，在職業生涯開始時，就能從這場歷史性的經濟危機中得到磨礪，如果他們夠聰明，就會從中學到很多經驗教訓，並把學到的東西應用於自己的整個職業生涯。他說，成功會令人驕傲自滿，不思進取。你只能從失敗中學習，在逆境中成長。

在我與拉姆那次談話前後，我在紐約見到我的朋友兼同事肯恩·惠特尼。我們兩個人一起步行前往華爾道夫酒店。肯恩一副垂頭喪氣的樣子。他告訴我，公司的房地產團隊剛剛計算了所持房產的當前價值，結果非常嚴峻。僅僅是希爾頓一家公司，就要因為營收和利潤的暴跌而把投資價值減記70%。我告訴肯恩不要擔心，資產估值走低只是紙面上的。股市會恢復的。我們有自己的投資算法和理論。如果我們還相信這些理論，就必須繼續努力並保持耐心。如果金融體系崩潰，那麼每個人都逃不過。只要系統能挺過難關，我們也一樣可以。

過了一段時間，整個美國經濟似乎已經不再處於自由落體狀態。我們進行調整，並重新開展業務。在整個公司，我們都回歸到基本面。我們自問：我們想進入哪些業務領域？我們取消了一些新計劃（本來這些計劃也難以吸引資金），專注於公司的核心業務。作為一家公司，我們力圖打造一個如堡壘般堅固、不受市場波動影響的資產負債表。

然而 2009 年秋天，在我回到清華的時候，黑石的股價並沒有高於去年。

「蘇世民，黑石的股票，現在怎麼樣了？」朱鎔基問道，儘管他知道答案，「還能跌多低？」

通過兢兢業業的工作、持之以恆的努力，我們在危機前和危機期間做出的決定終於開始開花結果。由於許多公司需要幫助，我們的諮詢和重組業務蓬勃發展。我們的投資團隊危機前沒有翻船濕身，因此無須浪費精力收拾殘局。雖然其他公司飽受打擊，但黑石仍然像往常一樣對增長和機會持開放態度。

在英國，黑石最年輕的合夥人之一喬‧巴拉塔與一位傳奇的企業家尼克‧瓦尼（Nick Varney）合作，打造了歐洲最大的主題公園公司。瓦尼持有位於倫敦、約克和阿姆斯特丹的 20 個水族館和三個可怕的「地牢」主題樂園。當喬‧巴拉塔首次向紐約總部介紹瓦尼的企業時，我們都不看好這筆交易。我帶着兩個孩子去倫敦地牢玩過，他們很喜歡兇手、拷打者和劊子手的故事，我還記得當時等候的隊伍排得很長。但我覺得這

個生意不會做得太大。與有限的回報相比，我們的工作量顯得太不成比例。在黑石出現以前，尼克的公司默林娛樂集團（Merlin）已被兩家私募易手。

不過，喬・巴拉塔確信尼克是有天賦和野心的。主題公園行業的所有者基本都對經營狀況不滿。樂高想要出售旗下的主題公園，為公司重組籌集資金。其他小型公園歸家族產業、私募股本集團和主權財富基金所有，而這些所有者完全不知道該如何運營。雖然我對這筆交易持懷疑意見，但是在喬・巴拉塔的推動下，黑石出資 1.02 億英鎊，於 2005 年收購了默林娛樂。交易額度並不大，黑石紐約總部對此期待值也不高。

但僅在幾個月內，喬・巴拉塔和尼克就邁出了第一步。他們支付了 3.7 億歐元的現金和股票，收購了英國、丹麥、德國和美國加利福尼亞的 4 個樂高樂園（Legoland）。第二年，他們以 5 億歐元的價格收購了意大利最大的主題公園加達雲霄樂園（Gardaland）。在 2007 年春季，他們以 12 億英鎊的價格收購了杜莎集團（Tussaud's Group），其中包括 6 個著名的蠟像館和 3 個主題公園（其中的奧爾頓塔主題公園是英國最大的主題公園）。

尼克改進營銷策略，打造新的景點和娛樂設施，公司的盈利成倍增加。喬・巴拉塔和尼克齊心協力，把一家資本為 5000萬美元的小公司，打造成僅次於迪士尼的全球第二大主題公園集團。黑石的資本與偉大的企業家相結合，迸發出了改天換地

的能量。在全球經濟普遍衰退期間，默林娛樂實現了增長。當黑石在 2015 年出售默林的最後一筆股份時，我們已經創造了數千個工作崗位，為數百萬家庭提供了娛樂，並使我們的投資者賺取了超過投資額 6 倍的利潤。

黑石在 2007 年收購希爾頓，從收購之刻起，我們的批評者就一直稱黑石在市場頂部收購了一個獎杯資產。但我們根本不在意這些批評意見。我們繼續推進最初的計劃，對業務進行擴展和改善。2008 年和 2009 年，我們在亞洲、意大利和土耳其等市場每年新增 50000 間客房，從而增加了現金流。我們將希爾頓總部從比弗利山莊搬到了弗吉尼亞州一個較為便宜的地方。由於喬恩和他的團隊在收購時的融資安排，旅遊業業務的急劇下降也沒有對黑石造成衝擊。即使經濟形勢嚴峻，我們仍可以償還債務，屹立不倒。

但為了進一步確保黑石的償債能力，在 2010 年春天，我們與貸款人重新談判。許多貸款人難以出售他們在 2007 年為希爾頓交易所發行的債務，因此，我們動用了公司保留的部分資金，以貼現價格購買了部分債券。以此為前提，經過談判溝通，黑石得以大幅減少債務，顯著降低了風險，爭取了更多迴旋餘地和運作空間。雖然公司距離實現盈利還有很長的路要走，但隨着旅遊業的復蘇，希爾頓的現金流超過了 2008 年的峰值，黑石的投資價值一路飆升，遠高於我們收購時支付的價格。我們改善運營、擴大酒店覆蓋範圍、提升品牌形象的工作也逐漸得

到了回報。我們還實施了各種節能增效舉措，改善了員工工作和生活條件。希爾頓改頭換面，規模空前，擁有超過 60 萬名員工，其中包括超過 1.7 萬名美國退伍軍人及其配偶，客房數量也翻了一番。希爾頓於 2019 年被《財富》雜誌評為美國最佳工作場所，成為有史以來第一家獲此殊榮的酒店公司。我們的投資者最終從希爾頓交易中賺了超過 140 億美元，這筆交易也成為歷史上最賺錢的私募股權投資。

2010 年，我再次回到清華大學，朱鎔基又開始了一年一度的提問：「蘇世民，我該怎麼看待黑石股票？還能漲回來嗎？你怎麼看？」

這是第三次被問，我已經準備好了。「總理先生，公司運轉得很好，您不用擔心股票。」

「蘇世民，為甚麼不擔心？」

「因為我們就像農民一樣。」我說，「我們在收購公司和房產時，就像種莊稼一樣，把種子種在地裡，澆上水，種子開始生長，但您還看不到莊稼。過一段時間，莊稼會長得很高，收成極好，您會非常非常高興。」

後來，我們一直支付股息，股價也重新恢復。中方把越來越多的資金交給我們，讓我們代表他們投資。朱鎔基對我也更加歡迎，態度更加和善。

「蘇世民，很高興見到你。莊稼長得不錯，我們很滿意。期待明年再見！」

2012 年，我們關閉了第六隻私募股權基金：151 億美元的承諾投資。基金規模雖然小於我們 2007 年募集的 204 億美元基金，但仍然是有史以來第六大基金。這表明我們已經度過了最困難的時期，我們的投資者仍然相信我們的投資能力。

———————

美國的單戶住宅曾是全球最大的私人資產類別，但隨着金融危機的到來，這個市場出現崩潰。借款人違約，銀行取消抵押品贖回權，市場充斥着待售的房產。對很多人而言，這一局面非常可怕，而對投資者而言，如果能採取一系列大膽創新的行動，就同樣能在市場獲得成功。

研究金融危機的歷史學家稱，在瘋狂的房地產市場中，兩種互相關聯的政府行動清晰可見。第一個是在危機爆發前，政府鼓勵買房，即使有人負擔不起。於是，貸款標準出現下降，各類信貸機構向缺乏信息和金融知識的借款人推薦抵押貸款，而這些借款人實際上根本沒有還款能力。一時間，房屋供不應求，房價暴漲，銀行願意在攝取高額利潤的過程中推波助瀾、充當同謀。但好景不長，正如我們在危機來臨時看到的那樣，許多次級抵押貸款借款人無力承擔每月的還款費用，房屋價值開始下跌，這時，他們本人或其貸款方被迫低價出售房屋。

在危機爆發之後，政府則會啟動第二套災難性行動——整

頓銀行，要求銀行收緊貸款標準。即使是抵押貸款完全沒出過問題的銀行，現在也必須大幅提高首付額度和借款人的信用評分要求。政府的本意是採取適當謹慎的應對措施，為過熱的市場降溫，但從實際效果來看，此舉完全扼殺了復蘇的希望。無論是危機前的房地產繁榮，還是緊隨其後的市場蕭條，政府的政策都導致局勢走向極端。市場發展太快，政府還猛踩油門；市場發展逐漸減速，政府又急踩剎車。在乘客座位上的美國消費者最為可憐，被車速的轉換弄得頭暈目眩，難以招架。

美國各地的房價都出現急劇下跌。在受衝擊最嚴重的地區，如南加州、鳳凰城、亞特蘭大和佛羅里達州，新住宅建築進程幾乎全部停止了。數百萬美國人現在正在租房，而不是買房。

從歷史上看，在美國，小型企業主導了購買、修繕和出租房屋的業務。在 1300 萬套出租房屋中，大多數屬於個人或小型房地產企業。許多房東都不在場，他們的房產也沒有維持專業經營的公寓大樓的標準。正值此時，黑石的房地產團隊看到了行業整合和專業化提升的機會。

我們是嘗試這一業務的合適人選嗎？黑石收購連鎖酒店、辦公樓和倉庫，做過數十億美元的大型交易，交易規模在房地產行業居首。為甚麼我們會考慮小型的購房出租業務？我們無法說服銀行，他們也不同意為我們提供貸款。沒有人比薩姆·澤爾更了解房地產市場了，他告訴我們：「肯定做不成。」但是喬恩·格雷和他的團隊堅持自己的判斷。交易的基礎數學計算

似乎很簡單，機遇也是史無前例的。單戶住宅是全球最大的資產類別，位於美國境內，是黑石的主場，交易價格又處於歷史低點，整個市場都被凍結了。這是週期中正確的時間節點，完全符合我們這樣的投資者的要求。20 世紀 90 年代初，喬·羅伯特在黑石首次開展投資，當時的情況與現在類似：房地產市場因恐懼而扭曲，大家都抱着非理性的從眾心態，借款人和貸款人都在爭先恐後地努力擺脫市場崩潰的影響。不同的是，這次機會要大得多，值得我們盡全力爭取。黑石在房地產行業的知識和經驗更加豐富了，同時，我們還掌握着在危機前不久籌集的大量現金。我們相信自己可以達成很好的交易。如果我們努力將收購的房子出租，那麼我們至少可以在房價恢復正常的時候賺取利潤。

2012 年春天，黑石在鳳凰城收購了第一批房屋，交易價為 10 萬美元，同月，美國房價觸底反彈。我們開始在全美範圍內購買房屋，從西向東，從西雅圖到拉斯維加斯，到芝加哥，再到奧蘭多，逐個城市推進。當地法院會公佈即將舉行的止贖拍賣的清單，我們的收購團隊就會一個街區一個街區地尋找，提前考察待售房屋的現狀。他們不能進到房子裡面，所以他們開着車到房子所在的街道，研究街區和學區狀況。然後，他們決定計劃收購的房屋數量，拿着支票參加法院拍賣。交易會在幾天內完成。我們每週都會購買價值 1.25 億美元的房屋，一連持續了幾個月。

　　下一步是翻新。我們聘請了一萬多名建築商、畫家、電工、木匠、水管工、暖通空調（HVAC）安裝工人和園藝師（其中許多人都因經濟衰退而失業）。每套房子的翻新成本約為 2500 美元。最後一件是成立銷售和服務部門，負責房屋的出租和維護。

　　我們把這個公司命名為邀請家園（Invitation Homes）。公司最終擁有超過 5 萬套房屋，成為美國最大的住宅業主，也在美國經濟的關鍵時刻提供了大量就業機會。黑石的一些投資者是公共養老基金，他們很讚賞在其他機構都畏縮退卻的時候，黑石表現出了對美國經濟復蘇的信心。黑石進入了雜草叢生的社區，買下那些無人問津的房屋。我們把房屋修繕一新，出租給美國家庭，社區立刻恢復了生活氣息，社會單元開始正常運轉。

　　回顧過去，我們最初的觀察分析結果似乎很簡單：當人們無緣無故被限制購買自己所需的東西時，整個相關系統必然進行調整。調整後，商品價格就會上漲。人們需要房屋，但房地產市場崩盤後，非理性的監管機構和心有餘悸的銀行會形成購買障礙，而他們的阻礙毫無根由，也必然會導致整個房地產交易系統的調整。我們的交易之所以成功，其核心在於我們在週期正確的時間節點，以正確的方式收購了房屋。

---

　　在危機之後，我們還可以部署黑石此前努力積累的現金資

源，並在資本稀缺的大環境中獲得重大投資機遇。這些機遇很快就開始在許多不同的領域浮現，其中最重要的機遇出現在能源領域。

我們遵循黑石的投資流程進行交易，逐漸積累在能源領域的專業知識。我們形成的主要觀點之一就是，長期以來，大多數公共能源公司的價值被高估了。在對煉油廠、管道和加油站進行逐個分析後，我們認為，能源公司的整體價格幾乎總是高於各項業務的單價加起來的總和。那麼，由此帶來的機遇就是購買或建造能源行業的基礎設施，然後打包按照市場價格出售，賺取整體與單體總和之間的差價。

2012 年，我們有機會投資建設一個規模極大的能源基礎設施，這個工廠位於路易斯安那州的薩賓帕斯，其主營業務是從美國出口天然氣。這家工廠的故事包含了能源行業經典故事的所有元素：面對快速的技術變革、變幻無常的政治局勢和動盪的全球市場，一位富有遠見和勇氣的企業家努力建立一個複雜的大型工廠。

建立這個工廠的謝里夫‧蘇基（Charif Souki）曾是一名投資銀行家，後來轉行到能源領域創業。在 2008 年，他開始修建一個用於接收運載天然氣的工廠，這一工廠位於德克薩斯州和路易斯安那州邊境的薩賓帕斯河河口，靠近墨西哥灣。利用集裝箱船的大型船體運送石油較為簡單，但天然氣的運輸難度較大，必須先將其冷卻成液體，運輸到目的地後再把液體恢復成

為氣體。這個過程造價不菲，但美國當時天然氣供應匱乏，價格不斷飆升，所以建造工廠理論上利潤豐厚。

然而，就在謝里夫建造新的天然氣進口設施時，由於水力壓裂法的發展，美國的天然氣產量迅速增加，他的工廠變得多餘了。當時，他發揮了一個偉大企業家的洞察力：為甚麼不把薩賓帕斯工廠的進口設備轉換為出口設備，將美國多餘的天然氣出口到全球呢？

這個轉變聽起來很簡單，但實際上，除了要改變天然氣的運輸方向，還需要完成大量其他工作。謝里夫的切尼爾能源公司（Cheniere Energy）價值只有 6 億美元，而他需要 80 億美元，才能把進口設備轉換為出口設備。銀行不願意為謝里夫提供更多貸款。首先，因為他曾經難以償還債務，信用記錄欠佳。其次，項目的成功取決於工廠能不能獲得政府審批、公司能否獲得美國化石燃料的出口權。最後，這個建設項目規模太大，充滿了潛在的風險。如果他沒有把握取得成功，就不能輕舉妄動。當相關團隊向黑石投資委員會介紹這一交易機會時，我們的顧慮也很多。我們不在乎這筆交易在石油和天然氣領域是不是最好的，而是從黑石可以投資的所有領域進行橫向對比考察，看這筆交易與醫療保健、房地產、媒體和技術等領域出現的交易機會相比，價值如何。經過再三權衡，我們最終拿下了交易。

我們計劃投入 20 億美元的股權，剩餘的 60 億美元進行債

務融資。對黑石及其有限合夥人來說，這是一張很大的支票，所以我們希望在開出支票前，確保債務融資已經到位。幸運的是，我們一直按時還款，信用記錄良好，所以銀行願意為如此大規模的項目提供貸款。

我們對政府監管程序也產生了類似的影響力。對聯邦監管機構而言，黑石的品牌提高了項目的可信度和可行性。但是，我們仍在合同中規定，如果監管機構出於任何原因叫停這個項目，我們就可以退出。我們不希望沒完沒了的監管審批流程禁錮投資人的資本。

另一個問題是謝里夫本人。創始人企業家往往富有創意、意志堅定、爭強好勝，因此我們的協議中明確規定了雙方的期望和目標，盡量減少未來出現任何分歧的風險。只要項目能保持正軌，他就可以一直負責。我們堅持要求切尼爾公司與其他能源公司簽訂承購協議書，讓後者承諾在長達 20 年的固定期限內從工廠購買一定數量的天然氣。無論天然氣價格如何變化，這些協議都能提供有保障的收入。如果天然氣價格上漲，我們可能就會有所損失，但這些協議可以讓我們在天然氣價格下行時獲得保護。這對一個耗資巨大的項目來說至關重要。

最後，我們必須將施工風險降至最低。施工時間漫長，程序複雜，造價不菲，因此，我們同意向我們的建築公司比奇特爾公司（Bechtel）支付額外費用，讓他們接受一次性付款，並承諾完成這個交鑰匙工程。如果工廠無法按照承諾運營，比奇特

爾就必須支付罰金。我們還雇用了一名曾在比奇特爾就職的工程師，在施工期間擔任我們的嵌入式監理員。

完成所有風險的分析評估後，我們告訴主管這筆業務的合夥人戴維·福利，「去拿下這筆交易吧，一定要馬到功成」。在總統日<sup>①</sup>的長週末，戴維離開了家人，乘飛機到了阿斯彭，去見正在那裡滑雪的謝里夫。他們的團隊在小內爾酒店的地下室裡度過了三天時間，對接協議的具體細節。就在交易宣佈前的幾天內，還有其他幾個買家在出價。但這筆交易已經被我們納入囊中，也將在整個行業中留下深刻的印記。

———————

我們在 2012 年完成這筆交易。同年，在與少數有限合夥人溝通後，托尼對新業務線有了一個想法。他想推出一個跨越我們所有資產類別的新策略，穩定提供 12% 左右的年收益率，低於黑石通常提供的收益率。我召集了各業務板塊的負責人，以托尼的想法為基礎，為新澤西州養老基金提出一個方案。養老基金的經理們表示，金融危機帶來監管規則的變化，銀行被迫拋售旗下資產，希望我們考慮進行相關投資。這是一個奇特的構想，但作為一名企業家，我了解到金融行業其實很簡

———————

① 總統日，聯邦節日，美國的 10 個法定節日之一，定在每年 2 月的第三個星期一，與陣亡將士紀念日、感恩節等享有同等地位。—— 譯者注

單——如果有人要求你提供新產品，那麼這個人是地球上對這一產品唯一感興趣的人的概率是零。如果有人向你提出這樣的要求，那麼這背後可能代表了一個巨大的機會。那些提出要求的人並不知道，他們只是在關注自己的需求。但是，如果這些需求具有合理性，而你又設計了滿足這些需求的正確產品，那就可以對這種產品進行大範圍推廣，而你的競爭對手只能好奇你是怎麼找到解決方案的。

我們每個業務板塊都提出了自己的交易創意，他們的想法一個比一個好。當第三個小組做完他們的推介，我已經目瞪口呆了。我從來沒見過此類交易。過去只有高盛才能拿到的交易，現在都來找黑石了。從集裝箱船到信號塔下面的土地，從礦山到只有內行才懂的貸款產品，應有盡有，琳琅滿目，令人眼花繚亂。而我們面臨的挑戰就是怎樣利用現有資金為所有交易提供一席之地。

在黑石的早期，我的朋友史蒂夫·芬斯特（曾經打包了兩個左腳的翼尖鞋）安排我跟一位嶄露頭角的企業家邁克·布隆伯格（Mike Bloomberg）見面。邁克正在為自己成立不久的金融數據公司尋找資金。我也知道這家公司會取得巨大的成功，但當時這筆交易並不適合黑石。我們曾向投資人承諾，會在5—7年內還給他們資金，邁克則表示自己永遠不會出售公司，他希望找一家可以伴隨企業終身的投資機構，而黑石是他的第一選擇。黑石選擇不進行投資，錯失了良機，我永遠不會忘記這

個失誤——如果我們進行了投資，當時 1 億美元的投資最終就會增長到 80 億美元以上。我一直希望有一天，黑石可以靈活地為像邁克這樣的企業家提供投資，抓住那些與傳統私募股權模式不同的投資機會。於是我們成立了一隻新基金，命名為「戰略性投資機會基金」，這隻基金是我長期以來尋求的投資戰略平台。

這條新業務線也要經過黑石慣有的三個測試：必須具有為投資人帶來巨大回報的潛力，必須可以增強黑石的智力資本，必須由一個 10 分人才做負責人。

這些新機遇帶來經濟回報的潛力是毋庸置疑的。至於智力資本，「戰略性投資機會基金」提供了一個絕佳的機會，讓我們所有人以新的方式學習和思考，從後危機時代的不尋常機會中找出新的模式。新基金的投資委員會成員涵蓋了每個主要資產類別的負責人，另外還有我和托尼。我們希望利用黑石所有人的集體專業知識，認真學習這些異乎尋常、奪人耳目的交易，進行認真徹底的分析研究。

至於基金的負責人，我們選擇了剛剛從倫敦回到紐約的戴維·布利澤。考慮到業務的創新程度，我們需要有經驗的人來提出不同尋常的創意要求，向公司內部和外部的人士推介別出心裁的交易。戴維成功打造了黑石集團的歐洲業務，最終，他把「戰略性投資機會基金」發展成為一個價值 270 億美元的業務板塊。

在金融危機發生 5 年後，黑石正在加速甩掉競爭對手，籌集更多資金，開展更多交易。雖然我們也受到了金融危機的影響（例如，我們對德國電信的股權投資遭受重大損失），但我們積極探索新的業務領域，獲得了很多激動人心的機會，創造了傲視群雄的業績。相比之下，我們的競爭對手仍然在手忙腳亂地收拾殘局，處理在週期頂部時完成的交易。

# 3

# 付 出

多年來，我花費了幾乎全部精力打造黑石，它是我生命的重中之重。經營公司感覺像是應對一系列無休無止的壓力測試，壓力來自競爭對手、現有雇員、前雇員、媒體、動盪的宏觀環境、政治因素等。當然，有的時候，壓力來自時運不濟或天意使然。

但是，創業經歷有一點很棒，那就是隨着時間的推移，如果一切順利，生活就會變得更簡單容易。隨着公司業務的成熟，周圍人的素質和能力會日益提升，公司的各個系統也會變得更具一致性。公司一旦採取了正確的風險控制措施，找到了熱愛和傾力於企業發展的接班人，便會聲名鵲起，客戶也會不速而至，良性循環隨之加速。對黑石而言，客戶和投資人為我們提供的資金源源不斷、與日俱增。

隨着金融危機的消退，我有時間環顧四周，看看利用自己的資源、人脈和實際知識可以為社會做些甚麼。在我小的時候，我曾看到過祖父雅各布·施瓦茨曼（Jacob Schwarzman）每個月收集假肢、輪椅、衣服、書籍和玩具給以色列的孩子們。我見過父親給來店裡買東西的新移民提供信貸。他會告訴他們：「去買你們需要的東西吧，有能力的時候再還給我。」與祖父一樣，父親會定期給耶路撒冷的男孩之城（Boys Town）[1] 捐款，為有需要的孩子提供教育機會。和許多中產階級的猶太家庭一樣，我們會每週節省下來 10 美分，湊夠一定金額，在以色列種植一棵樹。奉獻是生命的一部分，我很幸運，自己有能力繼續保持這一傳統、傳承這一美德。我會捐款給我關心的機構和需要自己幫助的人。有些人是我的朋友，有些是我在新聞報道中看到的陌生人，他們因為在自己控制範圍外的原因而身陷困境。

作為甘迺迪表演藝術中心的主席，我已經憑藉自己的能力和關係，為中心籌集了很多資金，提高了中心各方面的標準和檔次，增加了表演藝術的種類。我們給美國最偉大的創意人才頒獎，以此提升甘迺迪表演藝術中心在紐約、洛杉磯等藝術之都的影響力，而我在華盛頓甘迺迪表演藝術中心花費的時間和精力也加深了我對政治和政治家的理解。

---

[1] 男孩之城，致力於照顧兒童的非營利組織。——譯者注

　　隨着時間的推移和閱歷的增加，我更加積極地、有針對性地投身於國內外政治活動、慈善活動和非營利活動，並在參與中積累經驗。例如，我深知教育對我生活的深遠影響。如果沒有搬到賓夕凡尼亞州，進入高質量的阿賓頓學校系統，我永遠無法獲得進入耶魯大學或哈佛商學院的資格，而大學生活隨後為我開啟了許多重要的可能性和現實性。正因為如此，我熱衷於為盡可能多的人提供受教育機會，以改變他們的人生。同樣，我的從軍經歷幫助我理解了軍人為保護普通公民所做的犧牲，我堅持認為他們的奉獻必須得到認可。我與埃夫里爾·哈里曼的會面使我確信，參與政治可以對改善個人未來、對全球和平與繁榮產生巨大影響。

　　2008 年，我向紐約公共圖書館捐贈了 1 億美元，用於翻新圖書館在第四十二街和第五大道的主樓及其他幾個地方的分館。我希望自己的捐贈可以在城市中心打造外觀優美、安靜舒適的空間。更重要的是，這筆資金還可以擴大圖書館掃盲計劃的覆蓋範圍，為沒有網絡的社區提供互聯網服務。

　　克里斯汀是天主教徒，通過她我了解到了天主教學校的卓越系統——學校 90% 的學生是少數族群，70% 的人生活在貧困線以下，98% 的人繼續上大學。這些學校為學生提供了良好的學術基礎和社會道德基礎，讓他們有能力實現個人抱負，追求幸福人生。在 2009 年感恩節前不久，克里斯汀和我參觀了紐約由貧民區獎學金基金資助的一所天主教學校，而獎學金基

金的執行董事蘇珊・喬治（Susan George）告訴我，很多學生都
已輟學：學生的父母失業了，他們根本交不起學費。整個城市
的天主教學校都是如此。

　　我告訴蘇珊，學校應該聯繫每個決定退學孩子的家庭，告
訴他們不需要這樣。他們只需支付能力範圍內可以負擔的學
費，我會為他們提供剩下的學費。我無法想像一個孩子必須承
受失學的痛苦。這些孩子和他們的父母並不懶惰。他們只是受
到了意外事件的衝擊，這不是他們的錯。學費就是我送給孩子
們的聖誕禮物。

　　我在 2013 年又做出了類似的決定，我開始支持美國田徑
基金會，每年為參加世界錦標賽和奧運會訓練的最有潛力的運
動員提供補助金。我想確保美國年輕的田徑精英有時間和資源
進行訓練和比賽，不必擔心經濟負擔。如果沒有補助，這些運
動員可能需要打兩三份工才能養活自己，這樣就不能保證每天
兩次的訓練，他們中的大多數人也將被迫退出比賽。在沒有經
濟負擔的情況下，這些年輕人取得的成績令人驚歎。在 2016 年
里約熱內盧奧運會上，接受我捐贈的運動員贏得了 4 枚金牌、3
枚銀牌和 2 枚銅牌。現在，我是美國田徑基金會最大的個人捐
贈者。能夠保證那些天分遠超出我的人才發揮他們的潛力，我
深感自豪。

　　同樣在 2013 年，我參加了一場商業圓桌會議，美國第一
夫人米歇爾・奧巴馬在會議中談到美國服役人員、退伍軍人及

其家人需要特殊的支持。她指出，退伍軍人及其家屬這一群體失業率偏高，這導致他們面臨種種困難，同時也帶來了嚴重的後果，每天都會有 20 起自殺事件。她請所有出席的公司參與她的全國性計劃，推動降低退伍軍人的失業率。那天晚上，在從華盛頓回家的路上，我忍不住回想起她所說的一切。我們有義務增加對美國軍人的幫助，至少，我們要降低他們過渡到普通人生活的難度。在到家之前，我向第一夫人做出口頭承諾，我會要求黑石及其投資組合公司在未來五年內雇用 5 萬名退伍軍人及其家屬。以往，在做出此類決策之前，我通常會先跟黑石的管理委員會討論確認，但這次我自行決定了，因為我確信黑石有義不容辭的責任，也知道團隊會支持我的決定。最後，黑石用了短短 4 年就雇用了 5 萬名退伍軍人及其家屬，因此在 2017 年，我們承諾再增加 5 萬個招聘名額。這個例子很好地說明，由於公司規模龐大、涉及領域廣泛，黑石可以對社會產生巨大影響。

隨着時間的推移，我參與了更多的慈善事業，並開始思考，除了捐錢以外，我還能做些甚麼呢？我是不是可以把自己打造黑石的創業精力和技能應用於解決慈善領域的挑戰呢？是不是也可以開展類似規模的慈善活動呢？

────────

2005 年，甘迺迪表演藝術中心舉辦了一個中國節活動。開幕之夜，我坐在中國文化部部長旁邊，看着一群舞者和雜技演員表演疊羅漢。在管弦樂隊的伴奏聲中，他們人上架人，越疊越高。每疊一層，都會有一個舞者在舞台上加速、起跳，從這個人體金字塔上翻過去。我們都在想表演可以持續多久。

後來，有一個舞者開始圍着舞台加速奔跑，起跳……結果撞到了金字塔。金字塔瞬時倒塌，舞台上都是跌下來的羅漢。如果是芭蕾舞或花樣滑冰，那麼表演者會站起來若無其事地繼續表演。但中國人不是這樣。音樂停止了。每個人都回到了自己的位置。羅漢們重建了金字塔，舞者也開始再次加速。我們都捂住了眼睛。他起跑、跳躍，勉強地跳了過去。

我看着文化部部長。他的表情沒有一絲波瀾，這讓我印象深刻。我問他：「為甚麼你看起來這麼淡定？」我從他的回答中領悟到，中國人一直在追求卓越和偉大，如果一次沒有成功，他們會一直嘗試下去，直至目標達成。

之後我訪問中國，拜訪我們的中方投資人，對他們的支持表示感謝。此時，我更加深入地了解了中方在黑石 2007 年上市時進行投資的戰略意義。從一個會場到另一個會場，都有來自中國國家電視台的攝製組跟隨我。中國政府極為重視對黑石的投資。我沒想到自己在中國還小有名氣。當我發表演講時，

過道裡站滿了人。我的一言一行都出現在新聞裡。但關於中國，我還有很多東西需要學習和研究。

幸運的是，作為清華大學經管學院的顧問委員會委員，我找到了優秀的老師給我講述中國故事。清華大學的誕生源於美國的一個重要舉措。1901年9月，清政府被迫簽訂《辛丑條約》，向八國聯軍賠款白銀4.5億兩。1904年，西奧多·羅斯福總統同意退回美國的部分賠款，用於設立中國留學生在美學習的獎學金以及開設留美預備學校。1911年，清政府批准將預備學校更名為清華學堂並訂立章程。最終，其演變為現今被廣泛認可的中國最好的高等學府——清華大學。

清華大學的畢業生中有許多人後來成為中國國家領導人。自2015年以來，清華一直被《美國新聞與世界報道》雜誌（*U.S. News & World Report*）評為世界上最好的工程和計算機科學學校，排名高於麻省理工學院。清華經管學院成立於1984年。經管學院是最早與美國企業建立深厚關係的中國機構之一，並成為華爾街和矽谷企業高管到訪中國的常規站點。其顧問委員會委員是來自中國和世界其他國家和地區的領軍人物。

自1980年以來，中國的國內生產總值（GDP）已經從相當於美國GDP的11%增長到2019年的67%，[1] 儘管中國的人均收入仍然較低：2019年，中國人均GDP為1萬美元，而美

---

[1] GDP, current prices in US dollars; International Monetary Fund.World Economic Outlook database; April 2019.

國的人均 GDP 為 6.5 萬美元，[①] 但自 1980 年以來，中國的人均 GDP 增長了 33 倍，同期，美國的人均 GDP 僅增長了 5 倍。中國的出口量從相當於美國出口量的 6% 增長到 100% 以上。中國的經濟規模一度小於荷蘭，而現在每年的增幅已經相當於整個荷蘭的經濟總量。自 2007 年中方首次投資黑石以來，中國許多主要的經濟增長和創新指標都趕上或超過了美國。中國的製造業產出、出口量、存款總額和能源消耗總量都超過了美國。無論是奢侈品，還是智能手機，中國的市場都比美國更大。2007—2015 年，全球經濟增長的近 40% 都是中國貢獻的。雖然中國 2019 年的經濟增速出現放緩，但仍是美國經濟增速的兩倍以上。

　　新加坡已故總理李光耀是對中國發展研究得最透徹的觀察家之一。在 2015 年 3 月去世前不久，他被問道，是否認為中國最終會取代美國，成為亞洲的主導力量。他毫不猶豫地說：「當然。為甚麼不？他們怎麼可能不渴望成為亞洲第一？假以時日，他們還希望成為全球第一。」他又補充說：「屆時，全球都要按照中國的規則來，而不是西方國家的規則。中國的崛起是我們這個時代決定性的、毋庸置疑的地緣政治事實。」

　　哈佛大學歷史學家格雷厄姆·艾利森（Graham Allison）警告說，這種從西方到東方的權力再平衡過程包含一個陷阱。隨

---

① GDP per capita, current prices in US dollars; International Monetary Fund.World Economic Outlook database; April 2019.

着美國逐步退後、中國逐步提升，兩個國家及依賴這兩個國家的其他國家會感覺到失衡，覺得與近幾十年的歷史狀況有所偏差，這時，即使是最輕微的誤解、怨恨或攻擊，也會把各方推入戰爭的陷阱。這一情況曾經在公元前 5 世紀出現過，當時雅典的崛起威脅到了斯巴達，因此艾利森把這個陷阱稱為「修昔底德陷阱」——修昔底德是希臘歷史學家，他的《伯羅奔尼撒戰爭史》一書記錄了斯巴達和雅典之間那場決定了歷史進程的戰爭。修昔底德陷阱也曾出現在 20 世紀，當時德國威脅到歐洲的現有秩序，引發了兩次世界大戰。中美之間經濟權力的轉移正在發生，如果兩國找不到一種互信合作的方式來應對必然隨之而來的政治權力的轉換，那麼「修昔底德陷阱」可能會再次出現。

2012 年，在清華大學百年校慶後，時任清華大學校長陳吉寧希望和我在巴黎會面（當時，我和克里斯汀已經在巴黎生活了 8 個月）。我知道他在為清華尋求捐贈，實際上我已經開始思考可以利用自己的資源和人際關係網絡為清華做些甚麼。

我從來沒有在清華大學學習生活過，與這個學校也沒有甚麼特殊的感情聯繫。清華大學與我相隔萬里，中國的文化我也剛剛開始了解。因此，在我準備迎接陳校長到訪巴黎的同時，我也在四處尋找靈感。我知道，無論我有甚麼創意，都要靠自己和周圍的一個小團隊努力推動，把想法變為現實。

2010 年，清華大學顧秉林校長、經管學院錢穎一院長和潘

慶中教授在紐約拜訪我的時候，提出了交換生計劃，但我對傳統的交換生計劃沒有興趣——我要設置一個獨特並與眾不同的項目，因此我想到了塞西爾‧羅德（Cecil Rhodes）。他在23歲時，尚未在非洲建立自己的財富帝國。但在那一年他寫道：「生活中的至高幸福是報效祖國。」在他1902年去世時，後人根據他的遺囑設立了一個獎學金項目，把來自大英帝國、英國殖民地和德國的年輕人聚集在一所英國的大學裡學習，旨在「擴大他們的視野，為他們的生活和禮儀提供指導，以及向他們灌輸這樣的思想——保持大英帝國的統一有利於聯合王國、有利於殖民地」。他的願景最終成為牛津大學的羅德獎學金。羅德本人頗具爭議，他是一個殘酷的雇主，還助推了南非的種族隔離政策。然而他的獎學金仍然是世界上最負盛名的獎學金之一，為來自不同國家的一些最優秀的青年男女提供了難得的學習機會，讓他們可以在最能影響其人生的階段共同生活和學習。

　　我向陳校長提出，如果在中國創立類似的獎學金會怎麼樣？我們可以制訂一個計劃，鼓勵來自世界各地的最優秀和最聰明的人在清華大學一起學習。他們可以在中國的各個部委和企業輪流實習。他們可以在中西方教授的指導下學習，在這些前輩的幫助下，找到不同文化之間的聯繫。這些體驗會豐富每一批獎學金獲得者的生活和學習。當他們日後成為影響各自國家的領軍人物時，他們可以理解彼此的文化和信仰。他們會在友情和理性的基礎上採取行動，摒棄導致各國陷入修昔底德

陷阱的疑慮和不信任。陳校長贊同我的想法，但認為我們也需要一些中國學生，理由是如果我們想讓學生真正融入中國，那麼這個課程應該允許中國學生和外國學生一起學習、工作和生活。這點有道理。在會議結束前，陳校長又補充説：「成本會很高。」我承諾首筆出資 1 億美元，並向他保證我們可以籌集其餘的資金。清華大學蘇世民書院就此誕生。

只有一個問題，我不是一名教育工作者，自 1972 年以來，我就再沒有進入過教室。我對從零開始建立學院一無所知，更不用説在中國做這件事了。

哈佛商學院前院長傑伊·萊特也是黑石董事會成員。他介紹我們認識了柯偉林教授（Bill Kirby），他是哈佛大學費正清中國研究中心的前任所長，兼任哈佛大學藝術與科學研究生院院長。哈佛商學院院長尼汀·諾里亞（Nitin Nohria）建議我們去找沃倫·麥克法倫教授（Warren McFarlan），他在哈佛商學院授課已有很長時間，也曾在清華大學任教，在清華的人脈關係極廣。就這樣比爾和沃倫一起組建了一個學術顧問委員會，加入了我們的探索之旅。

我們之前給自己設計了很多問題，他們都能幫助我們一一解答：學生的年齡範圍應該是多少？正確的學科組合是甚麼？在學生畢業時我們如何提供職業建議？每一位學生的花費是多少（包括住宿費、學費和單人往返北京的機票費用）？還有學生的生活問題，等等，事無巨細，不一而足。如果有人認為出

資人支持高等教育只是寫張支票、換取榮譽學位，那就大錯特錯了。

在確認項目細節的時候，我回想起自己接受高等教育時的情形 —— 我經常在課堂上辛苦地學習，卻得不到甚麼回饋和鼓勵；我在華爾街的前幾個月沒有接受過任何培訓或指導。那段經歷告訴我，第一份工作表面聲望的重要性遠遠比不上我喪失的學習技能的機會。我最終在雷曼兄弟找到了自己需要的東西，而在雷曼兄弟的經歷成為我日後成就最高水平的基礎。

因此，我開始設想一個可以加速學習進程的項目，一個旨在為年輕人提供良好學術體驗的項目，幫助他們與同齡人建立受益終身的關係，獲得導師的指導性建議，並取得工作實踐經驗。首先，我們必須確定項目的時間長度。應該是一年還是兩年？我想像自己就是項目申請人：他們其中許多人就像我們在黑石聘請的年輕分析師一樣，對一個雄心勃勃的 23 歲的年輕人來說，兩年的時間似乎感覺太久了。如果我們想找到世界上最有能力的年輕人，我們就必須給他們一個豐富而完善的體驗，而不是佔用他們太多時間去追求其他目標。一年是完美的時長。

接下來，我們必須確定師資團隊：是全部來自清華大學的中國教師，還是全部採用外籍教師，或是兩者兼而有之。我到清華的幾個班上去觀察中國的教學模式。雖然聽不懂中文，但我發現，即使班級人數較少，課堂的大部分時間也是教授在

講、學生在聽。如果是大型講座，就全部是教授在講。這些課程的時長超過了普通的西方大學，而我想像中的蘇世民書院的學員會很快感到厭倦。

但我也不想要一個完全國際化的教師團隊。我們的學生將來自美國、歐洲和世界其他地區最優質的大學。如果他們在北京獲得的學術體驗與在本國別無二致，那就沒甚麼意義了。所以我們選擇混搭：一半是外籍教師，一半是中國教師，有時兩人同時教授同一個班級。一個課堂，兩種文化。

學術項目的第三大宗旨是深入了解中國，其中包含三個要素：讓在中國商界、非營利組織或政府工作的知名領軍人物參與教學，他們教授的內容要與每個學生相關；學者在中國遊學，以便了解北京以外的其他城市和地區；他們在中國組織中參加工作實習，觀察組織如何運作。

最開始，蘇世民書院的學術顧問委員會就課程設置問題進行了大量的討論。最終，書院決定採用「體驗式」教學模式，為蘇世民學者配備了「實踐導師」，同時安排他們參與「社會實踐 —— 行知中國」，在中國各地進行多角度、深層次的遊學。我們得到了學校領導層的理解和支持。在我們與學校內部各層級艱難「磨合」時，中國高層領導的教育目標成為一個利好因素，希望提升中國一流大學在全球的排名，並設定目標，到2020年，若干所大學和一批學科進入世界一流行列，並號召中國的大學兼收並蓄西方頂尖高校的最新教學方法。

　　艾米·斯圖爾斯伯格（Amy Stursberg）是黑石基金會的負責人，後來擔任蘇世民學者項目的執行理事。我們兩個人一起成了清華大學的工作人員，完全進入了創業狀態。任何企業家領導團隊的首要任務是圍繞自己的願景進行造勢動員，營造一種必然成功的濃厚氛圍。所以我們去見了美國和歐洲各大學的負責人：牛津大學、劍橋大學、倫敦經濟學院和英國帝國理工學院；美國的常春藤聯盟、史丹福大學和芝加哥大學以及世界各地的其他 250 所大學。我們鼓勵他們派出最優秀的學生參加我們的課程。我們不遺餘力地向每一所大學的校長、院長和獎學金項目主任推薦蘇世民學者項目。

　　這些工作都開支不菲，我們意識到我最初 1 億美元的承諾肯定不夠。這就像蓋房子一樣，不知不覺，花費的時間和成本都是我們預期的兩倍。為了解決不斷增加的成本費用，我不得不開始推銷自己的理念，希望能找到出資人。當我和彼得在 1986 年籌集第一個收購基金時，我們見了 17 個潛在投資人，才有一個願意出資。從那時起，隨着黑石創造了卓越的績效紀錄，一切都變得更加簡單。我會去找預先篩選出來的投資人，知道有 90%—100% 的機會拿到投資。我已經習慣了這個比例。

　　然而，對蘇世民學者這個項目而言，在許多人看來，中國是不是世界上最令人看好的國家並不重要，中國貢獻了 40% 的全球經濟增速、我們得到了最高領導人的支持也並不重要，重要的是這個構想未經證實、史無前例，根本不可能變成現實。

我又回到了推銷創意的階段，從商業圓桌會議到婚禮殿堂、從達沃斯經濟論壇到紐約派對，無論我走到哪裡，我都跟身邊的人討論這個項目。如果我認為與我交談的人對中國或教育有一丁點興趣，我就會提出讓他參與出資，每個有錢人都逃避不開我不厭其煩的推銷，結果各類活動對我的歡迎程度與日俱減。

我們在 5 年內撰寫了近 2000 封信件，每封信都根據潛在捐贈者的喜好和需求量身撰寫，我們向他們解釋為甚麼給蘇世民書院捐資是物超所值的一筆開支。如果他們表現出絲毫的興趣，我們就會再次去信、進一步討論。我還會繼續給那些拒絕我的人發郵件。後來，邁克‧布隆伯格給我開了一張支票，他說自己之所以這樣做，是因為害怕我會一直不停地要他捐款。

2012 年 12 月 12 日，我受邀在《紐約時報》交易日會議上發言。在休息室裡，我看到了要一起參加專家討論的瑞‧達利歐（Ray Dalio），他是世界上最大的對沖基金橋水公司（Bridgewater）的創始人。他遠遠地坐在角落裡，我走上前去自我介紹。我們馬上要上台了，於是我開門見山，提議讓他出資 2500 萬美元，成為蘇世民書院的創始合夥人。他無奈地看了我一眼，告訴我說，自 1984 年以來，他一直活躍在中國，這個國家讓他深深着迷，他甚至把兒子送到中國讀了一年中學。雖然他熱愛中國，但依然認為我設想的項目無法實現。他確信我對自己即將遇到的挑戰和困難一無所知。

　　但我一直不停地勸說，直到他態度鬆動。他承諾出資 1000 萬美元，並表示如果我們能成功地啟動和運行項目，他會再出資 1500 萬美元。在我們上台前，他說：「保持聯繫，告訴我進展。」他似乎確信另外一張支票無須再開給我了。

　　當然，我們不需要他告訴我們這一項目的挑戰性和艱巨性，因為我們已經發現了。我們身處曼哈頓，想在地球另一邊一個我們仍然知之甚少的國家從零開始打造一個機構，其難度可想而知。紐約和北京之間有着 12 個小時的時差，這意味着我們只能在晚上推進蘇世民學者項目，然後在太陽升起時，回到我們的日常工作。我們不知道請了多少個承諾解決問題的顧問，但他們都沒搞定。我知道，如果一開始不是因為黑石這個響亮的品牌，我們的項目永遠也不會獲得成功所需的聲望。但除了我們的小團隊以外，沒有人認為我們能夠實現這一目標，就連我們自己有時也會自我懷疑，因為每一項任務，無論大小，都要花費比計劃多 4 倍的時間。

　　當籌款陷入困境時，我們開始為潛在的捐贈者提供其他的機會，他們可以贊助學院的部分建築物，也可以用自己的捐款贊助特定學生 —— 就像教授可以選擇自己的學生一樣。如果捐資 250 萬美元，每年供應一位學期為一年的學生，就可以連續提供 15 年的資助。15 年後，我們會把贊助權轉讓給另一個捐贈者，再次募集 250 萬美元。這一方法很是有效，我們發現大家很樂意為來自本國或自己母校的學生提供獎學金。

　　許多外資公司已經在中國開展了慈善活動。但我們也找到了方法，讓他們參與我們的項目。當時的百事可樂 CEO 盧英德（Indra Nooyi）贊助了我們的兩項個人獎學金，一項是百事獎學金，另一項是亨利·保爾森獎學金。除了亨利·基辛格（Henry Kissinger）和漢克·格林伯格（Hank Greenberg）之外，沒有人比亨利·保爾森對中美關係的貢獻更大。獎學金以自己的名字冠名，這一榮譽讓他非常高興。創業者的成敗往往取決於自己交往的對象，為我們提供捐贈的個人和機構名氣越大（比如迪士尼和摩根大通），我們對其他人的吸引力也就越大。

　　有時，我還會在為蘇世民學者項目的募資奔走呼籲中交到新朋友。在東京，我與軟銀創始人孫正義討論一個商業問題。閒聊期間，我又免不了跟他介紹蘇世民學者項目。作為推銷員，我已經事先思考了從哪個角度說服孫正義。我說，中日關係向來不好。幾十年來，日本一直是比中國的經濟實力更強的國家，但現在中國越來越富裕，日本的人口卻正在萎縮，也許是時候修復這段關係了。

　　孫正義當時的身家為 150 億美元。他已經 50 多歲了，如果他再工作 10 年左右，他的淨資產可能會翻番。我告訴他，除了這筆巨額財富，他還需要一個增加自己慈善事業投入的計劃，而為蘇世民學者項目提供 2500 萬美元的贈款似乎是一個很好的起點。他聽了之後，提出可以捐資 1000 萬美元，連續 15 年每年資助 4 名日本學生。後來，從最初的 1000 萬美元開

始，他已經將贈款金額增加到 2500 萬美元，我們兩個人也已經成了好朋友。

　　而中國捐贈者給我們帶來的挑戰又不一樣。在書院竣工、學生入學之前，中國捐贈者不會給我們一分錢。他們對我們的「想法」持不信任態度。我保證我們會修建書院、招募優秀的學生，但他們一定要眼見為實，不然不會給我們開支票。所以，這些捐款我們一直等到 2016 年蘇世民書院啟用、首批學生入學才入賬。而此時，中國人對這一項目的看法立刻出現了 180 度大轉彎。我們的第一批中國捐贈者是在房地產行業起家的，接下來的是大型企業集團，然後是高科技企業，最後是專門做人工智能的個體企業家，他們都希望與我們的使命產生聯繫。現在，蘇世民學者項目獲得的捐贈總額是中國同類學院中最高的，海內外人士為我們提供了超過 5.8 億美元的捐贈。

———————

　　我們今天建立的機構、創設的項目、打造的人際關係網絡，源於我竭盡全力的拚搏和永不放棄的意志 —— 我一定要把蘇世民學者項目變為現實，我拒絕接受「成功」以外的其他選項。

　　通過這個項目，我也了解到了在中國做事時「關係」的重要性。想做成任何事，強大的關係網絡意味着一切。正是因為

我們跟中方建立了牢不可摧的關係，這個項目才得以成功。剛開始的時候，我們是跟清華大學校長陳吉寧合作，他年輕有為、靈活勇敢、充滿活力。

2015 年，陳吉寧被提拔為環境保護部部長，隨後成為北京市市長。邱勇接替他擔任清華大學的新校長。在邱勇就職之前，我訪問清華，去拜訪我的朋友陳旭女士，她是清華大學黨委書記。一般我會在她的辦公室與她見面。但這一次，我被帶到一個大型會議室，並受邀坐在陳女士右邊的椅子上，這是給客人的上座。她和邱勇校長明確表示：清華會大力支持蘇世民書院。我們需要這一支持，我和邱勇校長兩個人會定期就蘇世民書院的事情進行溝通。

早在 2012 年在我們決定開展蘇世民學者項目後，陳吉寧先生帶我參觀了清華校區。他向我展示了三個可以建造書院的選址。獲得羅德獎學金的學生住在牛津大學的各個學院，但有一個專門供學生學習和社交的活動中心，名為羅德之家。我認為，蘇世民書院的學生應該在同一個屋簷下生活、上課，以充分利用他們在北京的時間學習、交流。我希望他們在走廊、公共休息室、樓梯上遇到，共進午餐。我們創立這個項目的主旨應當不僅僅是讓他們學到知識，更要讓他們在學習期間彼此建立起良好關係。我希望在書院的設計中傾注自己設計黑石辦公室的心血和理念。

為此，我們首先邀請了 10 位建築師參與項目設計競爭。

大多數設計都採用了玻璃盒的形狀，這種設計從達拉斯到杜拜，隨處可見。還有一家公司建議我們用火箭複製模型圍繞主樓，表明我們正在進入一個新的時代。他們的這些設計俗不可耐，令人大失所望。最後，我向耶魯大學建築學院院長鮑勃‧斯特恩（Bob Stern）求助，我告訴他如果我們要把來自世界各地的人帶到中國，我們的建築風格就需要有中國特色，可以讓到訪者聯想到中國的過去和現在，回想起中國悠久的文明史。

淘汰了玻璃盒的設計後，我請鮑勃設計了一個具有現代感的中國傳統庭院。他的設計極為出色，從校園繁華的道路入門而進，是一個獨立而隔離的庭院，採用中國典型的合院式佈局，四面樓舍環抱，院內雅緻靜謐，陽光瀉入下沉的庭院後灑進教室和禮堂，庭院周圍散佈着會面和社交空間，鼓勵人與人之間進行放鬆隨意的互動，這對求學體驗非常重要。書院集古典傳統與現代氣息、融東方神韻與西方風格於一體，成為一道獨特別緻的校園景觀。

在建設期間，我們還為到訪者修建了一個樣板宿舍，方便他們了解學生的日常生活。在開放參觀之前，我試了試我們挑選的床、閱讀椅和書桌，以確保一切正常。蘇世民書院建成後，被評為 2017 年世界九大最佳校園新建築之一，這也是亞洲唯一一所入選的校園建築。

書院的修建過程又是一場唇槍舌劍、你來我往的博弈。先是清華大學對鮑勃的設計方案提出了強烈意見。然後，我們

不得不與中國的承建商交手。中國的承建商已經失去了修建中國傳統建築的東方手藝。我們想要使用壽命長達 200 年的木地板，但承建商告訴我們只能買人造木材，12 年後就要更換。我們想在牆壁上鑲嵌木板，但承建商說唯一的選擇是看起來像木頭的塑膠。我們要用磚，他們提供了磚砌鑲面。

對我而言，這樣的討價還價、偷工減料是無法想像的，我懷疑這些都是藉口，他們只是為了逼迫我們選擇一些給了他們好處的供貨商。因此我們找到了一家傢具製造商，為我們生產木地板和木鑲板。我們聘請了為人民大會堂修復門窗的公司來製造蘇世民書院的木製大門。我們讓當地建築工人學習傳統的砌牆手藝，給我們打造真正的磚牆。

最初我們讓中國承建商全權負責項目。但隨着時間的推移，問題越來越多，他們提出的藉口也堆積如山，我們開始懷疑他們並沒有甚麼責任心。我們派了一個美國人到現場監工，根據他反饋的信息，等第一批蘇世民書院學生入學時，書院的工程才能完成一半。因此，在距離完工還有一年的時候，我到施工現場考察，要求我的團隊編制一份清單，整理了蘇世民書院保質保量完工所需的一切工作。不僅是假木頭和磚牆的問題，現場夜間照明也不行，會危及建築工人的施工安全。我要求在 48 小時內解決照明問題。

第二天早上，我們召集了所有項目經理和分包商。我表達了對他們的極度失望和不滿。我能感到我的翻譯在重複我的話

時猶豫不決，但從建築工人目瞪口呆的表情中，我能看出他們明白了我的憤怒。這個項目得到了中國高層的支持。我告訴他們我會每 6 週回來一次，檢查建設進展情況，直至完工。如果再有任何延遲或失誤，責任人就要吃不了兜着走，他們要面對高層的震怒，其後果可想而知。經過我的這番溝通，工作進度加速了。

在修建蘇世民書院的過程中，我逐漸了解到，在中國，營造良好的組織機構能夠達到事半功倍的效果。等到書院建成時，我往中國已經跑了 30 次，以確保我們把控所有細節，我的團隊出差的次數是我的 2 倍。

———————

每個創業者都需要運氣，而我在 2012 年底在白宮舉行的活動中，就收穫了一點好運。當時，奧巴馬總統問我：「史蒂夫，你好嗎？你最近在忙甚麼？有甚麼有趣的消息嗎？」我把蘇世民書院的計劃告訴了他，他似乎很感興趣，表示如果有任何他可以幫助的事情，就告訴他。

因此，當項目即將在中國正式啟動時，我聯繫了白宮，詢問總統會不會發佈對此表示支持的消息，總統果真說到做到。在項目正式啟動的前一天晚上，我們的團隊忙着在活動開始前敲定所有細節，已經人仰馬翻。白宮已將奧巴馬總統的支持信

發送給北京的美國駐華大使館。我希望得到習主席的支持。因為習主席的表態會引起中國各個層面的共鳴，將確立我們的正式地位，對我們的未來會有巨大幫助。

我們的顧問委員會成員史蒂夫・奧爾林斯（Steve Orlins）將賀信提交給中方。一夜之間，我們啟動儀式的規格提升了——原定由中國教育部部長主持的啟動儀式，現在由國務院副總理劉延東女士出席並致辭。

我們一起進入人民大會堂，目之所及，到處是人。舞台上是一塊巨大的展板，上面畫着我們未來的書院，「蘇世民書院」幾個金色的大字熠熠生輝。

教育部部長大聲宣讀習主席的賀信：「教育應該順此大勢，通過更加密切的互動交流，促進對人類各種知識和文化的認知，對各民族現實奮鬥和未來願景的體認，以促進各國學生增進相互了解、樹立世界眼光、激發創新靈感，確立為人類和平與發展貢獻智慧和力量的遠大志向。祝清華大學蘇世民學者項目取得成功。」

奧巴馬總統在賀信中稱：「縱觀歷史，教育交流再造了學生，加深了國家之間的相互理解與尊重。通過在中國建立這樣的學者計劃項目和文化熏陶，蘇世民學者項目將在這光榮的傳統中功不可沒。」

中美兩國的最高領導人紛紛表示對以我的名字命名的項目的支持，給我帶來了極大的震動。我們之所以打造這個項目，

只是因為陳校長來找我，而我為他提供了一些與眾不同的東西。啟動儀式當天發生的一切，以及背後所有的工作、創造和堅持不懈的努力，都讓我的心情久久難以平靜。

————————

我們首屆項目共有 110 個名額，但收到了超過 3000 份的入學申請。我們制定的入學標準極為嚴格。在美國勞動節[①]前的週末，我和艾米在星期天的整個晚上都在討論「領導力」的含義。我們一直在尋找那些富有冒險精神和獨創精神、可以把周圍的人凝聚在一起的學生，他們必須是出類拔萃的，用黑石的話說，他們必須是「10 分人才」。

我們錄取的首屆學生中，入學率高達 97%，遠超哈佛、耶魯或史丹福。這個結果絕非偶然，是我們在各個大學大力宣傳的結果。我參加了蘇世民書院的每一次全球發佈活動，以確保我們傳遞一以貫之的理念、打造優質強大的品牌。在新加坡的一次活動中，我們的招生負責人羅布·加里斯（Rob Garris）發現我沒有戴項目的新領帶 —— 領帶是我的妻子克里斯汀專門為蘇世民學者項目設計的，選用了一種別緻獨特的紫色，隨後，他遞給我一條備用領帶，於是，我在招待會進行到一半的時

————————

① 美國勞動節，每年 9 月的第一個星期一，是聯邦的法定節假日，用以慶祝工人對經濟和社會的貢獻。——譯者注

候，換了領帶，登台講話。

　　我們在倫敦、紐約、北京和曼谷面試了 300 名候選人。在倫敦和紐約，我親自接待了所有的候選人，在他們來參加面試時與他們一一握手，祝他們好運。如果我聽說被我們錄取的候選人在猶豫不決，我就會親自給他打電話，為他消除顧慮，掃清障礙。只有在兩種情況下，我才能接受候選人的拒絕，一個是他身體不適，另一個是他獲得了羅德獎學金。否則，我會一直不掛電話，直到候選人同意入學，即使這要花費幾個小時的時間。

　　除了上課、實習和遊學外，我們的首批學生也全身心地投入了清華大學的校園生活。有時，我正在紐約的家裡看電視，就會接到電話，聽到哪個學者又取得了甚麼了不起的成績。清華大學 2016 年有 4.6 萬名在校生（截至 2015 年底），我們書院只有 110 名，儘管如此，他們依然獲得了大學田徑比賽、女子足球賽和男子籃球賽的冠軍。我們有一名學生在 2017 年北京擊劍錦標賽中獲得金牌。在首批蘇世民學者到達校園的 11 個月裡，他們從無到有打造了充滿活力的大學生活。他們撰寫了自己的宣言，組建了學生會，出版了文學期刊，並組織了蘇世民書院舞會，而且我相信，不久之後一定還會有人安排芭蕾舞團來校巡演，就像我當年在耶魯大學的做法一樣。

　　當瑞·達利歐看到我們把不可能變為可能時，他開出了第二張支票，又捐贈了 1500 萬美元。蘇世民書院的達利歐禮堂

(也稱達理禮堂) 就是以他的名字命名的。

　　中方捐贈者告訴我，他們已經習慣了中國人出國留學，但蘇世民學者項目正在扭轉這一局面，將最優秀的外國學生帶到中國，這讓他們感到非常自豪。對他們而言，這是中國重振千年雄風的標誌。

───────

　　我現在很確定中國不再是子孫後代的選修課程，相反，這將是一門核心課程，而我們設計的蘇世民學者項目就是學習這一核心課程的最好課堂。

# 4

# 斡 旋

2012 年 12 月 15 日，我正在參加一個會議，我的助手遞過來一張紙條，說總統在等我接電話。「哪個國家的總統？」我問她。她在紙條上寫道：「美國。」美國總統打電話，豈有不接之理？我走進辦公室，拿起了電話。

這是康涅狄格州桑迪·胡克小學發生槍擊案的第二天，能聽得出來，奧巴馬總統深感痛苦和焦慮。我們討論了 15 分鐘槍擊案及其後果，然後他說之所以給我打電話，是因為與共和黨人的預算談判陷入了僵局──民主黨和共和黨就增稅和削減開支爭執不下，兩黨的這一分歧由來已久。

「我真的需要你的幫助。」總統說。

根據此前預算協議的條款，如果民主黨和共和黨在 1 月 1 日之前未能達成協議，則會自動啟動一系列削減支出和增加稅

收的措施，這將導致美國政府面臨所謂的「財政懸崖」。

「你是想讓我免費給你做投行顧問嗎？」我說。奧巴馬笑了，他把自己的私人電話號碼給了我，說我可以在白天或晚上的任何時間打電話——但最好不要在晚上 11 點之後。為了擺脫困局，他主動跟政壇以外可能提供幫助的人接觸，這一點讓我很佩服。

接下來的一週半，我投入兩黨之間的斡旋工作。我跟共和黨的領導人很熟，我們討論了各種方案。其間我幾乎每天都跟總統交流。有一次，我正在朋友家參加聖誕晚宴，總統打電話過來。我不得不在上甜點的時候離開，找一個私密的角落。女主人對我的行為舉止感到好奇。

我認為共和黨最終提供的方案是比較公正的——10 年內增加 10000 億美元的稅收，也就是每年增加 1000 億美元，每年同時削減 100 億美元的政府開支。但這一方案遠沒有達到民主黨的增稅要求，總統拒絕接受。我勸說他：在聯邦政府 40000 億美元的年度預算中，減少的 100 億美元只是個零頭。而且，共和黨人在開始談判的時候根本就拒絕增稅，而現在他們提議通過增稅、堵塞漏洞和終止減稅來增加 10000 億美元的收入，已經是做出了讓步。況且，這裡還有商量的餘地，雖然餘地不大。這時候，民主黨如果再猶豫不決，就可能喪失機會。

總統告訴我：「你可能懂怎麼達成交易，但我懂政治。」作為一個贏得第二任總統任期的人，他的這句話入情入理。他不

想在第二個任期剛剛開始就動用寶貴的政治資本，推動他知道
無法讓自己的政黨支持的協議。我告訴他，我可以想像在他和
眾議院共和黨議長約翰·博納（John Boehner）一起在橢圓形辦
公室裡勝利地揮舞雙臂時，所有的異議者會都像燈亮起時的蟑
螂一樣四散開來的情景，這會令他非常難堪，甚至會讓他遭到
黨內的質疑。但是如果能就此達成協議，他們會贏得整個國家
的愛戴。我表示，政治資本就像頭髮，剪了之後還會長，只要
你做得對，最終會贏得理解和支持。總統很親切客氣，他知道
我已經盡全力幫忙，對我表示了感謝。談判一直持續到 1 月 1
日凌晨，副總統喬·拜登（Joe Biden）和參議院共和黨參議員領
袖米奇·麥康奈爾（Mitch McConnell）一直在率領雙方團隊討
價還價。最終達成的協議雖然並非盡善盡美，卻讓美國避免了
跌落財政懸崖。

　　無論政要的黨派如何，他們都只是尋找答案的人。如果你
有提供答案的能力，就應當提供答案。在 20 世紀 90 年代初，
我受邀參加白宮的宴請。我當時還沒有再婚，所以帶了一個約
會對象 —— 一位來自紐約的雜誌作家。在宴會上，我找到了喬
治·H. W. 布殊總統。很多年前他去耶魯大學看自己的兒子喬
治·W. 布殊，我們遇到過一次。我們兩個人走到旁邊，專心
地談了 10 分鐘。我回到約會對象身邊時，她問我倆到底在聊
甚麼。我告訴她：「很簡單，總統目前最大的問題是美國經濟不
景氣，而我對此有一些想法。」世界領袖與其他任何人都沒有

甚麼不同。如果你談論困擾他們的問題，並提出一些有用的建議，他們就會傾聽，無論這個人是民主黨人還是共和黨人、王子還是總理。

———————

由於我經常參與一些政治活動，2016 年 11 月，我有機會來到特朗普大廈 26 樓，與當選總統特朗普見面——他是美國近代史上最不可思議的當選總統的人。多年以來，我經常在紐約和佛羅里達州的社交活動上遇到唐納德·特朗普。現在，他贏得了一場極少有人預測他可以獲勝的選舉，正在找人組建自己的政府。他的辦公室及其周圍的房間受到特勤局特工的嚴密保護。他現在生活在一個超大的泡泡裡，這種轉變感覺非常超現實。我們幾乎沒有時間聊天，但一週之後，他再次打來電話，問我是否考慮加入他的團隊。我向他表示感謝，但告訴他，我很滿意現在的生活，無意做出改變。他說這在他意料之內，但他需要直接聽取美國商界領袖的意見，因為他試圖加速經濟發展。「我需要一群能告訴我真相的人，」他告訴我，「你認為你可以組建這樣一個團隊，並負責團隊的管理嗎？」

他希望組建一個小型團隊，最多 25 個人。他不在乎團隊成員是共和黨人還是民主黨人。團隊的核心是人才和知識，而不是政治。這個團隊不必贊同總統的所有行動或觀點，但可

以參與時事，為解決問題提供建設性方案，為美國的經濟發展做出貢獻。自大蕭條以來，美國的年均經濟增長率一直保持在1.8% 左右。政府需要創造就業機會，刺激生產率提升，恢復美國的經濟健康。此前的美國大選非同尋常，風雲變幻，各方動盪不安，現在需要這樣一個小團隊來增強社會信心。如果總統是在認真考慮這件事，那麼我當責無旁貸、義不容辭。在接受聯邦政府提出的任何挑戰時，你都無法確定結果會怎樣，但無論是成功還是失敗，只要目標是為國效力，那就是值得的。

一週後，我為總統的戰略與政策論壇提供了最初的名單，其中包括通用電氣的前 CEO 傑克・韋爾奇；摩根大通的傑米・戴蒙；貝萊德集團的拉里・芬克；通用汽車的瑪麗・博拉（Mary Barra）；克利夫蘭診所的托比・科斯格羅夫（Toby Cosgrove）；迪士尼的羅伯特・艾格（Bob Iger）；沃爾瑪的董明倫（Doug McMillon）；波音的吉姆・麥克納尼（Jim McNerney）；IBM 的羅睿蘭（Ginni Rometty）；特斯拉的伊隆・馬斯克（Elon Musk）；百事可樂的盧英德；全球基礎設施合作夥伴的巴約・奧貢萊斯（Bayo Ogunlesi）；帕特默克全球合作夥伴的保羅・阿特金斯（Paul Atkins）；劍橋能源研究協會的丹・耶金（Dan Yergin）；波士頓諮詢集團的里奇・萊塞（Rich Lesser）；史丹福大學和胡佛研究所的凱文・沃爾什（Kevin Warsh）；安永會計師事務所的馬克・溫伯格（Mark Weinberger）。這是一支全明星隊，廣泛覆蓋了美國經濟的各個領域。

當我向總統提交名單時，他只有兩個要求。第一，刪除其中的外交政策專家，以獲得更全球化的視角。他說他可以在其他地方獲得外交政策建議。第二，邀請比爾·蓋茨（Bill Gates）和蒂姆·庫克（Tim Cook）加入。我告訴總統，這兩個人已經拒絕了——比爾在全力以赴地運營蓋茨基金會，蒂姆則在忙着管理蘋果公司。但總統表示，無論如何，還是要給他們兩個發邀請信。比爾的回信非常禮貌，他表示自己可以參加重要的會議，或直接提供意見，但他本人是不會加入甚麼團體的。蒂姆也彬彬有禮地提供了類似的反饋。

我們在 2 月舉行了幾次會議。第一次開會時，總統及其高級官員都參會了。這一屆政府引發了極大的關注和討論，這些聲音此起彼伏、震耳欲聾，大家很容易被政治因素和個人風格分散注意力。因此，我要求小組的每個成員提出自己所在領域影響最大的問題，並就作為 CEO 如何處理這些問題提出建議。在開會之前，我會跟每個人進行交流，了解他們想討論的內容，並一再要求，不能在會議上討論問題的根源或性質。我希望提出問題是為了進行富有成效的討論。我們論壇的成員都是嚴肅直率的人，他們善於發表自己的意見。在幾次會議之間，我們根據政府和國會的反饋進行了跟進。總統似乎很欣賞這種未經過濾的信息流，我們旗開得勝，從而獲得了繼續前行的動力。

但是在 2017 年 8 月，我們切身體會到，儘管我們竭力超脫

政治，但還是無法避開政治和商業的碰撞。在弗吉尼亞州的夏洛茨維爾市，「新納粹主義」團體和「安提法」團體發生劇烈衝突，釀成悲劇。總統指責雙方都對悲劇負有責任，從而引發了巨大爭議。他的反對者，甚至他的許多支持者都認為這一表態是把兩個團體相提並論，他們在道義上無法接受。一時間，眾怒難犯，輿論一片譁然。總統無法平息局勢。而隨着憤怒情緒的不斷堆積，我們論壇成員也面臨巨大壓力。雖然我們在不分黨派地為國做事，但對很多人來説，參與這樣一位總統的事務讓人無法容忍。

作為投資者，我已經習慣於危機的出現。從雷曼兄弟的投資銀行業務，到創立黑石、見證公司各個階段的發展和變化，我不僅學會了應對危機，而且學會了為自己和客戶製造危機，並以此為契機引發變革、改變現狀，達到因破而立的目的。但企業高管恰恰相反，他們習慣於依賴規則、維持秩序，些許的風吹草動，都很容易讓他們感到不適，尤其是當負面輿情出現，或面對客戶施加壓力時。他們非常厭惡被廣為關注的公共事件捲入其中，尤其是像這種飽受爭議、引發民憤的事件。但是，如果我們要因此把論壇解散，那麼我希望這是一個集體決策，要同進退，而不是論壇成員一個接一個地離開。我感受到了小組成員的不安情緒，因此安排電話會議，為大家提供三個選擇：保留論壇、暫停論壇、解散論壇。

大多數人想要解散論壇。我把事先起草的新聞稿提供給大

家。其中幾位成員問我他們是否可以考慮一下，然後再提出建議，我拒絕了。一旦更多顧問看到這個新聞稿，解散的消息必將泄露，將會弄得滿城風雨，對此我確信無疑。如果我們要宣佈解散，就要通過發佈新聞的形式，簡單而快捷。我還堅持要通知總統——如果我們計劃解散，那麼通知總統是最基本的禮儀。

但是，就在我告訴白宮工作人員後不久，總統搶先一步在我們還沒有發佈任何聲明的時候，就宣佈要解散論壇。我們這個代表了美國商業精英的小團隊對國家一腔熱情，本可以用自己的智慧和經驗來幫助政府和國家，但在緊張的政治環境中，一個小小的火花也可能導致大範圍的附帶損害。我們都想為發展國家、改善社會出力，希望為提高美國人的生活水平發聲，但我們已經不能再參與政府事務了。這是我最大的遺憾。

———————

儘管我感到失望，但我覺得自己有義務繼續努力為國效力。從唐納德·特朗普當選總統的那一刻起，我就不斷地接到電話，大家紛紛諮詢我：「應該怎麼看待這位總統呢？」他們在競選期間聽到了他的觀點，並對他即將採取的行動而倍感不安。早在他競選總統之前，特朗普就堅信，美國製造業已被自由貿易摧毀。美國的就業機會在流向勞動力成本最低的地

方，無論是墨西哥還是亞洲。貿易逆差和「鐵鏽地帶」①的經濟
衰退都是這一頑疾的症狀。他認為，如果就自由貿易協定重新
進行談判，就可以把就業機會帶回美國，正如其在競選期間的
承諾：「讓美國再度偉大。」無論是否認同這一觀點，他的觀
點和方法都將顛覆經濟現狀。但是，他到底會採取甚麼樣的做
法呢？

　　總統選擇的治理方式與其前任截然不同。他會通過一個
非常嚴密的內部圈子，而不是通過傳統的外交和政府渠道與外
界保持聯繫。即便我們是最親密的盟友，也不確定如何與他溝
通。20 多個國家的國家元首或高級部長聯繫了我，希望我能幫
助他們了解特朗普政府。

　　在總統的支持下，我參加了中美以及美國與加拿大和墨
西哥之間的貿易談判，原因很簡單：我了解各國政要，他們
信任我。除了總統，我與財政部部長史蒂芬・姆欽（Steven
Mnuchin）也相識多年。我們在紐約的公寓是在同一棟樓裡，私
交甚好。我認識商務部部長威爾伯・羅斯（Wilbur Ross）也差
不多有這麼長的時間。

　　通過黑石的業務和後來的蘇世民書院，我在中國建立了廣
泛的人際關係，其中許多人已成為中國領導人。我在 2015 年
遇到了墨西哥總統恩里克・培尼亞・涅托，他為墨西哥的學生

―――――――――
① 鐵鏽地帶，最初指的是美國東北部五大湖附近傳統工業衰退的地區，現可泛
指工業衰退的地區。——譯者注

提供了兩筆蘇世民學者獎學金。他的財政部部長路易斯·維德加雷·卡索（Luis Videgaray Caso）經常給我打電話，他來紐約的時候，也都會來找我。至於加拿大，我認識外交部部長克里斯蒂亞·弗里蘭（Chrystia Freeland），因為她曾是英國《金融時報》的記者。她之前報道過黑石，我一直覺得她是一個聰明又善良的人。

在總統就職典禮後幾天，應克里斯蒂亞的邀請，我前往卡爾加里，在加拿大總理賈斯汀·特魯多為其內閣舉行的一次閉門會議上發表講話。與墨西哥一樣，加拿大也因我們總統的言論而忐忑不安。美國計劃修訂《北美自由貿易協定》（NAFTA），加拿大人因此頗感緊張。我與總理和他的工作人員進行了一個小時的私下會晤，之後又跟總理聊了兩三個小時，並回答了內閣成員有關美國立場的提問。我向他們保證，根據我的理解，美加經貿雖然會出現一些變化，但總統的主要優先事項是提高美國的經濟增速，美加關係依然良好。我的這個保證成為加拿大的頭條新聞。

《北美自由貿易協定》是全球最大的貿易協定，但該協定對所涉及的三個國家有不同的影響。加拿大的經濟規模是美國經濟規模的 10%，但其在經濟、政治和文化方面與美國緊密相連。墨西哥是一個新興經濟體，其經濟增長高度集中在靠近美國邊境的地區。加拿大和美國的貿易關係相對平等，兩國之間的進出口價值大致相當。但美國與墨西哥的貿易逆差很大，美

國進口的商品遠超過出口商品。

　　墨西哥和加拿大都不希望《北美自由貿易協定》崩潰。兩國都珍惜與美國特殊的經貿關係。沒有這一關係，兩國的經濟將陷入衰退。但每一段經貿關係的細節是截然不同的。

　　根據我與美國政府的討論，美國與加拿大的主要問題集中在加拿大的奶農補貼問題 —— 加拿大的廉價乳製品湧入美國市場，損害了美國中西部奶農的利益。此外，兩國還存在其他不公平現象，例如加拿大的「文化豁免」條款，規定美國公司不得購買加拿大媒體資產，但加拿大可以在美國購買媒體資產。

　　據我所知，白宮真正的問題出在墨西哥，這一點在談判期間變得越來越明顯。美國非常重視解決兩國之間龐大的貿易逆差問題。一個關鍵問題是許多美國公司在墨西哥靠近美國邊境的地方建造了工廠，這樣便能利用操作熟練但價格低廉的墨西哥勞動力。這一問題對汽車製造業影響最大 —— 美國公司在墨西哥為美國市場生產的汽車被視為來自墨西哥的進口產品。

　　國際貿易的複雜性引發了類似《奇愛博士》(*Dr. Strangelove*)一書中描寫的無窮無盡的荒謬現象：在汽車的最終組裝前，準備的汽車零件在墨西哥和美國之間來回進出口很多次；美國和加拿大的購物者在這一國的邊境喝酒、購買廉價的免稅商品，然後回到另一國邊境的家中；明尼阿波利斯的電視信號在安大略省被盜取、轉播。要針對所有這些經濟活動制定明確的規則，足夠讓幾十個律師忙碌一輩子。再加上美國總統意志堅定

又不遵循常規，加劇了整個局面的困惑和混亂。因此，對於美國的一系列複雜問題和優先事項，我應用了黑石投資委員會的做事流程：詳細研究問題，然後回過頭來尋找幾個可以決定交易關鍵點的變量加以解決，以此達成相對公平的交易。但是，所謂的「公平性」，究竟是甚麼？

墨西哥財長路易斯和加拿大外長克里斯蒂亞經常給我打電話、發郵件，先跟我討論他們的想法，然後再與美國政府進行直接溝通。然而，到 2018 年夏天，三個國家陷入了僵局。美國總統已經與中國和歐洲發生了貿易摩擦，甚至在白宮內部，也有人擔心政府承擔的責任太大，一時開闢的戰場太多，會難以應付。

總統邀請我與他會面就現狀提出建議。我們確定在他白宮的私人住所會談。總統過來後，我告訴他，在我看來，美國正在與亞洲、歐洲和美洲產生多邊貿易爭端，以一敵眾，腹背受敵。美國經濟雖然重要，但也只佔全球經濟的 23%。假以時日，佔剩餘 77% 經濟體量的國家會想方設法團結起來，讓美國承受痛苦。

在思考如何推進總統的事務議程後，我建議美國應該達成一些協議，從最大的貿易條約《北美自由貿易協定》開始。《北美自由貿易協定》涉及我們的邊境國，無論過去幾個月曾經發表過哪些言論、採取過哪些行動，鄰國永遠是鄰國。如果美國同意與鄰國達成協議，就可以向全球其他國家表明，對於就貿

易協議展開重新談判，美國的態度是認真且鄭重的，美國不是一味地要把協議搞砸。隨着中期選舉的臨近，達成協議也可以作為總統履行競選承諾的有力證據，這將特別有利於中西部可能出現搖擺的自治州的中期選舉。

美國政府決定在某些關鍵問題上對墨西哥和加拿大採取不同的對策，再次啟動談判。美加關係和美墨關係不同，不能共用單一的經濟條款。因此，美國在 2018 年 8 月與墨西哥達成初步協議，協議內容包含汽車製造業。協議提高了北美生產的汽車零件的百分比，並要求提高工人的勞動標準。協議有效期為 16 年，每 6 年重新審查一次。剩下的就是加拿大了，加拿大政府正在努力在華盛頓建立聯盟，他們聯繫了國會、國防部、國務院，向白宮施加壓力。

為了促使兩國盡快達成協議，我幫助美國政府整理了雙方的關切和反對的框架。根據《北美自由貿易協定》，如果一個國家認為另一個國家在傾銷，則可向一個中立的專家小組提交仲裁。這個爭端解決機制被稱為第 19 章。加拿大人拒絕廢除這一條款。我問加拿大談判小組的一名成員，為甚麼加拿大的立場如此強硬。我得到的回答是，這個問題不僅僅是經濟問題，還是政治問題。加拿大是軟木木材的主要出口國，這種木材通常用於建築和傢具製造。美國指責加拿大向美國傾銷軟木，損害美國生產商的利益。但是，第 19 章的專家小組的裁定結果一直是支持加拿大。不僅如此，加拿大的大部分軟木木材來自

卑詩省。如果現任政府同意廢除第 19 章，那麼他們將在下次選舉中失去卑詩省，而如果他們失去卑詩省，自由黨就會失去執政權。如果就第 19 章做出讓步，那麼特魯多總理的政治生涯會就此結束。當加拿大把這一現實問題告知美國政府時，美國對達成協議如何做出讓步的看法發生了變化。

9 月的最後一週，世界各國領導人來到紐約參加聯合國大會，加拿大總理請我組織一次他與美國商界領袖的懇談會。此時，美加兩國的貿易談判再次陷於停滯。加拿大總理表示，加拿大無法再做出任何讓步，希望加速談判進程，盡快達成協議。但總統拒絕在聯合國大會上與加拿大總理舉行私人會晤，白宮悄無聲息。特魯多總理認為，與美國主要企業的 CEO 會面可能有助於加拿大更好地了解美國商業領域的關注重點，為他推進談判提供新方法、新思路。我們在黑石的會議室召開了這個會議。

之後，我和加拿大總理進行了私人會面。因為經常跟美國政府的高級官員溝通，我了解美國在所有問題上的優先事項和立場。我就如何成功談判、達成協議提出了自己的建議，並告訴他，美國政府希望加拿大政府把達成協議的底線和條件寫在紙面上。總理表示擔心一旦這些內容寫在紙上加拿大會陷於被動，美國會泄露這些信息，或以此作為對付加拿大的籌碼，加拿大將毫無退路。我告訴他：「我的謀生手段就是達成交易。現在已經是你當機立斷、結束糾結、擺脫困境的時候了。如

果你拒絕滿足美國的交易要求，那麼加拿大幾乎肯定會陷入衰退，而沒有政治家能在經濟衰退期間贏得連任。如果達成協議，那麼你至少還有機會繼續推進政治生涯、贏得勝利。」我敦促他提供一個書面的大綱：「毫無保留地闡述你們對乳製品的立場，盡可能做出最後的讓步，如果必須堅持，就以第 19 章和避免外資收購加拿大媒體的文化豁免條款為底線。把遺留的其他次要問題放到最後，簡要說明加拿大準備接受或不接受哪些條款。把大綱提交給美國政府，這次只遞照會，不打照面。」

我告訴他我當晚 5 點半要拜見總統，如果要達成任何協議，就需要在週日午夜前簽署。各方都清楚這一點。

總理坐在梳化上看着我，他表示這樣做很難，但他會照此行事。當晚我拜見總統時，總統再次對我與加方的討論表示肯定，他說我準確地描述了美國可以接受的條款。我打電話給加拿大政府，把總統的反應告知了他們。經過 48 小時的緊急協商和多方協調，最後，在星期五上午 10 點，加拿大向美國提交了書面提議。在週末的兩天，兩國就具體條款展開磋商。2018年 10 月 1 日星期一，總統宣佈了經修訂的《北美自由貿易協定》，這份協定被稱為《美國·墨西哥·加拿大協定》(USMCA)。

這些貿易談判是我經歷過的最複雜的談判。貿易摩擦將如何解決，我們只能靜待時日，只有時間才能給出答案。

# 5

## 識人，用人

　　當我和彼得創立黑石時，我們認為另類資產管理公司對優化機構投資者的投資策略至關重要。同時我們也打造了諮詢業務線，以此作為公司投資活動的有益補充，以期幫助公司平穩度過市場週期的起伏期。我們設計了公司的文化和組織架構，旨在確保公司的長期發展。我們希望黑石成為一家基業長青的金融機構。我們的業績表現越好，投資人讓我們管理的錢就越多。我們管理的資金越多，我們的創新能力就越強。我們可以擴大交易規模和業務範圍，吸引更多合適的人才對公司業務進行管理。

　　公司的成長帶來幾個至關重要的影響。首先，黑石可以做其他公司做不了的大額交易，因為只有我們才有執行能力。2015 年，通用電氣決定逐漸剝離旗下的金融公司 —— 通用電氣

金融服務公司。多年來，金融服務公司一直是通用電氣主要的利潤來源，但在金融危機期間遇到了麻煩。通用電氣希望脫離金融行業，回歸核心的工業業務。這時候，通用電氣需要向市場發出明確的信號：公司在認真考慮出售這家長期以來業績卓著、不可或缺的企業。通用電氣決定先出售金融服務公司規模龐大的房地產投資組合，包括美國的 26 個房產和 14 個其他國家的房產（主要是在法國、英國和西班牙）以及大部分抵押貸款業務。通用電氣希望能夠乾脆利索地完成這筆交易，然後着手進行更為實質性的工作，即為金融服務公司的其餘資產尋找競購者。他們打了一個電話 —— 只給黑石，讓我們提出報價。

通用電氣的房地產投資組合非常複雜，在短時間內進行分析和報價具有極大的工作難度，但最終我們為通用電氣管理層提供了比較符合他們理想的報價：我們以 230 億美元的價格一次性打包收購了金融服務公司的全部房地產組合。這是一筆雙贏的交易，他們得到了想要的價格，作為交易的另一方，我們直接獲得了一個非常優質的投資組合，而不是在跟其他人競爭的情況下，零零碎碎地收購這個組合。金融危機過後，黑石的實力依然強勁，所以帶來了這種不期而至的交易機會。

在股市，大額交易對業績表現不利。購買價值 100 萬美元的標準普爾 500 指數股票不會引發股價波動，但如果要購買 10 億美元的股票，交易完成前，股價就會走高。而在我們的世界，情況恰恰相反：隨着黑石基金的日益增長，我們的競爭對手卻

舉步維艱，我們的規模成為主要的優勢來源。我們發現買家和賣家都渴望與我們合作，而且只想跟我們合作。我們逐漸不再與其他私募股權公司一起參加競爭性拍賣，而是有能力更專注於交易雙方的價值。

2007 年，加拿大媒體湯姆森集團（Thomson）收購了新聞服務機構路透社，成立湯森路透（Thomson Reuters）。其金融與風險部門提供新聞、數據、分析工具和服務，幫助銀行和其他公司進行金融產品交易。但湯森路透很難與競爭對手彭博（Bloomberg）競爭。我們在 2013 年首次考慮了收購金融與風險業務的可能性。當時，這一業務雖具吸引力，但不太適合黑石。2016 年，金融與風險業務再次出現在黑石的偵察雷達上。我們負責私募股權的合夥人馬丁·布蘭德（Martin Brand）在其職業生涯早期曾從事外匯衍生品交易。他使用過湯森路透的產品，對其收購的可能性非常感興趣。

馬丁及其團隊認為市場對湯森路透存在誤解，覺得湯森路透與彭博不在同一檔次，只有用不起彭博的人，才會選擇湯森路透的服務。事實上，湯森路透更像一個融入周圍環境、不為世人所見的巨人，它體型巨大，價值非凡，能夠為公司、銀行和投資者提供政府債券和外匯交易服務及金融數據，堪稱市場領導者。但湯森路透還有很大的改進空間：成本太高、官僚作風盛行、銷售和市場營銷體系需要徹底改革。另外，湯森路透還有分割現有業務、打造獨立產品的機會，特別是外匯及衍生

品電子交易平台交易網，我們認為把這個平台單獨運營維護，可以產生更大的價值。

我們知道，金融與風險部門的經理團隊跟我們的想法一樣：轉為私營公司有利於公司更成功地運營。但對湯姆森集團而言，2007 年收購路透是一項重大決策。雖然金融與風險部門的運營並不及預期，但湯姆森公司及其董事會並不急於出售。如果要出售的話，就必須價格合適，條款誘人。

我們雙方花了 6 個月的時間才完成了盡職調查，起草了200 億美元的交易大綱。我們保持了獨家買方的身份，避免走公開拍賣的流程。

黑石憑藉聲譽和規模，贏得了湯森路透董事會的高度信任。我們決定，報價金額為金融與風險業務現值的 85%，以此換取 55% 的股份。湯森路透的業務出售所得幾乎全是現金，其還將保留近一半的股份，從業務未來的增長中分一杯羹。黑石及其共同投資人加拿大退休金計劃投資委員會和新加坡主權財富基金新加坡政府投資公司將成為新的大股東，黑石集團持有運營控制權。這種安排將是一種戰略夥伴關係，而不是直接出售，因而無須股東投票。

湯森路透董事會覺得這個創意不錯。但他們給黑石佈置了一個作業：黑石需要與路透的新聞報道核心部門路透新聞達成協議。1941 年，在第二次世界大戰期間，路透社起草了一套「信任原則」，以確保其不受政治宣傳影響，保持新聞獨立性。

這五項原則中的第一項規定：「路透社絕不會落入任何一個利益、團體或派系的手中。」1984 年，在上市之際，路透社成立了一個特別的董事會來保護和執行信任原則，成員包括法官、外交官、政治家、記者和商人。合併後的湯森路透保留了這個董事會。雖然信任原則仍然適用於路透新聞，但似乎並不適合我們正在收購的獨立的金融與風險部門。

我們提出了一項安排：在未來 30 年內，金融與風險部門將每年向路透新聞部門支付 3 億多美元，以此換取在終端使用新聞服務的權利。新聞部門將在未來幾十年獲得穩定的財務收入保證，這在現代媒體業中是相當罕見的。作為交換條件，我們收購的金融與風險部門將獲得運營獨立性。我們把這一業務重新命名為路孚特（Refinitiv）。

我們最終在 2018 年初宣佈了這筆交易。2019 年 4 月，交易網作為一家獨立公司在納斯達克上市。在首個交易日結束時，交易網的市值就飆升至 80 億美元。公司釋放了巨大的價值，也無可置辯地驗證了我們投資的科學性。當然，路孚特的其餘業務還有待改善。

————————

2018 年，黑石還有另一項事關發展大局的重要事件：托尼・詹姆斯繼任者的選任。當托尼於 2002 年加入黑石時，他

告訴我，他會在接近 70 歲時選擇退休。2016 年，65 歲的他一如既往地參與黑石業務的各個方面，開發新計劃，指導公司的年輕人。他對黑石的貢獻不可估量、無可比擬。但他言出必行，此時，他已經開始研究討論繼承人的問題。跟以前一樣，我還會繼續擔任董事長兼 CEO，托尼將繼續擔任執行副董事長。但我們需要一位新總裁兼首席運營官來管理黑石的日常業務。

資產管理公司對人才隊伍和行業特點的依賴度非常高，因此掌門人的接班往往會成為致命事件，影響公司的生死存亡。上一代管理團隊掌權太久，下一代人會倦於漫長的等待，變得心灰意懶，不思進取，公司的發展會因此失去動力，而恢復公司發展勢頭總是比維持勢頭更難。因此，如果領導團體不希望出現倦怠情緒，那麼在公司的動力、智力和競爭力尚未達到頂峰時，就要着手進行接班人的培養，以確保活力和動力永續不竭。

從 2013 年開始，托尼開始讓喬恩‧格雷參與涉及整個公司業務的管理層討論。喬恩在芝加哥長大，他父親在當地經營一家小型汽車零部件製造企業，他的母親則管理一家餐飲服務公司。喬恩上了公立學校，對籃球運動懷有極大的熱情。出於對籃球的熱愛，他在高中的一個賽季中，一直坐在替補席上，從頭到尾見證了自己的球隊獲得 1 負 23 勝的成績。這一經歷是他重要的人生課程，讓他明白了效忠團隊、保持謙卑的重要性，也學會了帶着幽默感待人接物。他於 1992 年加入黑石。

那一年，他從賓夕凡尼亞大學畢業，獲得英語學士學位並拿到沃頓商學院金融學士學位，拿到了黑石的工作邀約，並在一堂浪漫主義詩歌課上遇到了他後來的妻子明迪（Mindy）。從那以後，他就一直在黑石工作，也一直跟自己的妻子生活在一起。

喬恩成長於美國中西部的中產階級家庭，在他職業生涯的早期，他的性格和價值觀表現得非常明顯。有一次，還是一名初級分析師的他與高級合夥人進行了激烈爭論，討論的問題是我們在特定交易中向律師和經紀人支付的費用。他問道：「為甚麼我們要剝削這些傢伙呢？我們一直與他們合作，未來幾年還會有更多的合作。為甚麼不好好對待他們呢？」雖然華爾街過去一直採取這種方式，但並不意味着以後也得這樣。喬恩從長期角度思考問題，關心自己的關係和公司的聲譽。

喬恩喜歡房地產行業，因為我們購買的房產都是看得見、摸得着的實物。約翰·施賴伯給喬恩的成長提供了極有價值的指導。當喬恩在 2005 年接管黑石房地產業務時，這一板塊的管理規模是 50 億美元。在接下來的幾年裡，喬恩不斷擴大管理規模，開展了一系列整個行業的交易：2007 年的 EOP，其次是希爾頓，然後是邀請家園。2015 年，他的團隊收購了紐約的施托伊弗桑特小鎮。這是一塊佔地 85 公頃的住宅區，需要與債券持有人、租戶和紐約市政府進行複雜的談判。這筆交易對於紐約市和紐約州都非常重要。黑石主動提出在一萬套住房中，長期留出一半住房作為經濟適用房，以此支持紐約市的經

濟適用房建設工作。

　　一旦喬恩對某個事項充滿信心，他就能清楚而準確地預測到事件的過程和結果，並據此精心設計實施方案，確定行動目標，然後全力衝刺，把目標變為現實。例如，他認為網上購物將帶來倉庫需求的爆發，於是幾年內，黑石所持的倉庫面積總量在全球排到了第二位。到 2018 年，喬恩的房地產團隊已為投資人賺取了 830 億美元的回報，他們管理着 1360 億美元的投資人資本以及超過 2500 億美元的建築和房地產業務。房地產現在是黑石最大的業務板塊。作為投資人，喬恩的業績紀錄極為出色，幾乎沒有損失，這是他在黑石步步高升的基礎。但我們選擇他領導公司，不僅僅因為他投資業績出色。

　　喬恩加入黑石管理委員會已經有很長一段時間，所以我能觀察到他在面對公司的許多複雜問題時是如何思考的。喬恩的情緒總是非常平和，他渴望得知新的事實，對自己的判斷充滿信心。在經濟衰退期間，他建議我進一步加大對希爾頓的股權投入。考慮到經濟衰退的長度和深度，他認為增加 8 億美元的投資是審慎的做法。他的態度非常堅定。他是在保護這筆交易，保護希爾頓公司，所以考慮得很長遠。而我查看了相關數據，覺得我們的投入已經足夠了。旅遊市場很快就會復蘇，我們有足夠的現金償還債務。增加股權投入會降低我們的回報率，我覺得沒有必要。雖然我們兩個意見相左，但黑石最終還是按照他提出的建議進行了投資。他在各種利益之間取得平

衡，因此我對他表示尊重。這正是掌權之人正確的思考模式。

　　通過觀察他在金融危機時的表現，我注意到，問題越難，他看起來就越平靜。當其他人感到畏懼時，他會反對因畏懼而形成的共識，進而選擇進行投資。如果必須要進行艱難的溝通，他就會去溝通。在承受壓力的時候，他總是主動站出來。他每天都從自己的公寓步行幾公里去公司，也努力保持團隊的愉悅情緒和奮鬥動力，即使在市場最低谷時，也是如此。在金融這個高度緊張、競爭激烈的行業，他誠信正直、謙遜有禮，充滿個人魅力，受到各方的青睞和喜愛。

　　由此，我們決定由喬恩接替托尼。這個決定做出後，我們就開始讓他參與公司最敏感領域的事務討論，從黑石不同業務線相關的戰略問題，到薪酬和其他人事問題。他與托尼並肩作戰，了解到公司每個人的薪酬水平及其原因。在托尼的指導下，他了解到了公司管理所需的技能，學會了如何將我們的人才和智力資本應用於未來的機會當中。

　　到 2018 年 2 月，當我們宣佈了黑石的領導層變更計劃時，喬恩與托尼共同掌舵已有一年多的時間。托尼決定親自解決管理方面的所有遺留問題，這樣喬恩可以輕裝上陣，重新開始。我們給公司全體成員灌輸了這樣一個觀念：喬恩的繼任是瓜熟蒂落、水到渠成的事情。我們非常關注相關人士的想法和感受，經過種種努力，並沒有人因為喬恩的繼任而感到不滿。大家都感覺，他的繼任是公司發展的自然結果，也是必然選擇。

像這種如此平穩的交接在我們的行業實屬罕見。

　　任何一個組織在任命一位新的領導人後，很多人的職位都會出現調整。喬恩並不是自己那一代年輕分析師中唯一的領導者，他們當中很多人都已經成長為公司的繼承人和企業文化的傳承者。幾年前，當黑石需要新的私募股權業務負責人時，我們向合夥人團隊徵求意見。大多數合夥人都毛遂自薦，但同時，幾乎每個人推薦的第二人選都一樣：喬・巴拉塔。

　　喬・巴拉塔是在 1997 年加入了黑石，但他給我留下極深的印象是在 2004 年。我訪問倫敦的時候，他要求見我，我知道他是想成為合夥人。我去了他的辦公室。辦公室極小，訪客起身後，坐的椅子就會撞到後面的牆。他 34 歲，我認為做合夥人他還太年輕，但我還是讓他闡述自己的想法。他介紹了自己完成的交易，並將他的工作與自己的同輩做了比較。「我愛這家公司。」他告訴我，「你知道，我幫助公司從無到有打造了這個業務。」

　　我去見喬・巴拉塔是出於禮貌，並沒有計劃提拔他，因為此舉肯定會在資深員工中引發爭議。但他的發言客觀清晰、飽含激情，我開始改變主意了。他在向我進行推銷，推銷的內容就是自己的晉升。

　　我一邊聽他講，一邊想到了自己在雷曼兄弟的掙扎——我在雷曼兄弟晉升合夥人於情於理都應該較早敲定，卻被推遲了一年。我依然記得被拒絕的感覺，也知道，在我職業生涯的那

個時間節點，合夥人的頭銜對個人而言是非常重要的。當我們創立黑石時，我曾許下承諾，要打造一個與眾不同的公司，讓員工隊伍充滿生機、人才輩出。

喬‧巴拉塔說服了我。自此以後，他的交易一直是黑石所有私募股權基金的核心交易。喬‧巴拉塔在加利福尼亞長大，他的父親經營和管理了一間小型連鎖健身房。由於從小耳濡目染，他本能地了解我們收購公司的經營者的處境和感受。同時，他也獲得了我們專業投資人的信任和最強有力競爭對手的尊重。他是一位天生的老師和導師，從分析師到高級合夥人，每個人在遇到問題時，都會向他求助或求教。

2019 年，距離當年在他的狹窄辦公室進行談話已經過去15 年的時間，喬籌集了全球最大的一隻私募基金 —— 黑石資本合夥人 VIII，擁有 260 億美元的承諾資本，創下了行業紀錄。這隻基金是黑石首隻私募股權基金規模的 30 倍以上 —— 1987年，我和彼得為了募資四處奔走，而現在，我已經不用再親自向投資人進行演示和推介了，一次也不用。喬‧巴拉塔和我們出色的團隊做到了這一切。對我來說，這是一個引以為豪的時刻。

———————

房地產是黑石最大的業務板塊，喬恩升職後，我們任命兩

個人來負責全球房地產業務的管理：肯‧卡普蘭（Ken Caplan）負責投資監管，凱瑟琳‧麥卡錫（Kathleen McCarthy）負責籌資和運營的管理。肯‧卡普蘭於 1997 年加入黑石，此後一直在黑石發展，他與喬恩一起完成了黑石很多規模極大的房地產交易。2010 年，凱瑟琳離開高盛，加入我們。她既有領導力，又有親和力，時刻準備迎接最嚴峻的挑戰。

　　每當我們提拔員工擔任黑石的高級職務時，我都會親自向他們表示祝賀，與他們就新崗位的職責進行交流。我跟凱瑟琳也進行了類似的談話。她首先問我，黑石是如何保持創業精神的。我告訴她，訣竅是找到了很棒的人，讓他們有機會把自己的專長發揮到極致。我們會通過反覆磨礪來提高能力水平，通過自我革新來保持領先優勢。我們還圍繞繼承職位、提拔職務問題討論了大家的情感感受。當有人升職時，不同的人會有不同的感受：那些晉升的人可能會為自己的成功感到自豪，但也可能因為新的職責而感到焦慮；而沒有得到晉升的人會認為自己本應得到提升卻因故機會旁落，因而心生怨懟；有些人會因為擁有一位新領導而感到興奮，有些人卻會因為擔心改變現狀而感到沮喪不安。

　　在出人意料的時間點，這些不同的感受會以不同尋常的方式帶來影響。了解並理解這些感受，對影響加以管理，這個技能對任何領導者的成功都至關重要。類似的管理經驗和教訓只能從自身經歷中學到。每一年，在新晉分析師入職的第一天，

我都會發表講話，同時，我也會給擔任高級職務的人傳遞同樣的信息：你並不是在孤軍奮戰，所以無須獨自承受一切。每個人都曾在黑石做出過艱難的決定，你眼前的新問題，黑石其他人可能已經遇到過了。所以，當你遇到困難時，請求支援是最好的辦法，是解決問題的捷徑。我們以團隊為單位共同決策，共同承擔後果。最大業務板塊的主管是這樣，初級的員工也是如此。

最後，我提醒凱瑟琳：「你之所以晉升，是因為你的工作完成得極為出色。你擁有成功的天賦，無論是個人資質，還是專業技能，都能取得長足的進步，我對你有百分之百的信心。」下屬需要知道你非常欣賞他們，你也需要讓他們自我感覺良好，這一點非常重要，因為自信是出色表現的基礎。

要成為一名優秀的經理人，就要保持開放心態，坦然直面和接受一切，無論是好還是壞。當我們研究黑石的下一批合夥人時，我會跟所有候選人員進行交流，討論他們取得的成就、公司對此的評價，然後互相提問。一旦做出決定，我就會打電話給所有已經成為合夥人的人，以及那些沒有成為合夥人的人。我告訴每個人我對他們的評價，說明他們的能力、潛力，以及我認為我們可以在黑石共同開創的業務。這種開放性交流方式造就了黑石的凝聚力。我認為，打造一個強有力的組織，就應該採取這種方式。

2018 年，我們還變更了 GSO 資本合作夥伴和黑石另類

資產管理公司這兩大業務板塊的領導人，德懷特・斯科特（Dwight Scott）被任命為 GSO 的負責人，約翰・麥考密克（John McCormick）被任命為黑石另類資產管理公司的負責人。這兩項業務正在飛速增長，他們將幫助黑石進行管理。在黑石董事會中，也有年輕高管負責主要業務的管理，他們的業績紀錄令人印象深刻，且未來還有幾十年的時間能夠繼續成就大事。

———————

隨着時間的推移，我們也注意提升黑石的專業化程度，以確保公司卓越的發展不會違反法規或損害我們的聲譽。我們非常幸運地從長期合作的盛信律師事務所聘請了約翰・芬利（John Finley）擔任黑石的法律總顧問。他深入參與公司的日常決策，其本人擁有一項最重要的法律技能：良好的判斷力。邁克爾・蔡（Michael Chae）在職業生涯早期加入黑石，在成為黑石首席財務官之前，他是負責亞洲業務的頂級私募股權合夥人之一。他對公司業務了如指掌，因此可以確保黑石的財務規劃滴水不漏、資金控制無懈可擊。我們還聘請了尼爾森控股公司（Nielson Holdings）前 CEO、通用電氣前副董事長戴維・卡爾霍恩（David Calhoun）來領導黑石的投資組合運營團隊，推動黑石不斷創造價值。

每個上市公司都需要確保對外活動像公司內部治理一樣井

然有序。托尼從帝傑證券公司招募了一位前合夥人瓊‧索羅塔
(Joan Solotar) 來負責股東關係。瓊還負責管理黑石為小額投資
人提供的私人財富解決方案業務。克里斯汀‧安德森 (Christine
Anderson) 負責黑石的公共關係、品牌、營銷和內部溝通職能
部門。她是公司的主要發言人,職責是確保新聞媒體和公眾了
解我們的工作、動機以及對社會的貢獻。

　　我們管理委員會的成員平均在黑石工作了 18 年的時間,
高級董事總經理的平均任期為 10 年。這種在崗時長在金融業
非常罕見。這些長期服務於公司發展的領導團隊不僅建立了黑
石的業務,也打造了黑石的文化,他們將成為黑石未來最可靠
的守護者。

# 6

## 使命

　　我毫不懷疑，如果沒有耶魯，我的生活將永遠不會像現在這樣。長期以來，我一直與耶魯大學的校長保持聯繫，也在一直想辦法回饋這個我生命中最重要的機構之一。2014 年，我終於找到了合適的機會。我在 1997 年第一次跟耶魯大學校長理查德・萊溫（Rick Levin）討論大食堂的翻新問題。大食堂位於校園中心，像一個大的洞穴。我在大學一年級的時候每天都在那裡吃飯。我至今還清楚地記得餐廳裡冰冷潮濕的空氣和幾百個年輕人用餐的聲音，他們盤子和餐具的叮噹聲在巨大的穹頂下迴蕩。

　　2014 年，萊溫之後的下一任校長彼得・薩洛維（Peter Salovey）表示，耶魯急需加強對校園生活中心的建設。耶魯校園生活的凝聚力正在下降，兄弟會的飲酒現象和隨之而來的錯

誤決定也越來越多。三個學生政府組織給彼得寫信，請求他打造一個「可以覆蓋全校的學生中心，跨越本科生、研究生和專業學校學生之間的界限」，並「鼓勵耶魯學生參與有活力、有意義、有包容性的社會活動」。

我一直覺得大食堂的功能不應只局限於用餐。大食堂位於耶魯的中心，如果我們能把這裡改造成為一個全天 24 小時開放的地方，那麼會帶來甚麼影響？可以在這裡配備會議室和其他空間，供學生學習、社交、排練和會面使用。還有個更好的方案，就是對設施進行現代化改造，提供表演藝術和文化活動場所，為學生提供除兄弟會和其他校外社交活動以外的選擇。如果在我讀本科的時候就有這樣的地方，那麼我會非常喜歡。

在大食堂的翻新過程中，我抓住了一個難得的機會打造了一個全新的模式，從而將我的方案變成了現實：把學生會和文化表演藝術中心結合起來，建造一個施瓦茨曼中心，讓耶魯大學的校園改頭換面、煥然一新。根據工期，耶魯大學施瓦茨曼中心將於 2020 年開業，屆時，中心將徹底改變耶魯學生的生活和文化活動的標準。中心擁有 5 個最先進的表演場館，耶魯學生能夠在這裡接觸到以前從未有過的一系列文化活動，豐富他們的經歷，激發新對話和新思維，帶來創造性和可能性。

我在與耶魯的合作中體會到，即使是最古老的教育機構，也可以在新的眼界、新的角度中得到裨益、受到啟迪，他們可以重新思考隨着時代的變遷，教育的內涵、目標和可能性應該

如何改變。

2016 年，我還在打造蘇世民學者項目時，有幸在達沃斯見到了麻省理工學院第 17 任校長拉斐爾·里夫（Rafael Reif）。

「我對麻省理工學院知之甚少。」我告訴他。我和彼得上次的麻省理工學院之旅距今已有 30 年的時間，當時學校的捐贈基金管理團隊沒有在約定時間出現，後來我也一直沒有機會再去這所高校。

「一般人都不會太了解。我們喜歡在雷達下方飛行，比較低調。」他說。

「要是這麼說，我就是個喜歡住在雷達上面的人。」

雖然我們性格迥異，卻成了很好的朋友。拉斐爾出生於委內瑞拉，在史丹福大學獲得電氣工程博士學位，並在麻省理工學院度過了大部分職業生涯。他對很多事物有着極強的理解力，是天生的領導者。我們後來聊過很多次，我每次都被他預想未來的能力折服，他能看到我們在技術、經濟、政治和深刻的人文方面將走向何方。他認為，人工智能和其他新計算技術的進步將對人類發展和美國競爭力產生廣泛影響，而我們亟須預測和應對這種影響。這一信息讓我產生了心靈的震撼。

我們討論了中國的崛起以及美國優秀研究型大學在推動創新方面所發揮的作用，這些創新對經濟繁榮和國家安全來說至關重要。自麻省理工學院於 1861 年成立以來，其教師團隊、研究人員和校友已經贏得了 93 個諾貝爾獎和 25 個圖靈獎（圖

靈獎專門獎勵在計算領域做出貢獻的個人）。長期以來，他們一直引領着全球科學創新——防空和導彈制導系統，到人類基因組測序，不一而足。麻省理工學院周圍的幾個街區集中了大量公共和私人實驗室、初創企業和企業研究中心，被稱為世界上最具創新性的一平方英里。

然而拉斐爾告訴我，雖然 40% 的麻省理工學院學生修讀了計算機科學課程，但只有 7% 的麻省理工學院的教師專攻這一課程。美國所有大學的情況都是如此，有的大學甚至更糟。每個人都明白需要加強對計算機科學的投資，但幾乎沒有人採取甚麼行動。美國在科學、技術、工程和數學領域的人才儲備非常出色，但沒有足夠的資源來充分發揮其潛力。

我向拉斐爾建議，如果我們要讓美國更具競爭力，首先就應該嘗試解決供需匹配的基本問題。他的第一個提議是在麻省理工學院擴展計算機科學的覆蓋範圍，這個提議雖然實用，但似乎影響力不足。我讓他提出一個更宏大的構想。大約一個月後，他帶着新想法回來找我：麻省理工學院將創建一所新學院，致力於人工智能和計算的研究，並與大學的其他學院相連。這是麻省理工學院自 1951 年以來首次建立新學院。學院將設置 50 個新的教師職位，一半是計算機科學教職，與麻省理工學院中其他學院的教職共同任命，這會把麻省理工學院的計算機科學家數量增加一倍。新學院會賦予每位教授、研究人員和學生學習、練習和使用人工智能語言的能力，無論他們的

專業是工程學、城市研究、政治學還是哲學。正如拉斐爾所言，他們將成為「未來的雙語者」，能夠熟練掌握人工智能和他們自己的專業學科，無論是不是理工科。

創新不是學院的唯一目標。我們還希望教育學生如何負責任地進行人工智能和計算技術的開發和應用。學院將提供新的課程和研究機會，不定期舉辦論壇，邀請來自全國商業、政府、學術界和新聞界的領袖，共同審查人工智能和機器學習的預期成果，並對人工智能倫理相關政策的制定產生影響。在此過程中，我們設計了一個架構，以確保這些突破性技術在未來能得到負責任的實施，造福更廣大的群體。

由於這些變化，麻省理工學院將成為全球首個人工智能賦能的大學，這也會引起其他機構的關注，他們會制定增加相關投資的策略。對人工智能研發進行投資的大學越多，美國就越能保持在技術創新和專業知識的最前沿地位，並能夠培養更多的未來勞動力，確保美國人民的利益和福祉安全。

拉斐爾提出了 11 億美元的預算，這個數字大得驚人，但與我們的宏偉目標相符。我承諾提供一份錨點禮物 —— 這是我迄今為止最大的慈善捐贈承諾，是蘇世民學者項目的三倍以上，然後我要求麻省理工學院投入相同額度的資金。我們於 2018 年 10 月 15 日宣佈成立麻省理工學院史蒂芬．A. 施瓦茨曼計算科學學院。

麻省理工學院的計劃宣佈不久，就在美國和全球各地引發強烈反響。我個人收到的積極回應完全超乎想像，這也讓我進

一步確信，我們理念的推出恰如其分、恰逢其時，得到了各行各業的支援和支持。許多人表示，人工智能和美國競爭力這一主題一直在他們的腦海之中縈繞，但他們不知道能做甚麼、該做甚麼。很多大學的校長希望與我會面，討論所在高校的人工智能能力和相關道德問題。我甚至開始接到民主黨和共和黨打來的電話，討論為美國國家人工智能發展規劃提供資金等事項。

谷歌前 CEO 兼執行主席埃里克・施密特（Eric Schmidt）預測，我的禮物將成為這個時代最重要的禮物之一，將帶動其他個人和機構對計算機科學領域提供數十億美元的額外投資。果不其然，自麻省理工學院新學院宣佈成立以來，已經有幾所大學宣佈了類似的計劃。經過各方共同努力，人工智能這一話題的受關注程度、討論熱度和發展勢頭都有所增加，我真誠地希望這只是一個開始。

韓國 IT 設備製造公司大德電子的創始人兼董事長金正植決定向其母校首爾大學捐贈 5000 萬美元，用於推進人工智能研究。他的兒子金英宰寫信給我：「您可能會驚訝地發現，您對人工智能等變革性新技術對人類和社會影響的看法，即使在地球的另一邊，也有人表示贊同。」

我一邊在跟拉斐爾討論在麻省理工學院成立新學院的事宜，另一邊在推進牛津大學的捐贈工作。我的捐贈是牛津大學自文藝復興以來收到的最大單筆捐贈。我沒有在牛津讀過書，但在十幾歲時曾經去這所學校參觀。時至今日，我還記得

那裡濃厚的歷史感，翠綠的草坪和百年學院的金砂岩交相呼應，形成對比，令我深深震撼。近一千年來，牛津大學一直是西方文明的核心，所以當大學副校長露易絲·理查森（Louise Richardson）向我介紹新項目時，我非常感興趣。她計劃打造一個綜合空間，把目前在牛津大學校園內的所有人文學科聯合起來。我覺得這個項目跟我們在耶魯大學和麻省理工學院所做的事情很像：打造一個環境，鼓勵跨學科研究、學習和思考，面向未來，重新定位人文課程。

經過與露易絲的多次交談，我們商定進一步擴大施瓦茨曼人文中心的建設規模，同時也設定了更加宏偉的發展目標。牛津近 200 年來最重要的地點是歷史悠久的拉德克利夫天文台區，施瓦茨曼人文中心將坐落於天文台區中心的一座新建築中，那裡將擁有最先進的學術和展覽設施，並配備一個全新的表演藝術中心。整個中心還將設有廣播中心和遊客設施，這有助於牛津面向當地和全球社區的開放，擴大其學習和文化項目的輻射面和影響力。

長期以來，在人文科學方面牛津一直名列世界第一。但隨着科學和技術的加速發展，特別是可以複製人類智能的機器的問世，相繼滋生了一系列全新的道德、哲學和倫理問題。這時，我們需要思考，這些問題的出現對人類來說意味着甚麼，我們希望自己的技術反映甚麼樣的價值觀。因此，在施瓦茨曼人文中心的項目中，我們將設置專門研究人工智能倫理學的研究

所。自此以後，牛津將為研究西方文化提供無與倫比的資源，必將成為引領人文學科研究、發展和應用的不二之所，也必將是引導圍繞社會未來面臨的重大挑戰而開展討論的一面旗幟。

當我們在 2019 年 6 月宣佈這個捐贈計劃時，恰逢英國政治環境極不穩定的時期——脫歐未見結果，保守黨派領導人選舉正在進行中。由於新聞報道的風向不定，所以我們很難預測這個計劃的宣佈將帶來怎樣的媒體反應。在消息發佈的前一天，我花了幾個小時的時間，跟各個媒體的記者一起提前錄製專訪，解釋捐贈的動機，強調牛津大學可以利用其在人文科學方面的專業知識，幫助政府、媒體、各類公司和組織制定負責任的引入人工智能技術的框架政策，這一點非常重要。超負荷運轉讓我感到筋疲力盡，但記者們卻態度友好、興致勃勃，他們都非常關注這筆在英國歷史上規模空前的巨額慈善捐款。

在消息發佈的前一天晚上 11 點左右，我收到了我的團隊發來的電子郵件。英國《金融時報》剛剛在推特上發佈了第二天的報紙封面。我點擊鏈接，發現我的照片赫然放在牛津校園的背景上，標題是：《1.5 億英鎊的捐贈，創牛津歷史紀錄》（*£150m gift is Oxford record*）。這一事件將成為這家報紙頭版的頭條新聞。

第二天，黑石給牛津大學捐贈的消息像旋風一樣橫掃了各大英國主流媒體的要聞頭條。我還在幾個主要的新聞網絡上接受了電視採訪，包括 BBC、彭博、CNBC、CNN 和 FOX。發佈

會當天我了解到，2017—2018 年，英國藝術和文化領域獲得的捐贈總額為 3.1 億英鎊，而我的這筆捐贈相當於這期間英國受贈總額的一半。難怪媒體如此大張旗鼓地報道。這份捐贈引起了英國舉國上下的關注，並引發各界的熱烈討論：伴隨着政府對教育和文化資助的減少，慈善事業在英國應該發揮怎樣的作用。像麻省理工學院項目一樣，我收到了來自世界各地的朋友和熟人的致意，他們紛紛對捐贈的重要性表示認可。很多人認為，這一捐贈將帶來長期影響，是對英國未來投出的一張信任票。還有些人表示，在科技投資大幅增長的今天，此次捐贈是對人文科學地位的再次認可，此舉非常值得讚賞。

面對種種鼓勵和強烈反響，我不禁想像，如果牛津大學的優秀學生與麻省理工學院、清華大學、耶魯大學和其他各類大學的學生一起合作、分享知識、跨學科思考問題，那將會是怎樣的情形？在一個瞬息萬變、日新月異的世界中，這種跨機構的全球合作很有可能是確保我們人類未來安全和繁榮的唯一途徑。

我一直認為，教育是通往更加美好生活的階梯。良好的教育可以改善受教育者的人生。我們每個人不僅有責任學習和傳承知識，還有責任改進和發展知識，讓知識對後代更有用、更有影響力。我希望自己多年來所有的捐獻，無論是對高等教育、天主教學校系統、我在費城的高中的，還是對美國田徑隊的，都可以幫助未來數代人追求冥冥之志、獲得昭昭之明、成就赫赫之功 —— 不管他們從事的是哪一個行業！

# 7

## 結　語

　　波士頓正值冬季，早上 5 點半，我離開酒店前往麻省理工學院的校園。從車窗看出去，外面一片漆黑，烏雲籠罩，雪花飄落。我暗自發笑，心想：「還好，至少不是在下雨。」我和校長拉斐爾定於早上 6 點左右參加 CNBC 的早間財經節目「Squawk Box」，接受現場採訪。麻省理工學院史蒂芬‧A. 施瓦茨曼計算科學學院的啟動活動為期三天，這是第三天的第一站。CNBC 會全天跟蹤報道這個事件，並在全球各地進行直播。我於 2018 年 10 月向麻省理工學院提供贈款，距今已有 4 個月的時間了，但全世界對麻省理工學院所開展的活動的關注度有增無減。

　　採訪結束後，我去了克雷斯吉禮堂，當天的慶祝活動即將開始。我的妻子、孩子及他們的配偶都來到了波士頓，與我共同慶祝新學院的啟動。30 多位著名的技術專家和公眾人物將

參加一系列簡短的會談和小組討論，共同探討新學院成立的深刻背景、重大意義和新學院所要追求的前沿目標。

在啟動儀式上，馬薩諸塞州州長查理·貝克（Charlie Baker）首先發表演講，強調了負責任的創新對於社會利益的重要性。接着，萬維網的發明者蒂姆·伯納斯·李爵士（Sir Tim Berners-Lee）談到了早期互聯網的烏托邦承諾，以及隨之而來的失望。隨後，美國前國務卿亨利·基辛格警告説，以不受控制的方式運用人工智能，具有很大的危險性。演講嘉賓依次談到了可能出現的種種變化，這些變化將會影響深遠並且無處不在。像大多數觀眾一樣，我對嘉賓的知識儲備、深刻觀察和思考以及無限的好奇心深感驚訝。同樣讓我感到驚訝的，是每個科學家對新學院的成立都充滿感激之情，並寄予厚望，他們認為這個學院將為麻省理工學院和全世界做出不可替代的貢獻。整整一天，禮堂裡群情振奮、氣氛熱烈，大家熱情洋溢地暢談未來、暢談希望。那場面真是熱鬧非凡，無可比擬。

麻省理工學院非同尋常的一天即將結束，我和拉斐爾共同登台，和 CNBC 的早間財經節目和週播財經新聞節目「On the Money」的共同主持人貝基·奎克（Becky Quick）一起討論對未來計算機發展的願景。我們介紹了新學院的成立過程和未來目標，談得很盡興，觀眾聽得也很開心，不時爆發出陣陣笑聲。我們在台上融洽和諧的互動在某種程度上完美地反映了學院的使命——一位非技術專家和一位科學家共同努力，為解決前沿

科學問題提供一個平台，探索可能的方案，以此推動世界向前發展。

　　我們在熱烈的掌聲中離開講台，拉斐爾側身說：「啊，我在麻省理工學院快 30 年了，還是第一次見到這樣的情景。」

　　「第一次見甚麼樣的情景？」我問。

　　「大家長時間起立鼓掌。」

　　的確，我 1987 年第一次去麻省理工學院的遭遇跟這次可謂有雲泥之別。

────────

　　就是在我第一次去麻省理工學院募資的前一年，我創立了黑石，那一年我 38 歲。從此以後，我覺得時間是靜止的，永遠停在了 38 歲——和往常一樣，我依然每天睡 5 個小時，而且讓人慶幸的是，我依然擁有無窮無盡的能量和不減不衰的動力，一如既往地去參加新的活動、應對新的挑戰。我不想放慢速度，更不想停下來。父母的離世更激發了我創造新事物、完成新創舉、成就新業績的願望。雖然我失去了父母，但幸運的是我有 2 個出色的孩子，還有我的繼女和 7 個美麗的孫兒孫女，我喜歡和他們共度時光，盡享天倫之樂。

　　從費城的牛津圓環廣場至今，我經歷了漫長的人生之旅，這段曲折離奇、斑斕多姿的旅程出乎所有人的意料，甚至連我

自己都不曾預想。從自己的成功和失敗中，我學到了豐富的關於領導力和人際關係的經驗教訓，也學會了如何追求和成就有目標、有影響力的多彩人生。

今天，黑石正在其第三代領導人的手中蓬勃發展、蒸蒸日上。黑石的文化比以往更強大完備、深入人心，我們聘用的 10 分人才又聘用了其他 10 分人才，精英管理體制得以加強、完善和傳承，黑石也因此成了世界上最知名、最受尊敬的金融公司之一。1985 年，公司的啟動資金僅為 40 萬美元，而到 2019 年，公司已經成長為一家資產管理規模超過 5000 億美元的公司，年均增長率達 50% 左右。黑石今天的業務規模令人難以置信——我們在約 200 家公司擁有股權，這些公司的員工數量超過 50 萬人，總體營業收入超過 1000 億美元；我們的房地產價值超過 2500 億美元，還開展了槓桿信貸、對沖基金和其他市場領先的業務活動。過去三十餘年，黑石打造了強大的全球品牌，積極履職盡責，獲得了令人信服、持續穩定的投資業績表現，贏得了幾乎所有投資黑石資產類別的主要機構投資者的信心和信任。

但是，剝開公司的規模、增長和外部讚譽等這些表面的東西之後，我看到的更是一家體現了我努力鑄造、灌輸和傳承的核心價值觀的公司。建立和傳播強大的公司文化既是企業發展的應有之義、必要之舉，也可能是任何企業家和創始人所面臨的最大挑戰之一，但如果能找到正確的方法，打造企業文化也是最令人心滿意足的事情之一。我對我們建立的公司感到無比

自豪，每一天，當我看到黑石終身學習不息、永遠追求卓越和不斷奮勉創新的企業文化變成實實在在的行動時，我就知道，黑石最好的時刻尚未來臨。

政治活動和慈善活動也同樣讓我心嚮往之、樂在其中。我願意參與新模式的創造，也因此成為美國和全球諸多事關經濟發展進程中風譎雲詭、激蕩人心的事件的核心人士。最近，我參與了美國與墨西哥和加拿大新的貿易協定的談判，我在中美貿易談判中也參與了兩年半的時間，極力推動中國與美國達成重要的貿易協定。這是為國服務的不同尋常的機會，在兩方面的談判中，我都運用了自己相關各方相互信任的關係，打了無數次電話，安排了無數次會議，推進其他國家對美國立場的理解。

我的多重世界越大，它們彼此之間的重疊之處似乎就越多。我一生都在傾聽他人，積極打造人際網絡，不斷詢問他人我能為其提供何種幫助，總想為他人做些甚麼，盡一份社會責任。因此，有很多最具挑戰性的事項、最佳的項目創意呈現在我的面前。在政治和慈善事業領域，我有幸構思設計許多非同凡響的項目，並推動項目從概念變為現實，創建了將影響未來幾代人的機構。

————

現在每年的夏天，我都會去北京參加蘇世民書院的畢業典

禮，發表演講。在準備演講稿時，我會想：「如果我是坐在下面的學生，我會想聽到哪些內容呢？」

　　無論你的職業生涯如何開啟，都要知道，你的生活不一定會直線前進，這一點非常重要。你必須認識到，這個世界是不可預測的。有時，甚至像你們這樣有天賦的人也會遇到意料之外的磨難。在人的一生中，會難以避免地出現諸多困難和艱辛。面臨挫折時，你必須要想方設法繼續前進。能夠定義你個人品質的，永遠是你在逆境中展現的百折不回的精神和永不言棄的態度，而不是逆境本身。

我希望他們能知道，與成功相比，失敗教會我們更多。

　　把時間和精力投入自己熱愛的事物上。熱情所至，卓越必成，單純為了他人的敬仰和尊重而做事，則很少能帶來成功。如果你對追求夢想充滿熱情，如果你能勇往直前，如果你以幫助他人為己任，你的人生就會充實而有意義，你也永遠有機會建功立業、成就不凡。你為他人付出的善意和努力，最終會給你自己、你所愛的人以及整個社會帶來福報。

在蘇世民書院畢業典禮上演講已經成為我每年最喜歡做的

事情之一。我的聽眾都是未來的傑出領袖，男士佩戴統一的領帶，女士則戴着圍巾，兩者都採用蘇世民學者專用的紫色，色澤燦爛飽滿，色調獨特雅緻。我喜歡看着他們翹首以盼的面孔和充滿希望的眼神。這些年輕人壯志凌雲、雄心勃勃，他們的父母則笑容可掬、滿面春風，掩飾不住內心的喜悅和期盼，洋溢在房間裡的熱烈氣氛幾乎要衝破蒼穹。我感到難以形容的快樂和滿足。

　　畢業生依次上台，我向他們頒發畢業證書，與他們一一握手。此時此刻，我不禁問了自己一個簡單的問題：下一步是甚麼？

　　誰人能知？

# 25 條工作和生活原則

01 做大事和做小事的難易程度是一樣的。所以要選擇一個值得追求的宏偉目標，讓回報與你的努力相匹配。

02 最優秀的高管不是天生的，而是後天磨礪的結果。他們好學不倦，永無止境。要善於研究你生活中取得巨大成功的人和組織，他們能夠提供關於如何在現實世界獲得成功的免費教程，可以幫助你進行自我提升。

03 給你敬佩的人寫信或打電話，請他們提供建議或與其會面的機會。你永遠不知道誰願意跟你見面。最後你會從這些人身上學到很多重要的東西，建立你在餘生都可以享用的人際關係。在生命早期結交的人，會與你締結非同尋常的感情紐帶。

04 人們總覺得最有意思的話題就是與自己相關的話題。所以，要善於分析他人的問題所在，並嘗試提出辦法來幫助他人。幾乎所有的人，無論他聲名多麼顯赫、地位多麼高貴，都願意接受新的想法，當然，前提是這些想法必須經過深思熟慮。

05 每個企業都是一個封閉的集成系統，內部各個組成部分性能獨特卻又相互關聯。優秀的管理者既洞悉每個部分如何獨立運行，也熟知各部分之間如何相互協作。

06 信息是最重要的商業資產。掌握得越多，擁有的視角就越多，在競爭

對手面前就越有可能發現常規模式和異常現象。所以要始終對進入企業的新鮮事物保持開放的態度，無論是新的人、新的經驗，還是新的知識。

07 在年輕的時候，請接受能為自己提供陡峭的學習曲線和艱苦的磨煉機會的工作。最初的工作是為人生打基礎的，不要為了暫時的聲望而輕易地接受一份工作。

08 在展示自己時，請記住，印象非常重要。整體形象必須毫無瑕疵。其他人會通過各種線索和端倪，判斷你的真實面貌。所以，要重諾守時，要真實誠信，要準備充分。

09 再聰明的人也不能解決所有問題。聰明人組成的開誠佈公的團隊卻可以無往而不利。

10 處於困境中的人往往只關注自己的問題，而解決問題的途徑通常在於你如何解決別人的問題。

11 一個人的信念必須超越自我和個人需求，它可以是自己的公司、祖國或服役義務。任何因信念和核心價值觀的激勵而選擇的挑戰都是值得的，無論最終的結果是成功還是失敗。

12 永遠要黑白分明、百折不回。你的誠信必須要毋庸置疑。當一個人不需要付出代價或承擔後果的時候，堅持做正確的事情並非難事。但當必須得放棄一些東西時，你就很難保持信用記錄。要始終言而有信，不要為了自己的利益誤導任何人。

13 要勇往直前。成功的企業家、經理和個人都是具有志在必得的氣魄和一往無前的精神的人。他們會在恰當的時刻當仁不讓。當其他人謹小慎

微時，他們會接受風險；當其他人瞻前顧後時，他們會採取行動，但他們會選擇明智的做法。這種特質是領導者的標誌。

14 永遠不要驕傲自滿。沒有甚麼是一成不變的。無論是個人還是企業，如果不經常尋求自我重塑和自我改進的方法，就會被競爭對手打敗。尤其是組織，因為組織比想像中更脆弱。

15 極少有人能在首次推介中完成銷售。僅僅因為你對一些事物有信念，並不意味着其他人也願意接受。你需要能夠一次又一次堅定地推銷你的願景。大多數人不喜歡改變，所以你需要說服他們為甚麼要接受改變。不要因為畏懼而不去爭取自己想得到的東西。

16 如果你看到一個巨大的變革性機會，不要疑慮其他人為甚麼沒有採取行動。你可能看到了他人沒有看到的東西。問題越嚴峻，競爭就越有限，對問題解決者的回報就越大。

17 歸根到底，成功就是抓住了寥寥可數的機遇。要始終保持開放的思維，冷靜觀察，高度警覺，隨時準備抓住機會。要統籌合適的人力和其他資源，然後全力以赴。如果你沒有準備好拚盡全力，要麼是因為這個機會沒有你想像的那麼有吸引力，要麼是因為你不是把握這一機遇的合適人選。

18 時間會對所有交易造成負面影響，有時甚至產生致命影響。一般情況下，等待的時間越久，意料之外的事情就越多。特別是在艱難的談判中，要讓所有人都在談判桌上協商足夠長的時間，以此達成協議。

19 不要賠錢！！！客觀地評估每個機會的風險。

20 要在準備好時做出決定，而不是在壓力之下。或為了達到個人目的，或因為內部政治鬥爭，或因為一些外部需求，其他人總會催促你做出決策。但幾乎每次你都可以這麼說：「我需要更多的時間來考慮這個問題。我想清楚了再回覆你。」即使是在最艱難、最令人不快的情況下，這種策略也非常有效。

21 憂慮是一種積極的心理活動，可以開闊人的思路。如果能正確引導這一情緒，你就可以洞察任何形勢下的負面風險，並採取行動規避這些風險。

22 失敗是一個組織最好的老師。開誠佈公地客觀談論失敗，分析問題所在，你就會從失敗中學到關於決策和組織行為的新規則。如果評估得當，失敗就有可能改變一個組織的進程，使其在未來更加成功。

23 盡可能雇用 10 分人才，因為他們會積極主動地感知問題、設計解決方案，並朝着新方向開展業務。他們還會吸引和雇用其他 10 分人才。 10 分人才做甚麼事都會得心應手。

24 如果你認為一個人的本質是好的，就要隨時為這個人提供幫助，即使其他人都離他而去。任何人都可能陷入困境。在別人需要的時候，一個偶然的善意行為就會改變他的生命軌跡，造就意想不到的友誼或忠誠。

25 每個人都有夢想。盡你所能幫助別人實現他們的目標。

# 致　謝

這本書的問世經過了十幾年的醞釀。從漢克・保爾森建議我出書之日起，我就着手準備了。

我要感謝馬特・馬隆，他從 2009 年到 2016 年定期和我一起去旅行，向我提出各種問題，詳細了解我的背景、我在雷曼兄弟的職業生涯、黑石的創立和發展，等等。他記錄下我的回答，整理成文字材料。

2017 年，在考察了一系列的圖書代理商之後，我選擇了 ICM 合夥人公司的讓・喬爾擔任我的代理人。讓極為優秀，在我考察出版商的時候，為我提供相關意見和建議。我們選擇了西蒙與舒斯特出版社。事實證明，這一選擇非常正確。出版社指派本・羅伊南擔任我的圖書編輯。他判斷力強大，編輯能力驚人，出色地完成了工作。此外，黑石公共事務負責人克里斯汀・安德森在所有訪談中發揮了重要作用，推動完善了本書的

理念架構。她閱讀了每一版草稿，還帶頭制訂了營銷計劃，多年來一直參與這一圖書項目的推進。

我們幾個人組成小組，開始考察能把相關材料整理成書的作家。在考察了幾個不同風格的作家後，我們最終選擇了菲利普‧德爾夫斯‧布勞頓。他曾為我的母校哈佛商學院寫了一本精彩的書。菲利普跟着我走遍了世界各地，並在我的家裡和辦公室跟我長時間共處。他成功地融合了訪談記錄、個人訪談和公開材料，形成一個可讀性和綜合性兼具的初稿。我們又花了兩年時間對此加以完善。我逐字逐句地審閱修改了初稿，把自己的語言風格融入其中。在此過程中，他的貢獻是不可或缺的。我對他表示深深的感謝。

我的辦公室主任希爾帕‧納亞爾發揮了至關重要的作用。我和希爾帕、菲利普合作起草了書中的一些章節，並搜集整理了讀者對各版書稿的所有評論。希爾帕同時擔任了本書的擬稿人和項目經理，令人難以置信地完成了工作。

我要感謝閱讀書稿並提供詳細評論的朋友和同事，正是由於他們的評論，本書才做出了諸多調整和完善。這些讀者包括：喬恩‧格雷、托尼‧詹姆斯、約翰‧芬利、佩奇‧羅斯、艾米‧斯圖爾斯伯格、韋恩‧伯曼、納特‧羅森、約翰‧伯恩巴赫、拜拉姆‧卡拉蘇博士、與我情誼最長的老友傑弗里‧羅森、我的孩子吉比‧歐文斯和泰迪‧施瓦茨曼、我的妻子克里斯汀以及由讓‧喬爾、本‧羅伊南、克里斯汀‧安德森和希爾

帕‧納亞爾組成的圖書團隊。他們為推動改進本書的終稿提出了很多寶貴的意見。

我還要感謝艾米‧斯圖爾斯伯格。她是黑石基金會負責人，同時擔任史蒂芬‧A. 施瓦茨曼教育基金會和史蒂芬‧A. 施瓦茨曼基金會的執行總監，孜孜不倦地開展相關工作。我們兩個每天都在一起共事。如果沒有她的判斷力和項目管理能力，我就無法落實書中介紹的各種慈善活動。她是一個能力非凡的人，把我的諸多慈善理念付諸實踐。

我要感謝黑石政府關係負責人韋恩‧伯曼的獨特貢獻。由於黑石必須參與全球和美國聯邦、各州和城市的無數事務，我每天都會與他交流，週末也不例外。韋恩已經成為我的摯友，也是我信賴和珍視的顧問。

我要感謝黑石主要業務部門的負責人，包括私募股權負責人喬‧巴拉塔、房地產（黑石最大的業務板塊）聯合負責人肯‧卡普蘭和凱瑟琳‧麥卡錫、戰略性投資負責人戴維‧布利澤、黑石基礎設施合作夥伴公司負責人肖恩‧克里姆扎克、黑石另類資產管理公司負責人約翰‧麥考密克、黑石信貸業務 GSO 資本合作夥伴公司負責人德懷特‧斯科特、黑石二級投資業務戰略合作夥伴負責人弗恩‧佩里、黑石生命科學負責人尼克‧加拉卡特斯、黑石成長性股權公司負責人喬恩‧康戈爾德、黑石首席財務官邁克爾‧蔡、黑石法律總顧問約翰‧芬利、黑石私人財富管理負責人瓊‧索羅塔、黑石人力資源負責人佩

奇·羅斯、黑石股東關係負責人韋斯頓·塔克以及黑石信息技術負責人比爾·墨菲。

我還想特別感謝肯恩·惠特尼。他從 20 世紀 80 年代開始就在黑石工作，在早期創業階段為公司發展做出了巨大的貢獻。肯恩幫助招募了打造黑石房地產業務的約翰·施賴伯和打造黑石信貸業務的霍華德·格利斯。在 20 世紀 90 年代，他協助籌集了黑石所有的私募股權和房地產基金，並擔任黑石有限合夥人關係的負責人。

我要特別感謝黑石已故的創始人彼得·彼得森，以及他的妻子瓊·庫尼和他的孩子們。如果沒有彼得在公司發展早期階段的積極參與，就不會有黑石。

我要感謝約翰·馬利亞諾和保羅·懷特，這兩個人負責我的家庭辦公室的管理，讓我的生活井然有序。

我還要感謝曾擔任黑石大中華區主席的前合夥人梁錦松和目前的合夥人、大中華區現任主席張利平。如果沒有梁錦松，黑石在 2007 年上市時就不會吸引中國政府成為投資者。這筆交易推動改變了公司發展的未來，也改變了我的人生歷程。由於這筆投資，蘇世民書院才得以誕生，我也有機會跟中國高層領導建立關係。如果沒有張利平，我就無法了解當代中國的現狀，這會是我的慘重損失。他和我一起拿出大量時間拜訪中國政府的重要成員、中國投資者和重要的商業領袖。利平提供了寶貴的見解，也成為我非常要好的朋友。

　　蘇世民書院能取得現在的成功，我要感謝很多人。這個名單太長了，恕我不能一一列舉每個人的姓名，但是我要特別感謝清華大學前校長、北京市現任市長陳吉寧。如果不是陳市長重點與我溝通，讓我為清華提供一大筆贈款，就不會有蘇世民書院。為了項目能獲得中國政府和清華大學的接受，陳市長做了很多關鍵工作。他曾擔任中國環境保護部部長，為中國做出了卓越貢獻。他已經成為我的終身好友。

　　陳吉寧的繼任者邱勇校長一直是蘇世民書院發展的合作夥伴。如果沒有他的支持和熱情，這項史無前例的項目就無法實施，對此我將永遠感激不盡。在支持項目的高級領導人中，清華大學黨委書記陳旭女士為蘇世民書院創造了機會。在她和邱校長的幫助下，中國政府對蘇世民學者項目予以了廣泛支持。我經常訪問北京，其間都會與陳旭女士和邱校長進行愉快的會面。

　　我們很幸運請到清華大學公共管理學院前院長薛瀾教授擔任蘇世民書院院長。薛院長負責書院項目持續改進的監督工作，他解決了一些非常重要的問題，確保持續推進蘇世民學者項目的規模、聲望和卓越程度。我要感謝書院的創始院長李稻葵和執行院長潘慶中。自 2013 年蘇世民學者項目宣佈以來，他們就一直參與項目的實施，直至 2017 年首屆學生畢業。潘慶中教授目前繼續參與蘇世民學者項目。我還要感謝清華大學副校長兼教務長楊斌對蘇世民學者項目的大力支持。

我要感謝由艾米·斯圖爾斯伯格領導的蘇世民書院紐約團隊，我們的招生前負責人羅布·加里斯為項目傾注了大量時間和感情；感謝發展和校友關係負責人黛比·戈德堡以及合作夥伴朱莉婭·喬根森；感謝學術課程負責人瓊·考夫曼；感謝財務負責人海倫·桑塔洛內；感謝首席行政官林賽·巴瓦羅。北京團隊方面，我要感謝負責學生生活的副院長孔美林、職業發展負責人茱莉亞·祖普科，以及負責學術事務的副院長錢小軍。羅伯特·斯特恩建築事務所為蘇世民書院提供了設計，來自黑石房地產業務板塊的比爾·斯坦和王天兵與羅伯特·斯特恩建築事務所的米西·德爾韋基奧和喬納斯·戈德堡共同負責蘇世民書院建築的施工監督。米西和喬納斯在北京居住了一年，共同負責在最後建設階段的項目督查。如果沒有所有北京和紐約的專門團隊，蘇世民學者項目就永遠不會實施。我還要感謝哈佛大學的柯偉林教授和沃倫·麥克法倫教授，他們曾在蘇世民書院的初始團隊任職，幫助我們完成了學術顧問委員會的招聘，他們制定了課程、招生和教職員工方案，並從學術角度推動蘇世民學者項目。他們的幫助無比寶貴。我還要感謝羅德信託的前任主席約翰·胡德爵士以及羅德信託的 CEO 伊麗莎白·基什，他們在羅德獎學金項目和蘇世民學者項目之間建立了強有力的聯繫。約翰還推薦了羅德學者的面試官，幫助我們招收蘇世民學者項目的前幾批學生。

我要感謝我在中國政府的朋友，他們在我無數次訪問北京

期間與我會面，對於他們的禮貌和周到的接待，我深表感謝。他們是中國國家主席習近平、國務院總理李克強、全國政協主席汪洋、國家副主席王岐山，國務院副總理孫春蘭、國務院副總理劉鶴、國務院原副總理劉延東、全國政協原副主席周小川，中國人民銀行行長易綱，中國人民銀行副行長潘功勝、財政部原副部長朱光耀、中國人民銀行原副行長朱民。當然，我還要感謝樓繼偉，他曾擔任中國財政部部長，也曾擔任中國投資公司的首任總裁。感謝中國投資公司前副總經理汪建熙。在華盛頓，我和崔天凱大使關係密切，他代表中國在美國做了大量工作。

　　清華大學經管學院顧問委員會最初是在國務院原總理朱鎔基的積極推進下成立的，時任高盛董事長的漢克·保爾森也為顧問委員會的成立做出了貢獻。作為國際顧問委員會委員，我遇到了許多極為出色而有魅力的人，包括阿里巴巴創始人馬雲、騰訊創始人馬化騰、百度創始人李彥宏、蘋果 CEO 蒂姆·庫克、臉書創始人馬克·扎克伯格，而這 5 個人還只是來自技術公司的委員。這個委員會的委員是全球最傑出、最聰明的人，他們會定期與經管學院現任院長白重恩和前院長錢穎一會面。

　　蘇世民學者項目一共有 125 個捐贈者，我在這裡無法一一致謝，只能列舉 7 個最大的捐贈機構，每個機構都捐贈了 2500 萬美元：英國石油（我們的首個捐贈機構）、華夏幸福基業、中

國泛海控股集團、達利歐基金會、海航集團、孫正義基金會和史帶基金會。瑞·達利歐的達利歐基金會是我們的第二個捐贈機構，他和我成了很好的朋友。孫正義不僅為蘇世民學者項目做出了貢獻，還利用這一模式在日本開展了大規模的新型慈善活動。他也是我的好朋友，我們會在他來紐約時見面，也會在世界各地偶遇。最後，AIG 前主席、史帶基金會主席漢克·格林伯格是對華交往中最傑出的美國人之一，他也是 1998 年黑石的首個外部投資人。

我很幸運能夠在美國最近 5 任總統的任期內與他們相識，他們是唐納德·特朗普總統、巴拉克·奧巴馬總統、喬治·W. 布殊總統、比爾·克林頓總統和喬治·H. W. 布殊總統。我很幸運於 1967 年在耶魯大學達文波特學院的雙親節上見到第 41 任總統布殊，他的兒子喬治·W. 布殊當時在耶魯讀書，比我高一屆。在喬治·W. 布殊擔任總統期間，他和妻子勞拉對我特別熱情。我和妻子經常在白宮與他們見面，後來也經常在他的總統圖書館和牧場見到他們。喬治·W. 布殊總統任命我擔任約翰·甘迺迪表演藝術中心的主席。我在 2008 年的競選活動中遇到了巴拉克·奧巴馬總統。隨後在擔任約翰·甘迺迪表演藝術中心主席期間，我也與他進行了多次互動。在奧巴馬總統執政期間，我結識了瓦萊麗·賈勒特，她非常重視我的意見，反應極快，幫助我解決了各種重要問題。我在紐約認識唐納德·特朗普總統已有 30 多年的時間，他任命我擔任戰略與

政策論壇主席。我很榮幸能與美國財政部部長史蒂芬‧姆欽成為數十年的好友，並通過我的朋友商務部部長威爾伯‧羅斯認識羅伯特‧萊特希澤大使，我跟這兩個人認識也有 30 多年了。我還要感謝賈里德‧庫什納和伊萬卡‧特朗普為美國公眾提供的服務，感謝他們與我在許多問題上建立密切的工作關係。美國交通部部長趙小蘭和參議院多數黨領袖米奇‧麥康奈爾也是我幾十年來的朋友。我很享受與參議院少數黨領袖查克‧舒默的友誼，當我年僅 31 歲時，他曾到我在雷曼兄弟的辦公室見我，最近他當選為國會議員。我認識美國眾議院議長南希‧佩洛西已有 15 年的時間。巧合的是，我了解到南希的女兒曾在黑石投資的一家公司工作。我一直很喜歡跟南希相處，喜歡跟她進行開誠佈公的討論。我很享受與前議長約翰‧博納的關係，也經常與前議長保羅‧瑞安和眾議院前多數黨領袖以及眾議院現任少數黨領袖凱文‧麥卡錫共事。我還要感謝眾議院前多數黨領袖埃里克‧康托爾，在我協助奧巴馬總統為財政懸崖談判期間，他為我提供了大量幫助。我要感謝參議員羅伊‧布朗特，當他還是眾議院議員的時候，曾邀請我在他的辦公室裡共進午餐，討論美國歷史。最後，我要感謝參議員特德‧甘迺迪的友誼，感謝他支持我在甘迺迪表演藝術中心的所有工作。特德到紐約看我，請我承擔起這個重要責任，他和他的妻子維基在他們華盛頓的家中接待了我。正是有了他們的支持和幫助，我才能在甘迺迪表演藝術中心的工作和在華盛頓的交往中

取得成功。

我還要感謝前國務卿約翰・克里多年來對蘇世民書院的支持，感謝他多年的友誼。我在 1965 年遇到了約翰，當時我正在嘗試參加耶魯大學足球隊，而約翰是球隊的一名大四學生。從那時起，我們在人生之旅上不斷相遇。他不遺餘力地為國服務，充滿個人能量和動力，對此我深感欽佩。

我還要感謝前國務卿希拉里・克林頓長時間的支持，包括我在甘迺迪表演藝術中心任職期間。同樣，布殊總統的前國務卿康多莉扎・賴斯已成為我的老朋友。她對事物的認知和判斷令人折服，富有個人魅力，在史丹福大學擔任教務長期間也取得了重大成就。她的前任，前國務卿科林・鮑威爾是一個真正非同凡響的人。1984 年在列根總統的就職典禮後，我們兩個人都在羅恩・勞德華盛頓的家裡吃披薩，就此相識，成為朋友。科林曾在五角大樓擔任參謀長聯席會議主席，他對海灣戰爭的貢獻激勵了整個美國。科林也是紐約人，跳舞跳得很棒，喜歡老爺車，同時也是一位真正鼓舞人心的領導者。

我很幸運能夠認識墨西哥前總統恩里克・培尼亞・涅托及其財政部部長路易斯・維德加雷・卡索（後擔任外交部部長）。此外，我很幸運能夠與加拿大的特魯多總理及其高級幕僚團隊，包括凱蒂・特爾福德、格里・巴茨和外交部部長克里斯蒂亞・弗里蘭建立良好的關係。我和克里斯蒂亞相識已有數十年的時間，她在職業生涯的早期曾擔任《金融時報》和路透社

的記者。

　　我要感謝黑石外部董事會成員的指導、見解和對公司未來的信任，他們是吉姆・布雷耶、約翰・胡德爵士、謝利・拉扎勒斯、傑伊・萊特、尊敬的馬丁・馬爾羅尼和比爾・巴雷特。我還要感謝史蒂芬・A.施瓦茨曼教育基金會的董事會成員：簡・愛德華、J.邁克爾・埃文斯、尼汀・諾里亞、史蒂芬・A.奧爾林斯、約書亞・雷默、傑弗里・A.羅森、凱文・拉德、泰迪・施瓦茨曼、沈向洋、艾米・斯圖爾斯伯格和恩蓋爾・伍茲。

　　我要感謝阿賓頓高中校友博比・布萊恩特的終生友誼。他是220碼短跑的州冠軍，在我們4×440碼國家錦標賽接力隊裡跑最後一棒。我要感謝他的妻子桑蝶。我還要感謝來自阿賓頓的另一位田徑隊隊友比利・威爾遜和他的妻子魯比，感謝他們的友誼。

　　我要感謝自己了不起的老師，包括來自阿賓頓高中的歷史老師諾曼・施密特，他讓學習成為一種快樂。在我高三的時候，施密特先生教授美國歷史課，費城大都市區的歷史考試前四名中，有兩名都是他班上的學生。另外，我大學一年級英語課的研究助理阿利斯泰爾・伍德在第一個學期中拯救了我，讓我避免了可能出現的嚴重失敗。他把我當作一個特殊項目，教我寫作，然後教我思考。如果沒有阿利斯泰爾・伍德的特殊照顧，我的人生軌跡可能會完全不同。最後，我要感謝哈佛商學院教授C・羅蘭・克里斯坦森。他教授企業戰略，是哈佛大學為

數不多的大學教授①之一。他讓學習變得有趣，讓人覺得時間飛逝。

我要感謝前樞機愛德華·伊根和他的繼任者蒂莫西·多蘭，感謝他們的友誼。他們致力於改善天主教學校的教育質量，為天主教學生和非天主教學生提供教育，教育出了一批批非常優秀的學生，取得了極大的成功，對此我深表感激。感謝來自貧民區獎學金基金的蘇珊·喬治支持天主教學校，她的資金募集工作完成得非常出色，也幫助了盡可能多的家庭把孩子送到這些優質的小學和中學就讀。

我要感謝法國總統伊曼紐爾·馬克龍的友誼，感謝雅克·希拉克總統授予我法國榮譽勳章。他的繼任者尼古拉·薩科齊將我晉升至軍官級榮譽軍團成員。更重要的是，他成了我非常親密的朋友，曾多次邀請我和我的妻子到愛麗舍宮及他法國南部的官邸共進午餐和晚餐。我還要感謝弗朗索瓦·奧朗德總統和塞格琳·羅雅爾部長再次提升我在榮譽軍團的勳位。塞格琳為此舉辦了一場精彩的午餐會，地點是在法國盧瓦爾河谷宏偉的香波城堡（城堡是弗朗索瓦一世國王建造的）。我還要感謝法國駐美大使讓·戴維·萊維特和弗朗索瓦·德拉特，他們已經成為我的密友。此外，我還要感謝黑石法國的總裁熱拉爾·埃雷拉，他針對所有法國事務向我提供了信息和建議。

---

① 大學教授，是哈佛大學的最高榮譽。——編者注

　　我還要感謝耶魯大學前校長理查德‧萊溫。在他於耶魯大學任職期間，我們成為多年的好友，也開展了一系列合作。他幫助耶魯大學走上了追求卓越的偉大道路。我還要感謝彼得‧薩洛維校長對施瓦茨曼中心構想和執行的快速響應（這一中心將改變學生在 2020 年 9 月開學時的體驗）。

　　我要特別感謝麻省理工學院的拉斐爾‧里夫校長，我們兩個人建立了特別親密的關係，並就發展美國在人工智能和計算技術領域的領先地位的重要性達成共識。沒有他的好奇心和堅持，就不會有麻省理工學院的施瓦茨曼計算科學學院。他開拓了我的視野，讓我看到一個專注於最高水平科學的全新領域，也讓我跟人工智能和計算技術領域的全球專家進一步建立了友誼。他改變了我人生的關注點，為此我永遠心存感激。麻省理工學院教務長馬蒂‧施密特極具判斷力，他正在推動施瓦茨曼計算科學學院成為現實，幫助學員融入麻省理工學院的大家庭。

　　在牛津大學，我要感謝副校長露易絲‧理查森率先提出建設施瓦茨曼人文中心的想法。如果沒有她主動到紐約拜訪我，並介紹這個想法，我就永遠不會參與其中。她一直是這個項目的優秀帶頭人，設法解決了這一複雜項目帶來的無數問題。另外還有牛津大學的前副校長約翰‧胡德爵士、布拉瓦尼克政治學院院長恩蓋爾‧伍茲和牛津大學欽定醫學主席約翰‧貝爾先生，他們為我提供了施瓦茨曼中心項目的相關建議，值得擁有我最誠摯的謝意。

我要感謝來自美國田徑基金會的鮑勃 · 格賴費爾德和湯姆 · 亞科維奇。在我成年以後，鮑勃堅持不懈地激發我對田徑運動的興趣，促使我參與贊助了我們國家的許多頂級運動員。這些捐贈對運動員非常有益，也讓我的個人興趣更具連續性。

我想感謝甘迺迪表演藝術中心前主席邁克爾 · 凱澤，他出色地完成了這一全國最好的藝術中心的運營，成功應對了種種複雜局面。感謝他對我的幾個項目（其中包含大型文藝表演）的投入。

我要感謝紐約市合作夥伴組織的執行董事凱西 · 懷爾德，他的能力尤為出色（我曾先後與摩根士丹利董事長詹姆斯 · 戈爾曼和花旗集團 CEO 邁克 · 科爾巴特共同擔任紐約市合作夥伴組織聯合主席）。

朋友可以給我們帶來快樂，豐富我們的生活，沒有朋友，任何人都無法享受充實而愉快的人生。我很幸運能有這麼多來自全球各地、天南地北的朋友。我想感謝他們把自己特有的生活樂趣和特殊的友誼帶入我的生活。這些人包括我在 16 歲時在全國學生會主席協會上遇到的傑夫 · 羅森，我們兩個的友誼最為長久；另外還有皮埃爾 · 德阿倫貝格王子、多麗特 · 穆薩耶夫、道格 · 布拉夫、約翰 · 伯恩巴克、弗朗索瓦 · 拉豐、羅爾夫 · 薩克斯、安德烈 · 弗蘭采 · 德馬雷、蘇珊和蒂姆 · 馬洛伊。

我要感謝我的兩位擁有無與倫比的職業生涯的導師：20 世紀七八十年代毫無爭議的最知名的金融家菲利克斯 · 羅哈廷以

及美國前國務卿亨利‧基辛格。亨利是我見過的最傑出的人物之一。他 90 多歲的時候還在寫書，文筆優雅，思想深刻。自 20 世紀 60 年代以來，他一直在全球舞台上扮演顧問的角色。他四處奔走，毫無保留、不計回報地向我和其他人提出有關重要事項的建議，在 90 歲的高齡還保持着敏銳的頭腦，這樣的人全世界也寥寥無幾。與亨利共度時光是一種榮幸，我也要感謝他能夠在蘇世民書院國際諮詢委員會任職。

　　隨着年齡的增長，我很感激那些在我成年後幫助過我的醫生，感謝他們為我提供的優質服務。感謝依次擔任我內科醫生的哈維‧克萊恩博士、馬克‧布勞爾博士以及理查德‧科恩博士。他們都是醫學精英，對我有問必答。我還要感謝我的天才心臟病專家戴維‧布盧門撒爾博士。當然，我想感謝治療師拜拉姆‧卡拉蘇博士，他幾乎能針對任何話題給我提供良好的建議。另外，我要感謝私人教練蘭德‧布萊澤拉科，他每天都跟我見面，幫助我保持健康，還有物理治療師伊夫琳‧埃爾尼，她幫助我定期進行身體修復工作。最後，我要感謝紐約長老會醫院的 CEO 史蒂芬‧科文博士（我在醫院董事會任職），他出色地經營了美國評級最高的醫院之一。

　　沒有辦公室團隊成員的鼎力支持，我不可能處理如此多的事務。薩曼莎‧迪克洛克和艾米‧拉布文在過去 10 年負責我的辦公室工作，現在辦公室團隊已經增加到 4 個人，他們要處理和安排無數的指令、會議日程和國際旅行。我的辦公室是

全天候運轉，強度很大，但薩曼莎和艾米工作效率極高，也很
開朗熱情，勇於應對挑戰。我要感謝我的前任秘書凡妮莎‧蓋
茨‧埃爾斯頓，她幫助我審閱了本書的草稿，並對可能做出的
修訂提出了深刻見解。

我還要感謝我的司機理查德‧托羅，他為我服務了 20 多
年。我們每天早出晚歸，參加各種商務和社交活動。理查德非
常有能力，永遠盡心盡力地為我服務，無論遇到甚麼困難，他
都保證我能按時抵達目的地。我很感激他所有的努力和犧牲。

感謝我的父母教我樹立正確的價值觀，讓我找到生活的動
力，更感謝他們賜予我優良的基因組合。沒有這些，我的人生
就不會成績斐然，我的生活方式也不會如此豐富而充實。只有
在成年以後，我才感受到了父母對我造成的深刻影響，體會到
他們教會我的人生智慧。養育之恩，無以為報，所幸在他們生
前的日子裡，我能盡力回報他們。我很想再次跟他們聊聊我的
生活，說聲「我愛你們」，但誰也不能擺脫生老病死的生命循
環，我們再也無法相見，但我仍然經常想到他們。

另外，我要感謝我的那對雙胞胎弟弟馬克和沃倫，我們這
一生互相扶持，彼此欣賞，共享歡樂。親密無間的家庭關係簡
直是鳳毛麟角，但我和弟弟們是例外。我很尊重他們，也喜歡
他們美好的家庭，對他們的支持、幫助和忠誠心存感激。我很
幸運有他們做我的弟弟。

我想把我的愛送給兩個孩子，吉比‧歐文斯和泰迪‧施瓦

茨曼，他們是我生命中的樂趣和驕傲。沒有甚麼經歷能與把子女養育成人相提並論。他們也都各自找到了優秀的另一半，組建家庭，生兒育女。吉比和丈夫凱爾共同養育歐文、菲比、薩蒂和格雷漢姆，泰迪和妻子艾倫共同養育路西、威廉姆和瑪麗。我品嘗到了含飴弄孫的樂趣，非常喜歡跟他們共處的時光。我的兩個孩子現在都已經 40 多歲了，我覺得難以置信。我還要對繼女梅格表達我的愛。我第一次見到她時，她還是個 5 歲的孩子，活力無限。我很佩服她對動物的熱情，佩服她以此作為自己的職業。梅格幫助訓練了我們的三隻傑克羅素獵犬貝利、派珀和多米諾，這三隻獵犬為我們的生活帶來了無盡的滿足和快樂。

最後，我要感謝我的妻子克里斯汀。在過去 25 年時間裡，我們彼此相愛，融洽相處，對此我非常感恩。我在中年的時候，曾經單身了 5 年，其間遇到了克里斯汀，她改變了我的人生，給我帶來的快樂和幸福超乎我的想像。我不知道克里斯汀將給我的人生帶來哪些驚喜，每一天都像是在探險。她擁有無窮無盡的創造力和熱情，充滿親和力和感染力，是一個聰明美麗的女人，從我認識她到現在，她似乎一點兒也沒有變老。這本書的草稿她修改了很多遍，她不辭辛苦，還毫不吝惜地回答了我無數個與語言和內容有關的問題。她還招待了與我們在世界各地共同出行的幾位作家，毫不介意他們侵佔我們兩個的私人時間。她與我的子女和孫輩相處得極好，是一個完美的繼母和祖母。有妻如此，夫復何求，我何其幸哉。

| 責任編輯 | 梅　林 |
| 書籍設計 | 彭若東 |
| 責任校對 | 江蓉甬 |
| 排　　版 | 高向明 |
| 印　　務 | 馮政光 |

| 書　　名 | 蘇世民：我的經驗與教訓 |
| 作　　者 | 蘇世民（Stephen A. Schwarzman） |
| 譯　　者 | 趙　燦 |
| 出　　版 | 香港中和出版有限公司<br>Hong Kong Open Page Publishing Co., Ltd.<br>香港北角英皇道 499 號北角工業大廈 18 樓<br>http://www.hkopenpage.com<br>http://www.facebook.com/hkopenpage<br>http://weibo.com/hkopenpage<br>Email: info@hkopenpage.com |
| 香港發行 | 香港聯合書刊物流有限公司<br>香港新界荃灣德士古道 220-248 號荃灣工業中心 16 樓 |
| 印　　刷 | 美雅印刷製本有限公司<br>香港九龍官塘榮業街 6 號海濱工業大廈 4 字樓 |
| 版　　次 | 2020 年 10 月香港第 1 版第 1 次印刷 |
| 規　　格 | 32 開（147mm×210mm）480 面 |
| 國際書號 | ISBN 978-988-8694-90-7（平裝）<br>978-988-8694-19-8（精裝） |

© 2020 Hong Kong Open Page Publishing Co., Ltd.
Published in Hong Kong

What It Takes: Lessons in the Pursuit of Excellence by Stephen A. Schwarzman
Copyright © 2019 by Stephen A. Schwarzman

本書繁體中文譯稿由中信出版集團股份有限公司授權使用。